Horst Crome

Windenergie-Praxis

Windkraftanlagen in handwerklicher Fertigung

Staufen

Wichtiger Hinweis:

Wir möchten darauf hinweisen, daß die im folgenden wiedergebenen Bauanleitungen und -hinweise für eine so komplexe Anlage wie den Windkonverter trotz aller Sorgfalt und trotz des Bemühens um Vollständigkeit und Exaktheit nicht frei sein können von eventuellen Fehlern, die sich möglicherweise erst beim Anwender herausstellen. Deshalb möchten wir nicht falsch verstanden werden, wenn wir trotz aller Sorgfalt bei der Zusammenstellung dieser Schrift und der Materialien keine Haftung für Mängel, ganz gleich welcher Art, übernehmen.

Die Deutsche Bibliothek - CIP-Einheitsaufnahme

Crome, Horst:
Windenergie-Praxis / Horst Crome. - 4. Auflage - Staufen bei Freiburg : ökobuch Verl., 1994

ISBN 3 - 922964 - 40 - 0

1. Auflage 1987
2. überarbeitete und erweiterte Auflage 1989
6. Auflage 1997

© ökobuch Verlag, Staufen bei Freiburg 1994, 1997

Druck: Grafische Werkstatt von 1980 GmbH, Kassel

Inhaltsverzeichnis

1.	Wir bauen eine Windkraftanlage	9
2.	Die Windenergie	11
2.1	Eigenschaften des Windes	13
	Windstärke	17
	Laminare und turbulente Windströmung	17
	Böenhäufigkeit	20
	Jahreszeitliche Schwankungen der Windenergie	20
2.2	Energieinhalt des Windes	22
	Theoretische Windleistung	23
	Wirkungsgrad des Flügels	24
	Wirkungsgrade von Getriebe und Generator	26
	Effektiv nutzbare Leistung	27
	Der Nutzen	29
	Kosten	31
3.	Die Technik	33
3.1	Mittlere Technologie	34
3.2	Hilfe zur Selbsthilfe	38
	Selbstbau in Europa	39
	Der Eigenbau in Entwicklungsländern	40
4.	Grundlagen der Windenergienutzung	41
4.1	Der Standort	41
	Gelände	43
	Bebauung	47
	Installationshöhe	48
4.2	Aerodynamik des Flügels	49
	Die Flügel	51
	Der Idealflügel	55
	Der technisch vernünftige Flügel	58
	Das Flügelrezept	63
4.3	Die Steuerung	65
5.	Das Windrad für Selbstbauer	69
5.1	Vorbedingungen	69
	Fachkenntnisse	70
	Werkzeug	71
	Material	72
	Korrosionsschutz	73
5.2	Der mechanische Bereich	74
5.2.1	Der Mast	74
	1. Fundament	76
	2. Stiele und Streben	77
	3. Mastkopf	80
	4. Traglager	80
	5. Aufstieg	81
	6. Montagekran	82
	7. Arbeitsbühne	84
5.2.2	Die Gondel	84
	1. Gondelrahmen	85
	2. Rotorwelle	86
	3. Wellenlager	89
	4. Getriebe	90
	5. Generator	93
	6. Feststellbremse	94
	7. Verkleidung	96
5.2.3	Der Rotor	98
	1. Nabe	98
	2. Holme	99
	3. Spanten	101
	4. Beplankung	103
	5. Anstrich	104
	6. Abspannung	104
	7. Justierung und Montage	105
5.2.4	Die Steuerfahnen	106
	1. Arme	110
	2. Flächen	111

	3. Scharniere	112
	4. Anschläge	115
	5. Gewichtsumlenkrolle	116
	6. Regelgewicht	117
5.3	Der elektrische Bereich	118
	Der Generator	118
	Die Lastabnahme	123
	Die elektrische Regelung	124
	Blitzschutz	128
5.4	Windpumpen	129
6.	Statik	130
6.1	Lastannahmen für die Flügel	131
6.2	Lastannahmen für den Mast	133
6.3	Standfestigkeit	136
7.	Transport und Aufstellen der Anlage	137
8.	Wartung der Anlage	140
9.	Erfahrungen und Ergänzungen	143
9.1	Die Arbeit der AG Windenergie Bremen	143
9.2	Das Testfeld in Bremen	145
9.3	Die Anlage bei den autonomen Jugendwerkstätten Hamburg e.V.	148
9.4	Die Anlage des Vereins "Beratung, Kommunikation und Arbeit" in Wilhelmhaven	150
9.5	BRAS-Werkstatt in Bremen	151
9.6	Musik-KUKATE für die Landesgartenschau	153
9.7	Machen Windkraftanlagen Lärm?	155
10.	Literatur und Bezugsquellen	162
11.	Stichwortverzeichnis	163

Vorwort

Liebe Leserin, lieber Leser,

wenn Sie dieses Praxisbuch durcharbeiten, nehmen Sie Anteil an Erfahrungen mit der Windenergie, die viele meiner Gesinnungsfreunde und ich selbst in den letzten 7 Jahren gesammelt haben.

Wenn ich zurückdenke und meine Unterlagen durchsehe, waren es
Eko Ahlers, Florian Al-Diwany, Volker Baecke, Joachim Balke, Martin Bauer, Sven Bode, Robert Borsch, Stefan Bouke, Hellmut Britting, Edzard Brons, Sven Conrad, Ralf Cordes, Stefan Cordes, Dr. Ivo Dane, Michael Doepke, Walter Ebeling, Jan Engelhardt, Andreas Flora-Asendorf, Erich Franke, Ingo Franz, Jan Freels, Ralf Glaebe, Andreas Giefer, Jürgen Gierke, Prof. Kurt Grabemann, Hartmut Hahn, Erich Haye, Prof. Dr. Klaus Heine, Ilse Hellwig, Katja Hellwig, Jürgen Holzgrabe, Prof. Wolfgang Kassner, Prof. Dr. Kellenter, Martin Kröhn, Heinz Kuhlemann, Angelika Landvogt, Gesa Lanisnik, Andreas Lauryn, Lutz Lehmann, Horst Lenkheit, Martin Lorbeer, Wilfried Lütjen, Rüdiger Merz, Olaf Mosbach, Wolfram Mulitze, Prof. Dr. T. Olk, Prof. E. Oberesch, Troels Friis Pedersen, Stine Petersen, Dietmar Rose, Christine Imsande, Ulrich Sankowskiy, Michael Schalburg, Ralf Schimweg, Hubertus Schmidt, Kerstin Schmidt, Siegfried Schindler, Inge Seelig, Michael Seelig, Frank Sünnemann, Ulrich Stampa, Günter Steinhauer, Bodo Suhrkamer, Heinrich Teerling, Norbert Thölken, Peter Timmer, Stefan Trabner, Roland Treiber, Wilfried Vogel, Karl-Heinz Waitschies, Matthias Weinig, Artur Westermann, Dieter Westermann, Anton Winkelmann, Frank Wolter, Prof. Dr. Zastrow und noch andere mehr, die alle zusammen und doch jeder auf seine Weise mit direkter Arbeit oder mit Erfahrungen zum Inhalt dieses Buches beigetragen haben.

Möge es dem Selbstbauer hier und in den Ländern der dritten Welt nützlich und anregend sein und möge es sonstigen, an der Praxis orientierten Interessenten einen Einstieg in das faszinierende Thema der Windenergienutzung ermöglichen. Bietet sie doch neben der Sonnenenergie eine realistische Möglichkeit, die lebensbedrohenden Sackgassentechnologien zu überwinden.

Moderne naturwissenschaftliche Erkenntnisse und ingenieurwissenschaftliche Anwendungen können auch die Möglichkeiten einer Technik beflügeln, die einfühlsam und vernünftig mit unserem Planeten umgeht; die Windenergienutzung gehört sicher dazu.

Juni 1987　　　　　　　　　　　　　　　　Horst Crome

Vorwort zur 2. Auflage

Als ich 1987 dieses Buchmanuskript abgab, ahnte ich noch nicht, welche ausnahmslos positive Resonanz die Veröffentlichung finden würde. Briefe aus allen Kontinenten erreichten mich und bestätigten die Nützlichkeit unserer Arbeit. Einige der Schreiber aus Entwicklungsländern bestätigten, wie wichtig Hilfe zur Selbsthilfe ist und »... daß sich das Konzept der KUKATE überzeugend von den geschäftssüchtigen Pseudohilfen abhebt, die doch nur neue Abhängigkeiten schaffen wollen.«

In neun mir bekannten beruflichen Erstausbildungs- und Umschulungsinstitutionen im norddeutschen Raum wurde die Anlage - zum Teil mehrfach - hergestellt. Einige dieser Projekte sind am Ende des Buches aufgeführt.

Aber auch im privaten Bereich erfüllten sich viele den Wunsch einer sinnvollen Freizeitbeschäftigung. Sie bauen oder bauten die Anlage allein oder mit ihrer Familie, Freunden, Nachbarn und Bekannten zusammen. Damit verdeutlichen sie vor allem der nachfogenden Generation, wie ernst sie es meinen mit konkreten, eigenen Beiträgen zum Umweltschutz.

Die neuen Richtlinien des Germanischen Lloyds gelten kommerziellen Windkonvertern und deren Herstellungsfirmen. Trotzdem sind sie eine wertvolle Hilfe für Selbstbauer. Die Anlagen vom KUKATER Typ entsprechen den sicherheitsrelevanten Richtlinien in allen wesentlichen Passagen.

Viele Bauämter haben inzwischen ein offeneres Ohr, wenn gilt, die KUKATE zu genehmigen, zumal jetzt alle erforderlichen Unterlagen vorliegen und eingereicht werden können. Besonders freut es mich, wenn eine Genehmigungsbehörde im Außenbereich eines Landschaftsschutzgebietes eine Windenergieanlage genehmigt, *weil* sie damit den Zusammenhang zwischen der Schutzbedürftigkeit der Landschaft und einer umweltfreundlichen und zukunftsweisenden Energiegewinnung unterstreicht.

Zuletzt möchte ich den vielen Menschen danken, die durch ihr Engagement, ihren Rat und ihre Tat zu den heute vorliegenden Resultaten beigetragen haben. Wollte ich sie alle nennen, würde sich die Namensliste des ersten Vorwortes verdoppeln. Trotzdem möchte ich den Namen eines Mannes hervorheben, den wir auf tragische Weise verloren haben: Florian A-Diwany arbeitete in seiner Freizeit jahrelang zielstrebig und erfolgreich an der mechanischen und elektrischen Regelung der KUKATER Anlage. Ein paar Ideen von Florian Al-Diwany stecken in jedem KUKATER Windrad. Das ist sicherlich in seinem Sinne. Allen, die ihn kannten, fehlt er.

November 1989　　　　　　　　　　　　　Horst Crome

Modell: K U K A T E 5 - 7

Konstrukteur:	Dipl.-Ing. Horst Crome
Rotorstatik:	Dipl.-Ing. Wilfried Vogel
Prüfstatik:	Prof. Dr. Kellenter, Prof. Dr. Zastrow
Mast- und Fundamentstatik:	Dipl.-Ing. Michael Schalburg, Ing.-Büro für Baustatik Manfred Gerkan
Prüfstatik:	Prof. K. Grabemann, Prof. Dr.-Ing. T. Olk, Ing.-Büro Helmut Triebold
Zeichnungen:	Horst Crome, Ralf Schimweg, Anton Winkelmann
Auskünfte:	AG Windenergie, Dipl.-Ing. Horst Crome, Eystruper Straße 13, D-2800 Bremen 41
VERWENDUNG:	als Generator, als Batterielader, als Pumpe, als Kraft- und Arbeitsmaschine

ROTOR:

Durchmesser:	5 - 7 m
Anzahl der Flügel:	sechs oder 12
Schnellaufzahl:	3,4 oder 1,8
Nenndrehzahl:	ca. 90 oder 60 U/min
Höchstdrehzahl:	ca. 120 U/min
Flügelprofil:	Gö 624 oder Blechprofilkontur
Anstellwinkel:	ca. 14° bis 25°
Flügelwerkstoff:	Holz und/oder Metall
überstrichene Fläche:	15 - 40 m^2
Rotorwellendurchm.:	50 mm - 70 mm
Einzelflügelgewicht:	ca. 15 kg bis 22 kg
Anordnung z. Mast:	Luv
Sicherheitssysteme:	- Feststellbremse über Seilzug - Gesicherter Aufstieg und Arbeitsbühne - Arretierungen - bei Riß der Regelfeder oder des Regelgewichts sofort sichere Stellung - zu Wartungs- und Instandhaltungsarbeiten klappbar - aerodynamisch wirkende Fliehkraftbremse (auf Wunsch, da Rotor überdrehsicher)

GONDEL:

Windrichtungsnachführung:	Kombination aus Steuer- und Seitenfahne m. Regelgewicht o. Regelfeder (eigensicher)
Getriebe:	frei wählbar (Stirnradgestriebe)
Getriebetyp:	frei wählbar (Steckgetriebe)
Übersetzung:	ca. 1:15 bis 1:20
Getriebestufenzahl:	meist zwei
Generatorhersteller:	frei wählbar
Generatortyp:	Dauermagnet- oder Asynchrongenerator
Nenndrehzahl:	von 900 bis 1800 U/min
Nennleistung:	von 1,5 kW bis 10 kW (je nach Standort)
Leistung bei 9m/s.:	ca. 2 bis 4 kW
Bremsenhersteller:	Selbstbau oder gekauft
Bremsentyp:	Scheiben-, Trommel- oder Bandbremse als Feststellbremse

PUMPENVERSION:

Pumpenart:	Membranpumpe, oder spezielle kennlinienangepaßte Tauchkolbenpumpe (in der Entwicklung) oder elektrisch mit Kreiselpumpe

MAST:

Masttyp:	dreistieliger abgestrebter Rohrmast
Masthöhe:	12 m oder 18 m
Mastwerkstoff:	Stahlrohr
Mastkopflager:	Drehkranz
Art des Fundamentes:	Beton-, Schwellen- oder Ankerfundament
Montageart:	stehend oder geklappt

BETRIEBSDATEN:

Einschaltgeschwindigkeit:	unter 3 m/s
Auslegungsgeschwindigkeit:	7 - 12 m/s (je nach Standort)
Abregelgeschwindigkeit:	9 - 16 m/s (je nach Standort)
Jahresenergieertrag bei Standortkl. 1 (18m-Mast):	ca. 9.000 kWh (5 m-Rotor) - 20.000 kWh (7 m-Rotor)

MONTAGE:

Gesamtgewicht ohne Fundament:	900 kg (mit 5 m Rotor) - 1.250 kg (mit 8 m Rotor)
Größte Bauteillänge:	3 m (wenn nötig, sonst 6 m)
Schwerstes Bauteilgewicht:	ca. 40 kg
Ist zum Aufbauen ein Kran nötig?:	Nein
Ist zum Transport eine Straße nötig:	Nein

ANFORDERUNGEN AN DIE MONTAGE:

Die Anlage kann entweder stehend (wie in Bremen und Nicaragua) oder gekippt (vielfach in Bremen auf dem Testfeld) errichtet werden. In der Regel reichen einfache handwerkliche Grundfertigkeiten für den Bau und die Montage aus. Gute Schweißkenntnisse und -fertigkeiten sind nötig.

Je nach Anwendungsfall (Pumpe für Wasser oder Preßluft, Direktantrieb oder Stromerzeugung) sind einfache, anlernbare Grundkenntnisse für den Betrieb, die Wartung und Instandhaltung notwendig.

DAS MATERIAL:

Das Hauptmaterial ist Konstruktionsstahlrohr. Standardprofile aus Stahl und Blech reichen zum Bau aus. An Maschinen und Einrichtungen sind ein Schmiedefeuer oder Autogengas, ein Elektroschweißgerät, eine Bügelsäge, eine Ständerbohrmaschine und eine einfache Drehmaschine erforderlich. Eine Fräsmaschine wird nicht unbedingt benötigt. Darüberhinaus muß für den Bau lediglich übliches Schlosser-Handwerkszeug eingesetzt werden. Sollen die Flügel aus Holz gebaut werden, ist eine einfache Holzwerkstatt auf handwerklichem Niveau nötig.

Es wird kein Kunststoff eingesetzt. Pneumatische, hydraulische und elektronische Steuerungs- und Regelungseinrichtungen sind nicht nötig. Die Anlage wurde mehrfach bei Ausbildungs- und Umschulungsmaßnahmen gebaut.

1. Wir bauen eine Windkraftanlage

Idee und Absicht

Die Chance, Windenergie zu nutzen, wird immer größer. Immer mehr Menschen erkennen den Unterschied zwischen den umweltbelastenden und risikoreichen Strohfeuer- und Sackgassentechnologien und deren Alternativen. Frühestens vor Harrisburg und spätestens seit Tschernobyl erahnen auch Laien, daß wir prinzipiell etwas verkehrt machen, wenn wir nicht bereit sind, *praktische* Schlüsse aus den verfügbaren Informationen zu ziehen.

Die kritische Analyse bestehender Verhältnisse reicht nicht aus - ihr muß eine konstruktive Synthese folgen. Weitverbreitetes Fachwissen, immer besser ausgerüstete »Werkzeugkeller« und steigende Freizeit ermöglichen zunehmend, zumindest einen Teil der Energieversorgung *dezentral* und *privat* zu besorgen, indem Sonnen- und Windenergie vielfältig angezapft und nutzbringend umgewandelt werden. Die Voraussetzungen sind günstig, die naturwissenschaftlich-technischen Erkenntnisse und die klassischen Werkstoffe Metall und Holz in ausreichendem Maße verfügbar. Noch nie vorher waren Politiker und auch die Baugenehmigungsbehörden in Europa den sanften Technologien gegenüber aufgeschlossener als heute.

Nachdem ich längere Zeit in Volkshochschulen und vergleichbaren Institutionen über die drei wichtigen Themenbereiche »Energieeinsparung, Sonnen- und Windenergie« und »Heizung und Wärmepumpen« referiert hatte, aber nicht alles davon praktisch verwirklichen konnte, wandte ich mich schwerpunktmäßig der Windenergienutzung zu.

Dabei schwebte mir vor, die Windenergie mit Hilfe einer »mittleren Technologie« zu nutzen, die hier bei uns im Selbstbau-Bereich und - was ich für sehr wichtig halte - in vielen Entwicklungsländern anwendbar ist und gleichzeitig zu soliden Anlagen führt. Zusammen mit anderen Engagierten gründete ich eine Arbeitsgruppe.

Die Praxis

Während wir uns umfassend informierten, entdecken wir in Schleswig-Holstein eine stählerne Windenergieanlage mit 6 profilierten Halbflügeln, die, so wurde uns von Einheimischen berichtet, bereits über fünfzig Jahre dem rauhen Küstenklima trotzte. Vermutlich wurde sie damals von der Firma Köster aus Heide in Holstein gebaut und aufgestellt (Abb. 1). Das Konzept dieser standhaften Anlage schien uns für unsere Zwecke ideal. Von ihm ausgehend entwarfen wir unsere Windenergieanlage, bauten sie schließlich und stellten sie auf.

Die Praxis wurde unser Schulmeister. Mit unserem Entwurf beteiligten wir uns 1981 an einem von der etablierten »Deutschen Gesellschaft für Windenergie« bundesweit ausgeschriebenen Konzeptwettbewerb für eine Selbstbauanlage und erhielten den ersten Preis. Das machte uns Mut, weiterzuarbeiten und unser Wissen und die gewonnenen Erfahrungen auch anderen Interessierten zugänglich zu machen.

So entstand die Idee für dieses Buch. Pädagogisch ausgedrückt behandele ich darin das Kernthema »Windradselbstbau« ausgesprochen exemplarisch anhand »nur« eines einzigen Anlagenkonzeptes, nämlich des von uns entwickelten KUKATER-Typs. Denn es gibt bereits genug Bücher, die die vielfältigen Möglichkeiten der Windenergienutzung aufzählen, aber gerade deshalb können sie nicht so sehr wie das vorliegende Buch auf spezielle Details beim Anlagenbau eingehen.

»KUKATE« ist der Name eines Ortes im Landkreis Lüchow-Dannenberg. Hier wurde 1980 auf dem »Werkhof Kukate« der Familie Inge und Michael Seelig die erste Anlage unseres Typs genehmigt, gebaut und aufgestellt. Aber auch wer nicht den Kukater-Typ, sondern einen anderen Konverter bauen will, kann vieles aus den nachfolgen-

den Seiten lernen und verwerten; so läßt sich z.B. unser »Flügelrezept« (vgl. Kap. 4.2) durchaus auch für andere Anlagenkonzepte verwenden. Was die Aussagen über den Wind, seine Strömungsformen sowie den Standort für ein Windrad betrifft, hoffe ich, dem einen oder anderen Leser doch etwas Neues an die Hand zu geben, mit dessen Hilfe er urteilsfähiger als vorher wird. Leider ist die Lektion, einen Standort kritisch beurteilen zu können, eine bittere Pille für manchen hoffnungsvollen Selbstbauinteressierten, der mit ihrer Hilfe erkennen muß, daß ein guter Standort meist ein Geschenk des Himmels ist und bleibt.

Wer Idee und Praxis, Kopf- und Handarbeit miteinander verbindet, um alternative Energien zu nutzen, handelt nach unserer Devise, die Erich Kästner so formulierte: »Es gibt nichts Gutes - außer man tut es«.

Abb. 1
Dieser jahrzehntealte, sturmerprobte Halbflügler aus Stahl wurde Vorbild für unser Konzept.

2. Die Windenergie

Wind ist eine kostenlose Energiequelle. Wir können sie nutzen, das heißt, in eine erwünschte andere Energieform überführen, wenn wir besondere, eigens auf die Luftströmung abgestimmte Windkonverter an geeigneten Orten aufstellen.

Damit habe ich die vier wichtigsten, für die praktische Windenergienutzung relevanten Themenbereiche genannt: Erstens den *Wind* selbst, zweitens den *Konverter* als Gerät, drittens den *Standort* mit der Installationshöhe und schließlich viertens, wie die gewonnene Energie in die erwünschte *Nutzenenergie* überführt und gegebenenfalls gespeichert werden soll. Im Bereich der Erzeugung und Speicherung, des Transports und der Verwendung der Energie sind viele Kombinationen möglich (Abb. 2).

Die allermeisten Windkonverter nutzen, wenn sie dem Wind Energie entnehmen, das gleiche physikalisch-techni-

Abb. 2: Nutzungsmöglichkeiten der Windenergie

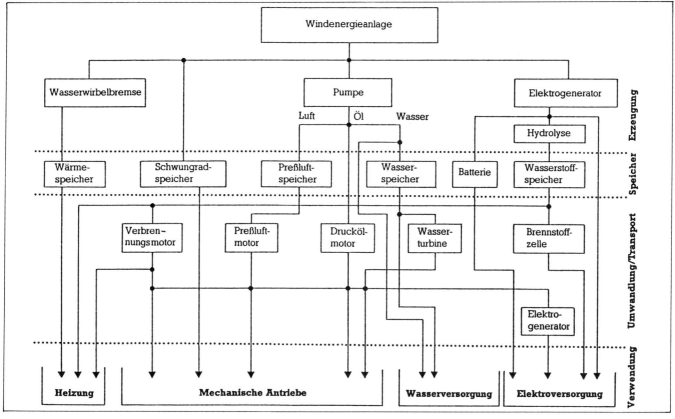

Abb. 3 »Windenergie-Anlagen von der Stange« - in Dänemark!
Hier das Verladen von 7,5 m langen Windkonverter-Flügeln des Typs "Aerostar" für einen Windpark in Kalifornien.

sche Prinzip, das auch Flugzeuge in der Luft hält, indem ihre Tragflügel umströmt werden. Es heißt »*Auftriebsprinzip*«.

Die Kraft, die sich am Windradflügel entfaltet, nutzt ihn selbst als Hebel, der sich endlos um die meist horizontal liegende Achse dreht. So entsteht das erforderliche Drehmoment, um den Generator oder andere Kraft- und Arbeitsmaschinen anzutreiben.

Die genauen Berechnungs- und Dimensionierungsgrundlagen sind recht umfangreich und müssen der Fachliteratur entnommen werden. Wer sich jedoch nicht so ausführlich mit der Theorie beschäftigen will, wird in der Praxis hoffentlich auch mit Hilfe meiner nachfolgenden Ausführungen weiterkommen.

Der Fachliteratur ist auch zu entnehmen - für Anfänger in Sachen Windenergie immer wieder erstaunlich - daß es für eine optimale Energieausnutzung kaum auf die Anzahl der Flügel ankommt, die eine bestimmte Anlage hat: Ein Windrad mit nur einem Flügel kann dem Wind die gleiche Leistung entnehmen, wie eines mit zwanzig. Natürlich muß ein Rotor mit wenigen Flügeln schneller drehen, wenn er den gesamten überstrichenen Kreisquerschnitt »abkassieren« soll, als einer mit vielen Flügeln.

Somit können Windkraftanlagen - je nach Konzeption - sehr verschieden aussehen. Von aerodynamischen Spitzentechnologieentwürfen aus teuren, hochbelastbaren und aufwendig zu verarbeitenden Materialien bis hin zu Segeltuchwindrädern auf der Basis von Einfachsttechnologie wird zur Zeit fast alles denkbar Mögliche - und manchmal wohl auch Unmögliche - erprobt. Während die einen versuchen, mit einem enormen Aufwand praktisch so nahe wie möglich an theoretische »Traumwerte« heranzukommen, um auch die letzten Prozente vom Wirkungsgrad noch zu nutzen, vergrößern die anderen, die weniger aufwendig und bescheidener bauen, einfach den Durchmesser ihrer Anlage um ein paar Dezimeter, damit sie mehr Leistung verbuchen können - meist mit demselben Erfolg! Aber wie immer ein Windrad im Einzelfall aussieht, ohne Wind dreht es sich nicht. Ein windreicher Standort und eine technisch-vernünftige, optimale Installationshöhe garantieren die besten Erträge.

In Dänemark, den Niederlanden und in Frankreich werden und wurden von staatlicher Seite bereits über einhundert meist mittelständische Unternehmen gefördert und dazu angeregt, brauchbare Windgeneratoren zur Stromerzeugung zu entwickeln, zu produzieren und zu vertreiben - mit Erfolg! (Abb. 3) Aber auch die Selbstbauer hier bei uns sind nicht untätig. In einer vom Bundesministerium für Forschung und Technologie in Auftrag gegebenen Untersuchung wird 1984 der Bestand an Windkraftanlagen in der BRD mit 450 bis 500 - je nach Auswahlkriterien - angegeben, wobei der Selbstbauanteil immerhin ca. 60% beträgt.

An verschiedenen Institutionen, Universitäten und Hochschulen der BRD wird in Sachen Windenergienutzung immer noch theoretisiert, geforscht und erprobt. Dabei reicht der vorhandene Kenntnisstand prinzipiell längst aus, einzelne Anlagen zur Serienreife zu entwickeln. Ein Testfeld mit 10 Prüfständen auf der kleinen Nordseeinsel Pellworm ist seit mehreren Jahren verfügbar. Verglichen mit den Aktivitäten anderer Industrieländer beginnt die Zeit für uns zu drängen, schließlich werden die Exportchancen in Drittländer wegen der knapper und teurer werdenen Rohstoffe zunehmend besser.

Aber auch hierzulande lohnt es sich, die Windenergie zu nutzen. Vorausgesetzt, der Standort ist günstig, kann eine professionell gefertigte Windkraftanlage - abgesehen vom Wert für eine umweltfreundliche Energieerzeugung - auch finanziell gewinnbringend installiert werden. Nur wenige Pilotprojekte liefern derzeit bei uns den Beweis dafür, während er in den Nachbarländern schon seit Jahren vorliegt und anerkannt wird.

Problematisch sind und bleiben die *Selbstbauanlagen*. Hier gilt es, den allgemeinen Qualitätsstandard bei der Konzeption und Bauausführung zu verbessern, um den Selbstbau insgesamt erfolgversprechender zu machen. Es fehlt nicht an Aktivitäten, die Bemühungen in dieser Richtung für alle Interessenten fruchtbar zusammenzufassen; auch das vorliegende Buch soll ein Schritt in diese Richtung sein.

Eines der Hauptprobleme der Windkraftnutzung in der BRD ist das der *Akzeptanz*. Besonders einige Behörden tun sich oft recht schwer, die Anwendung dieser umweltfreundlichen Energietechnik, die hierzulande ja eine recht lange Tradition besitzt, positiv zu bewerten. Immerhin liefen noch um 1850 im gesamten Europa rund 200.000 Windräder, davon 20.000 in Deutschland, und prägten - im wahrsten Sinne des Wortes - charakteristisch die Landschaft!

Hier sei ein Vergleich mit allgemein akzeptierten technischen Bauwerken der Gegenwart gestattet: angesichts der heute allein in den nördlichen Bundesländern stehenden über 300.000 Stahlgittermasten zur Stromverteilung waren die 20.000 Windmühlen seinerzeit recht bescheiden; dennoch könnte heute bzw. in Zukunft eine vergleichbare Anzahl von kleinen bis mittleren Windgeneratoren schon einen nennenswerten Beitrag zur Energieversorgung leisten.

Im folgenden Kapitel werde ich mich zunächst dem Wind selbst widmen. Kenntnisse über ihn sind unabdingbare Voraussetzungen für Ertrags-, Standorts- und Konstruktionsüberlegungen.

2.1 Eigenschaften des Windes

Der Wind ist strömende Luft in der freien Natur. Ruht die Luftströmung, sprechen wir von *Windstille*, ist sie sehr heftig, von *Sturm*. Ein kräftiger Windstoß heißt *Böe*.

Normalerweise ändern sich Windrichtung und Windgeschwindigkeit ständig. Denn ursächlich ist die Windenergie eine Folge der Sonnenenergie: so steigt zum Beispiel über einer von der Sonne erwärmten Landoberfläche auch die Lufttemperatur. Dabei dehnt sich die Luft aus. Über einem daneben befindlichen Meer bleibt die Oberfläche - und damit auch die Luft - kühler. Die so entstehenden Luftdichteschwankungen verursachen Luftdruckunterschiede und diese wiederum erzeugen Luftströmungen. An der Erdoberfläche beginnt ein Wind vom Meer zum Land zu wehen (Abb. 4).

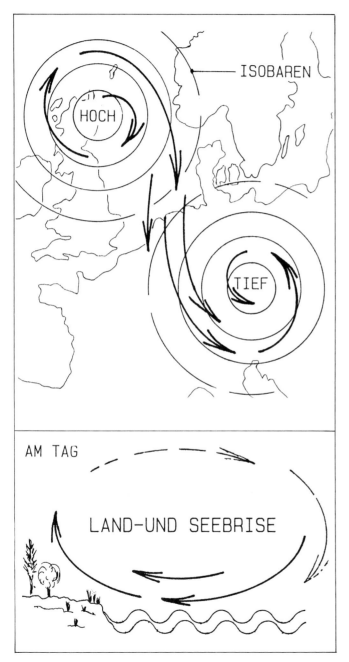

Nachts kehrt sich die Windrichtung um, weil dann das Wasser wärmer ist als die schneller abkühlende Erdoberfläche. Was wir hier im kleinen einsehen konnten, entsteht auch großflächig. Immer strömt die Luft von Gebieten hohen in Bereiche niedrigen Luftdrucks.

Darüber hinaus beeinflussen zwei weitere Faktoren den Wind: zum einen ist es die Erddrehung, wie die Entstehung der Passatwinde sehr schön zeigt; zum andern ist es die Struktur der Erdoberfläche, wobei Bäume, Bauwerke, Hügel oder gar Berge einen Einfluß auf die Stärke der Luftströmung nehmen (Abb. 5, Abb. 6).

An jedem Standort auf unserer Erde überlagern sich alle Einflußfaktoren. Hier hat der eine, dort ein anderer besonderes Gewicht. Will jemand einen Windkonverter aufstellen, muß er sorgfältig prüfen, von welchen Voraussetzungen er hinsichtlich seines Energielieferanten ausgehen muß.

Abb. 4

oben: Luftströmungsverhältnisse bei Großwetterlagen zwischen Hochdruck- und Tiefdruck-Gebieten auf der nördlichen Erdhalbkugel. Isobaren sind Linien gleichen Luftdrucks.

unten: Über dem von der Sonne erwärmten Land steigt die Luft auf, vom kühleren Meer strömt Luft nach: eine Seebrise entsteht.

2. Die Windenergie

Abb. 5
Die Hauptrichtung der Luftbewegungen auf der Erde infolge der Erddrehung: Westwinde zwischen dem 30. und 60. Breitengrad und die Passate am Äquator; dazwischen Zonen relativer Flaute.

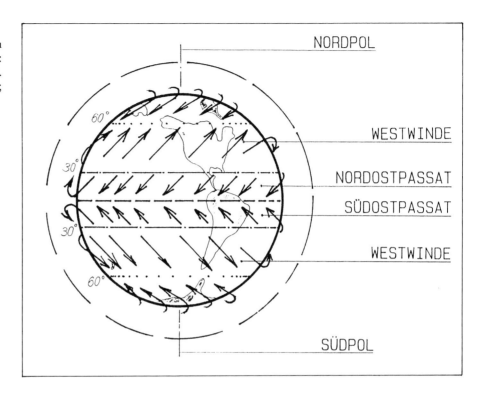

Abb. 6
Das Windgeschwindigkeitsprofil ist abhängig von der Beschaffenheit der Erdoberfläche: mit zunehmender Höhe der Hindernisse am Boden steigen die Isoventen (d.h. die Linien gleicher Strömungsgeschwindigkeit) in größere Höhen. In gleicher Höhe geht die Windgeschwindigkeit entsprechend zurück.

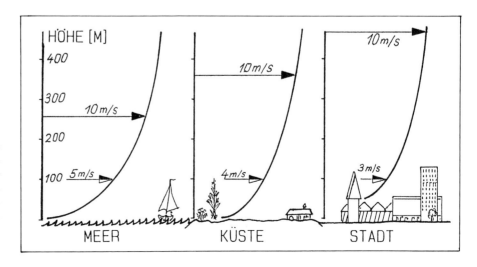

2. Die Windenergie

Windstärke nach Beaufort	Geschwindigkeit in m/s	Auswirkungen des Windes im Binnenland	Auswirkungen des Windes auf See
0 Windstille	0 - 0,2	Rauch steigt gerade empor	Spiegelglatte See
1 leichter Zug	0,3 - 1,5	Windrichtung nur durch Rauch erkennbar	Schuppenförmige Kräuselwellen
2 leichte Brise	1,6 - 3,3	Wind im Gesicht fühlbar, Blätter säuseln	Kurze, kleine Wellen, Kämme brechen sich nicht
3 schwache Brise	3,4 - 5,4	Blätter und dünne Zweige bewegen sich	Kämme beginnen sich zu brechen, Schaum meist glasig
4 mäßige Brise	5,5 - 7,9	Bewegt Zweige und dünne Äste, hebt Staub	Noch kleine Wellen, aber vielfach weiße Schaumköpfe
5 frische Brise	8,0 - 10,7	kleine Bäume beginnen zu schwanken	Mäßig lange Wellen mit Schaumkämmen
6 starker Wind	10,8 - 13,8	Pfeifen an Drahtleitungen	Bildung großer Wellen (2,5-4 m) beginnt, größere Schaumflächen
7 steifer Wind	13,9 - 17,1	Fühlbare Hemmung beim Gehen	See türmt sich, Schaumstreifen in Windrichtung
8 stürmischer Wind	17,2 - 20,7	Bricht Zweige von den Bäumen, erschwert erheblich das Gehen	Hohe Wellenberge (über 7 m), Gipfel beginnen zu verwehen
9 Sturm	20,8 - 24,4	Kleinere Schäden an Häusern und Dächern	Dichte Schaumstreifen, Rollen der See, Gischt verweht
10 schwerer Sturm	24,5 - 28,4	Entwurzelte Bäume, bedeutende Schäden	Sehr hohe Wellenberge, See weiß durch Schaum
11 orkanartiger Sturm	28,5 - 32,6	Verbreitete schwere Sturmschäden (sehr selten)	Außergewöhnlich hohe Wellenberge Kämme überall zu Gischt verweht
12 Orkan	über 32,7	-----	Luft mit Schaum und Gischt angefüllt, keine Fernsicht mehr

Tabelle 1: Windstärkeskala
Die erste und letzte Spalte dieser Tabelle führte der englische Admiral Beaufort 1806 ein. Mit seinen Aussagen lassen sich Windstärken auf dem offenen Meer beschreiben. Später wurde die den Seeverhältnissen entsprechenden Beobachtungen für das Land hinzugefügt (Spalte 3). Heute wird meist die Windgeschwindigkeit in 10 m Höhe gemessen und in m/s angegeben (Spalte 2).

Die Windstärke

Die Windstärke ist ein Maß für die Windgeschwindigkeit, die wiederum auf den Energiegehalt des Windes entscheidenden Einfluß hat. Die Kurzfassung des Energieerhaltungssatzes »Von Nichts kommt Nichts« hat besonders hier ihre Gültigkeit. Ein Windrad, welches bereits bei 3 m/s Windgeschwindigkeit anläuft, mag zwar schön aussehen, der Energieertrag bei diesem Wind dürfte jedoch kaum nennenswert sein (vgl. Kapitel 2.2.).

Die gebräuchlichste Windstärkenskala für die Abschätzung der Windgeschwindigkeit auf See wurde um 1800 von dem englischen Admiral Sir Francis Beaufort eingeführt. Später wurde diese Skala um entsprechend den Seeverhältnissen beobachtbare Vorkommnisse an Land ergänzt. Da der Wind an der Erdoberfläche jedoch meist sehr böig ist, läßt sich die wirkliche Geschwindigkeit nur schwer schätzen (Tabelle 1, Beaufortskala).

Wissenschaftlich korrekt gemessen wird weltweit mit geeichten Schalenkreuzanemometern in 10 m Höhe über Grund. Sie bestehen aus drei oder vier Halbkugelschalen an kurzen Armen, die sich um eine senkrechte Achse drehen. Dabei hängen die Drehzahl des Schalenkreuzes und die Windgeschwindigkeit fast linear zusammen (Abb. 7). Um die stets vorhandenen Geschwindigkeitsschwankungen wegzumitteln, wird allgemein der Durchschnittswert von 10 Minuten oder von einer Stunde registriert.

Besonders bedeutsam sind die monatlichen Mittelwerte der Windgeschwindigkeit, wenn man einen Standort beurteilen will. Häufig fallen nämlich der Energiebedarf und eine erhöhte Windgeschwindigkeit zusammen. Angaben über den Jahresmittelwert allein helfen dann nicht weiter.

Unser Windrad, wie es in Kapitel 5 ff. beschrieben wird, läuft etwa bei 3 m/s an, erreicht bei 9 m/s seine Nennleistung und geht ab 12 m/s in die Sturmstellung.

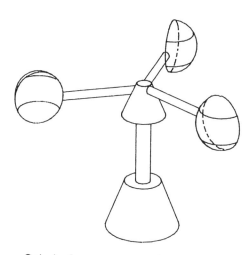

Schalenkreuzanemometer

Abb. 7
Typisches Meßgerät, mit dem man die Windgeschwindigkeit messen kann (Anemometer): von der Außenseite her angeströmt, ist der Windwiderstand der Halbkugel ein Drittel so groß wie der Windwiderstand der offenen Seite der Halbkugel.

Die laminare und turbulente Windströmung

Innerhalb der Strömungslehre werden zwei Strömungszustände grundlegend voneinander unterschieden: die *laminare* und die *turbulente* Strömung.

Bei der laminaren Strömung schieben sich die Schichten unterschiedlicher Luftgeschwindigkeit ohne Wirbel zu bilden aneinander vorbei. Die Geschwindigkeit des Windes nimmt ohne zu verwirbeln mit der Höhe zu. Dabei ist die Geschwindigkeitsverteilung insgesamt abhängig von der Windgeschwindigkeit selbst, von der Luftdichte und der Bodenbeschaffenheit, d.h. der Bodenrauhigkeit.

Bei einer turbulenten Strömung überlagert sich der Hauptströmung eine starke Verwirbelung, ein turbulentes Strömungsfeld entsteht (Abb. 8). Ein Windrad, das nach dem Auftriebsprinzip arbeiten soll, darf nie turbulent angeströmt werden. Ein einziges kleines Gebäude, ein einziger Baum kann jede erwartungsvoll kalkulierte Ertragsabschätzung zunichte machen.

2. Die Windenergie

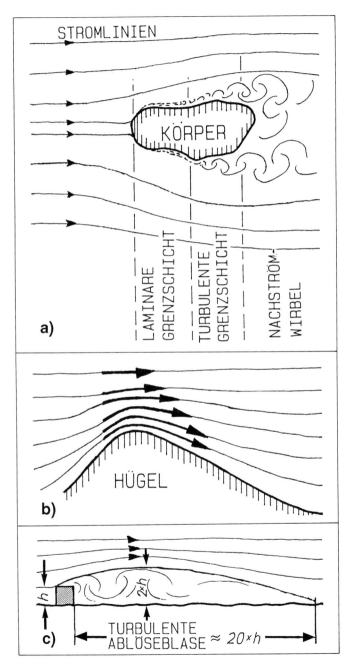

Als grobe Richtlinie für die Aufstellung von Windkraftanlagen bei Einzelhindernissen, z.B. kleinen Gebäuden oder einzelnen Bäumen, kann gelten:

In der Hauptwindrichtung muß das Windrad in einer Entfernung, die der zwanzigfachen Hindernishöhe entspricht, das mit Abstand höchste Bauwerk sein, wenn es einigermaßen turbulenzfrei angeströmt werden soll.

Je höher der Mast, je freier die Landschaft, desto ergiebiger wird der Ertrag ausfallen, weil die Chance eines turbulenzarmen Luftstromes erheblich von der Oberflächenbeschaffenheit und der Installationshöhe abhängt.

Abb. 8
a) Erscheinungsformen der Luftströmung bei der Umströmung eines beliebigen Körpers;
b) Erhöhung der Windgeschwindigkeit an einem idealen »Mühlenberg« durch günstige Geländeform;
c) Turbulenzblase durch Strömungsablösung an kantigen Hindernissen.

Abb. 9 Zeitlicher Verlauf von Windgeschwindigkeiten ▶
a) eine seltene »Schreibtisch-Geschwindigkeit« in großer Höhe;
b) typischer Wind mit Schwankungen zwischen 75% und 125% des Mittelwertes (100%);
c) typisches Böenverhalten.

2. Die Windenergie

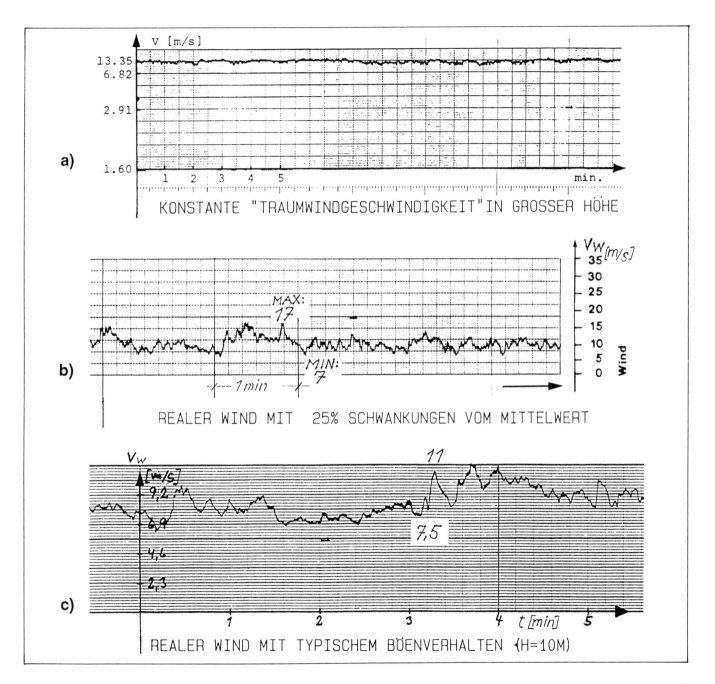

2. Die Windenergie

Die Böenhäufigkeit

Wenn man die Dimensionierung eines Windrades festlegen will, muß man von einer bestimmten Windgeschwindigkeit ausgehen, bei der aerodynamisch die »Idealvorstellungen« gelten sollen. Wir nennen dies die »*Auslegungswindgeschwindigkeit*«; eine ebenfalls akzeptable Bezeichnung wäre »Schreibtischgeschwindigkeit«, denn sie ist rein theoretisch.

Abb. 10
Oft reicht eine einzige heftige Böe, um ein Windrad zu beschädigen

In Wirklichkeit - und vor allem in Bodennähe - schwankt die Windgeschwindigkeit ständig um einen Mittelwert. Selbst die üblicherweise vorliegenden Zehnminutenmittelwerte der Windgeschwindigkeit helfen uns nur sehr begrenzt weiter. Die technisch beachtenswerten Zeitintervalle von den Minima bis zu den Maxima liegen oft im Bereich von 10 - 30 Sekunden, wobei die relativen Geschwindigkeitsabweichungen vom Mittelwert oft um 25% nach oben und unten streuen. Genauere Angaben für einen bestimmten Standort sind natürlich nur durch detaillierte Messungen am geplanten Aufstellplatz über einen längeren Zeitraum zu ermitteln (Abb. 9).

Spitzenböen entscheiden meist, ob ein Windrad statisch richtig ausgelegt wurde (Abb. 10). Mit welchen Böen ist nun in Deutschland zu rechnen? Innerhalb eines statistischen Erwartungszeitraumes von 25 - 30 Jahren ist einmal mit einer Spitzenböe von 45 - 50 Metern in der Sekunde zu rechnen. Selbst die üblichen Richtlinien für den Hochbau berücksichtigen sie nicht. Umgerechnet auf einen anschaulichen Wert entsprechen 50 m/s genau 180 Kilometer/Stunde. Böengeschwindigkeiten, die extrem - also z.B. 1,75 fach - über der vorher wehenden Durchschnittsgeschwindigkeit liegen, sind meist sehr kurz. Sie brauchen 2 - 3 Sekunden lang für den Anstieg - also z.B. von 10 m/s auf 17,5 m/s und ungefähr drei bis fünfmal so lange zum Abklingen. Eine wie auch immer konstruierte und ausgelegte Regelung des Windrades muß schnell genug darauf reagieren können.

Die jahreszeitlichen Windschwankungen

Hinsichtlich der Windenergienutzung ist neben dem Jahresmittelwert auch bedeutsam, in welcher Weise das Energieangebot im Verlauf der Jahreszeiten schwankt.

Beispiel: Beträgt der Jahresmittelwert für einen erdachten Standort 5 m/s, so ist dieser Wert korrekt, auch wenn im Sommer nur 4 m/s und im Winter 6 m/s gemessen werden.

Was hier noch ganz harmlos aussieht, entpuppt sich als erheblicher Unterschied, wenn wir den Energieertrag abschätzen (vgl. Kapitel 2.2). Bei 4 m/s liegt die theoretisch im Wind enthaltene Leistung bei ca. 40 W pro Quadratmeter vom Wind durchstrichener Fläche, bei 6 m/s immerhin schon bei über 130 W/m², also bei mehr als dem Dreifachen!

Bei einem Unterschied von nur einem Meter pro Sekunde, also z.B. bei einer Erhöhung von 4 auf 5 m/s, ändert sich die theoretische, im Wind steckende Leistung von 33 auf 76 W/m². Im nördlichen Europa ist stets mit solchen Unterschieden zu rechnen. Hier weht der Wind im Winter durchschnittlich etwas mehr als im Sommer (Abb. 11).

Soll die Energie unserer Selbstbauanlage zum *Heizen* genutzt werden - und das dürfte in der Praxis sehr häufig der Fall sein - kommt uns dieses winterlich erhöhte Leistungsangebot sehr entgegen: die Wärmeverluste von Gebäuden sind nämlich neben der Temperaturdifferenz auch von der Windgeschwindigkeit abhängig, mit der die Außenhaut des Gebäudes umstrichen wird.

Bezieht man diesen Sachverhalt mit ein, so läßt sich beispielsweise die Grundheizung für ein Wohn- oder Gewächshaus sparsamer auslegen, weil dann der Wind zwar einerseits höhere Verluste fordert, auf der anderen Seite über das Windrad aber auch zusätzliche Energie verfügbar macht. Wie die Bilanz letztendlich aussieht, ist abhängig von der Größe des Gebäudes, seiner Wärmeisolation und der Leistung des Windkonverters.

Soll die Anlage in einem Entwicklungsland arbeiten, ob als Stromgenerator, als Pumpe oder direkt als Kraftmaschine, so müssen auch dort das zeitlich schwankende Windenergieangebot und die Leistungsnachfrage genau studiert werden. Wie wir gesehen haben, ist mit Jahresmittelwerten nicht viel anzufangen. Wenn nur gelegentlich Getreide gemahlen, Holz gesägt oder Wasser gepumpt werden muß, reicht oft schon ein zeitweise gutes Windangebot aus, um anstehende Probleme zu lösen.

Neben den jahreszeitlichen, monatlichen und sogar auf den Tag verteilten Windschwankungen gibt es noch örtliche Besonderheiten hinsichtlich Zeit, Dauer, Richtung und Stärke

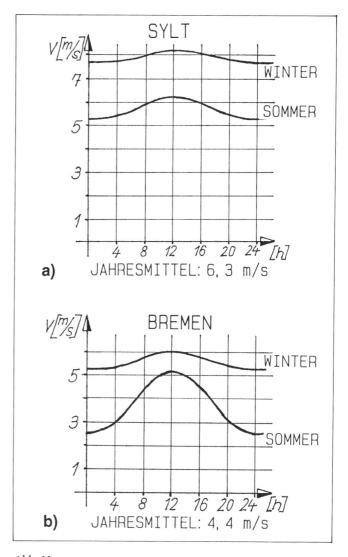

Abb. 11
Typische, tageszeitlich aufgeschlüsselte Windgeschwindigkeiten an einem Sommer- und an einem Wintertag:
a) auf der Insel Sylt
b) am Bremer Flughafen.
Der Energieinhalt des Windes ist im Winter etwa dreimal so hoch wie im Sommer.

2. Die Windenergie

(Abb. 12). Einige dieser Ortswinde haben einen eigenen Namen: Monsun (Indien), Zonda (Anden), Mistral (Südfrankreich) oder Bora (Adria).
Hier kann nur deutlich werden, wie einfühlsam in der Praxis jedesmal neu geprüft werden muß, ob und unter welchen Bedingungen wir uns den Wind nützlich machen können. Das nächste Kapitel läßt uns noch tiefer in die Problematik einsteigen.

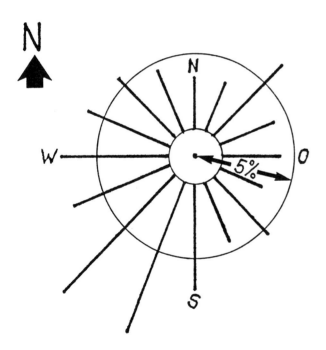

Abb. 12 Prozentuale Windrichtungsverteilung in Friesland
Der Windrichtungsstern zeigt, wie häufig der Wind aus einer bestimmten Richtung weht. Aus der Länge der einzelnen Radien läßt sich die Dauer bestimmen, wobei der Kreisradius den Maßstab (18 Tage/Jahr = 5%) liefert.

2.2 Der Energieinhalt des Windes

Der Energieertrag eines Windenergiekonverters ist die nutzbar umgesetzte Leistung in einem bestimmten Zeitraum.
Neben der Freude, eine Anlage zu bauen und zu betreiben, stehen oft gerade bei alternativen Selbstbautechniken Nützlichkeitsüberlegungen ganz vorn - als ob es nur darauf ankäme, materiellen Gewinn zu erwirtschaften und Geld so nützlich wie möglich anzulegen!
Hier kann nicht immer mit dem gleichen Maß gemessen werden: was für Entwicklungsländer sicherlich zutrifft, nämlich sparsam und effizient zu wirtschaften, muß nicht unbedingt genauso für Selbstbauer in Industrieländern gelten. Zum Vergleich möchte ich an dieser Stelle kurz auf eine andere, meist recht kostspielige Form der Windenergienutzung aufmerksam machen: den Segelwassersport. Die meisten, die wie ich diese spannende und immer wieder faszinierende Auseinandersetzung mit den Elementen betreiben, kennen auch die von Kritikern etwas zynische Beschreibung dieses Tuns: sich stundenlang kaltes Salzwasser auf die Kleidung und ins Gesicht schütten zu lassen und dabei Einhundertmarkscheine wegzuwerfen - also noch teuer dafür zu bezahlen. Allein in der Bundesrepublik sind über 10.000 Yachten mit mehr als 200.000 DM versichert. Wer kommt da schon auf die Idee, die Kosten dieses Freizeitvergnügens auf die effektiv genossene Segelstunde umzurechnen - ganz zu schweigen von den vielen anderen teuren, energieintensiven und umweltbelastenden Hobbys, die es neben dem Segeln noch gibt. Sei es den Gesellschaftswissenschaftlern und Psychologen an dieser Stelle überlassen, darüber nachzudenken, warum in diesen Bereichen so oft und so nachdrücklich mit zweierlei Maß gemessen wird.
Selbstverständlich hält die von uns entwickelte Anlage vom KUKATER-Typ auch einem Kosten-Nutzen-Vergleich stand - aber er allein beschreibt nicht alle Aspekte des Selbstbaus. Zurück zum Ertrag: er läßt sich technisch korrekt in kWh (Kilowattstunden) ausdrücken. Subjektiv kann man sich eine kWh etwa so verdeutlichen: ein schwer kör-

perlich arbeitender Mensch vermag auf Dauer 100 Watt, d.h. ein Zehntel kW, zu leisten. Demzufolge ist 1 kWh im Prinzip die Arbeitsmenge, die zehn Menschen innerhalb einer Stunde zu leisten vermögen. In Hubarbeit ausgedrückt müßte jeder dieser Arbeiter innerhalb einer Stunde 144 Zentner (= 7.200 kg) fünf Meter hoch schaffen. Ich beschreibe die Kilowattstunde deshalb so ausführlich, weil in unserer Industriekultur Leistungen von »ein paar Kilowatt« oft belächelt werden - zu unrecht, wenn man sie mit dem menschlichen Arbeitsvermögen vergleicht. Leistet eine Anlage kontinuierlich 2.000 Watt, so ist dies doch immerhin die volle Arbeitskraft von zwanzig Menschen rund um die Uhr. Für die Menschen in Entwicklungsländern kann so eine Windkraftanlage die Emanzipation von schwerer körperlicher Arbeit bedeuten, wobei die Energie in jedem Fall - also auch bei uns - ohne Umweltbelastung und ökologisch sinnvoll bereitgestellt wird.

Doch nun wieder zur Technik. Der wirksame Ertrag einer Anlage ist nur ein Bruchteil der im Wind steckenden Energie. Obwohl uns diese Energie als »Rohstoff« nichts kostet, wollen natürlich alle Konstrukteure und Anwender sie so gut nutzen, wie es ihnen nur möglich bzw. sinnvoll erscheint. Wie weit man dieses Bemühen treibt und welcher Aufwand dafür gerechtfertigt ist, darüber scheiden sich die Geister der Technikphilosophen. Ihre verschiedenen Ansätze kommen in den Konzepten bestehender Windenergieanlagen sehr anschaulich zum Ausdruck; und doch haben sie von der einfachsten Segelwindmühle bis hin zu den hochstilisierten Spitzentechnologien eines gemeinsam: alle versuchen, mit Hilfe von Rotorflügeln (Repellern) die Bewegungsenergie der Luft umzuwandeln. Da für viele Anwendungen, insbesondere für die Erzeugung von Strom, die relativ langsame Rotordrehzahl für übliche Generatoren nicht hoch genug ist, kommt man ohne ein Getriebe zwischen Rotor und Generator, das die Drehzahl für den Stromerzeuger erhöht, in den meisten Fällen nicht aus.

Jede der drei genannten Komponenten - Rotor, Getriebe und Generator - ist mit Verlusten behaftet, durch die ein Teil des Idealertrags verloren geht. Wir wollen daher zunächst einmal untersuchen, welche Umstände uns im einzelnen daran hindern, das Windenergieangebot hundertprozentig zu nutzen, und zwar ausgehend von der theoretisch verfügbaren Windenergie bis hin zur effektiv nutzbaren elektrischen Energie am Generatorausgang.

Die theoretische Windleistung

Der Fachliteratur kann man entnehmen, daß die im Wind enthaltene Bewegungsenergie mit der 3. Potenz der Strömungsgeschwindigkeit ansteigt:

$$P_{th} = \rho_l/2 \cdot A \cdot v^3 \text{ (in Watt)}$$

Dabei ist P_{th} die theoretisch im Wind enthaltene Leistung (berechnet in Watt), wenn der Wind vollständig abgebremst würde; ρ_l ist die Dichte der Luft. Üblicherweise wird sie mit ρ_l = 1,22 kg/m³ (Kilogramm pro Kubikmeter) in die Formel eingesetzt, weil das der Dichtewert der Luft bei »normalem« Druck und »normaler« Temperatur ist. »A« ist die senkrecht zum Wind stehende und damit von ihm durchströmte Fläche, eingesetzt in Quadratmetern.

Bei Windenergieanlagen mit horizontaler Achse ist das diejenige Fläche, die von den Flügeln überstrichen wird - also entweder eine Kreisfläche, oder wenn die Flügel nicht bis zur Nabenmitte reichen - die Fläche des von ihnen überstrichenen Kreisringes. Letztes ist meist der Fall, da es technisch unsinnig ist, den relativ kleinen, mittleren Flächenbereich mit konstruktiv aufwendigen, großen und damit sturmempfindlichen Flügelelementen nutzen zu wollen. Oft sind in diesem Bereich Regel- und Befestigungselemente zwischen Flügeln und Nabe untergebracht.

»v« ist die Geschwindigkeit des anströmenden Windes weit vor dem Windrad und muß in Metern pro Sekunde (m/s) in die Formel eingesetzt werden.

Zur Veranschaulichung der Windleistung und um besser vergleichen zu können, beziehe ich die Leistung nachfolgend immer auf die Fläche von einem Quadratmeter. Man erhält so die spezifische, theoretisch im Wind enthaltene

Flächenleistung, bezogen auf einen Quadratmeter. Das entspricht wieder seiner gesamten Bewegungsenergie:

$$P_{th}/m^2 = \rho_l/2 \cdot v^3 \text{ (in Watt/m}^2\text{)}$$

Für die »normale« Luftdichte von 1,22 kg/m³ kann man $\rho_l/2$ als Konstante mit 0,61 kg/m³ einsetzen. Dann ergibt sich

$$P_{th}/m^2 = 0{,}61 \text{ kg/m}^3 \cdot v^3 \text{ (W/m}^2\text{)}$$

Nach dieser Formel wurde in Tabelle 2 die dritte Spalte errechnet.

Windgeschwindigkeit v in m/s	Windstärke nach Beaufort	P_{th}/m^2 in W/m²	P_{eff}/m^2 in W/m²
3	2	16	5
4	3	39	11
5	3 - 4	76	22
6	4	132	38
7	4	209	60
8	5	312	89
10	5 - 6	610	174
12	6	1054	301
14	7	1674	477
16	7	2499	713
18	8	3558	1015
20	8 - 9	4880	1392

Tabelle 2: Windgeschwindigkeit und Leistung
Spezifische, auf den Quadratmeter Ernteflächte bezogene, theoretisch mögliche Leistung P_{th} eines Windrades sowie die (unter bestimmten Voraussetzungen) effektiv erzielbare, elektrische Leistung als Funktion der Windgeschwindigkeit. Randverluste am Flügel sind nicht berücksichtigt.

Der Wirkungsgrad des Flügels

Auch modernste Windkonverter können diese im Wind theoretisch enthaltene Leistung P_{th} nicht 100%ig umwandeln. Da die Luft hinter dem Windrad noch mit einer bestimmten Geschwindigkeit wegströmen muß, dürfen wir den Wind nicht völlig abbremsen; also bleibt in ihm noch ein Teil der Bewegungsenergie enthalten. Mit Hilfe von Formeln läßt sich ein theoretisches Optimum ermitteln, und zwar das Geschwindigkeitsverhältnis aus der Windgeschwindigkeit vor und hinter den Konverterflügeln, bei dem der strömenden Luft ein Maximum an Energie entzogen werden kann. Dieses rechnerische Optimum wird erreicht, wenn die Windgeschwindigkeit in der Windradebene um $^2/_3$ verringert wird, hinter den Flügeln also noch $^1/_3$ der ursprünglichen Geschwindigkeit hat.

Die Energieausbeute könnte dann genau $^{16}/_{27}$ (= ca. 60%) der im Wind insgesamt enthaltenen Energie betragen, vorausgesetzt das Windrad hätte *»Idealflügel«*. Diese lassen sich aber praktisch nicht anfertigen. Gute, technisch zu realisierende Flügel nutzen statt der theoretisch berechneten 60% nur rund 40% der im Wind enthaltenen Gesamtenergie aus.

Im Kapitel 4.2 - die technisch-aerodynamischen Grundlagen - werde ich noch näher auf die verschiedenen Einzelfaktoren eingehen, die für den Wirkungsgrad des Flügels bedeutsam sind. »Theoretische Tiefschürfer« verweise ich an dieser Stelle schon auf grundlegende Literatur, z.B. von Dr. Albert Betz: »Windenergie und ihre Nutzung durch Windmühlen« (neu aufgelegt im ökobuch Verlag, Staufen).

Abb. 13 ▶
Sorgfältig aufeinander abgestimmte Getriebe und Stromerzeuger sind die anspruchsvollsten und kostspieligsten Bauteile eines Windgenerators. Hier z.B. ein zweistufiges Stirnradgetriebe der Übersetzung 1 : 20 und ein Dauermagnetgenerator mit einer Nenndrehzahl von 1.800 U/min.
Im Hintergrund lehnt die 4 m² große Steuerfahne für eine 7 m-Anlage an der Wand.

2. Die Windenergie

Die Wirkungsgrade von Getriebe und Generator

Hier an dieser Stelle macht mir dieses Kapitel einige Mühe, soll doch gerade beim Generator und beim Getriebe etwas Spielraum bleiben, da diese beiden kostenintensiven Maschinenelemente möglicherweise zwar preisgünstig, dafür aber nicht in jedem Einzelfall ganz ideal passend beschafft werden können.

Worauf kommt es an? Was ist noch hinsichtlich des Nutzungsgrades vernünftig und vertretbar?

Zunächst will ich den Aspekt der Dimensionierung aufgreifen. Wenn die Anlage für eine Ausgangsnennleistung von etwa 2.000 Watt ausgelegt ist, sollte das Getriebe - vorzugsweise ein schrägverzahntes Stirnradgetriebe - auf keinen Fall mehr als 3 Kilowatt *Nennleistung bei den infrage kommenden Drehzahlen* haben (Abb. 13).

Als Faustregel kann hier gelten: das Getriebe soll ca. 3 fach stärker dimensioniert sein als die *häufigste* Antriebsleistung, und auf jeden Fall das $1^1/_2$ fache der Generatornennleistung übertragen können. Dabei ist die *Auslegungslebensdauer* von entscheidender Bedeutung: ein Werkzeugmaschinengetriebe mit 3 kW Nennleistung kann z.B. für 50.000 Betriebsstunden ausgelegt sein, während es ein Kraftfahrzeuggetriebe wohl kaum auf mehr als 2.000-4.000 Betriebsstunden bis zum Schrott bringt! Wenn das Windrad an einem günstigen Standort steht und durchschnittlich 20 Stunden pro Tag läuft, so kommen in 10 Jahren immerhin 73000 Betriebsstunden zusammen. Im Zweifelsfall ist es daher ratsam, Rat von Fachkundigen einzuholen.

Der *Nutzungsgrad* des Getriebes ist immer auf die *Nennbelastung* bezogen. Am Beispiel wird das schnell deutlich: man stelle sich vor, ein 10 kW-Getriebe soll 100 W übertragen; allein für die Getriebeölumwälzung und die Lagerreibung würde mit Sicherheit schon mehr Leistung benötigt. Ideal ist also ein neues Getriebe, bei dem man das genaue Drehzahlverhältnis (vgl. Kap. 5.2.2), die geplante Lebensdauer und die Nennleistung passend wählen kann; wegen des erforderlichen Übersetzungsverhältnisses von etwa 1 : 20 kommt nur eine zweistufige Ausführung infrage. Für ein solches Getriebe darf man mit einem Wirkungsgrad von besser als 0,9 rechnen.

Ich möchte auf der sicheren Seite bleiben und von 0,9 ausgehen, da ich annehme, daß die Viskosität (Zähflüssigkeit) des Schmieröls nicht immer optimal ist.

Für den *Generator* gilt ähnliches: auch hier ist es hinsichtlich des Ausbeutungsgrades höchst schädlich, wenn er in seiner Leistung zu groß gewählt wird. Soll er bei der *häufigsten* Windgeschwindigkeit mit einem vertretbaren Wirkungsgrad arbeiten, darf er nicht überdimensioniert sein: 1.500 bis 2.000 W für eine Anlage mit 5 m Durchmesser, 3-5 kW für eine mit 7 m Durchmesser scheint mir für die meisten Fälle angebracht zu sein (Abb. 14).

Abb. 14
Erreicht der Generator z.B. bei einer Windgeschwindigkeit von 11 m/s seine Nennleistung von 3 kW, so sollte die Anlage bei der vorliegenden Kennlinie spätestens bei 12 m/s Windgeschwindigkeit aus dem Wind regeln (senkrecht gestrichelte Linie). Der Stromerzeuger gibt dann 3,5 kW ab. Damit die Hälfte der Nennleistung erzeugt wird, ist immerhin noch ein »Traumwind« von 8,5 m/s erforderlich! Die vorliegende Kennlinie beschreibt etwa die Kukater-Anlage mit 5,1 m Flügeldurchmesser.

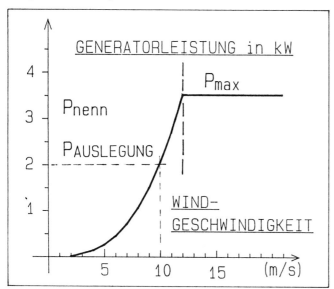

Ein guter Generator dieser Leistungsklasse kann einen Wirkungsgrad von über 85% erreichen. Sicherheitshalber rechne ich mit einem Wirkungsgrad von 80% = 0,8 (vgl. Abb. 15).

Die effektiv nutzbare Leistung

Zusammengefaßt gehe ich also erstens von einem Flügelwirkungsgrad von 0,4 aus, d.h. 40% der theoretisch im Wind enthaltenen Leistung soll als mechanische Leistung an der Rotorwelle verfügbar sein.
Zweitens soll das Stirnradgetriebe 90% der Rotorwellenleistung auf eine praktisch zwanzigfache Drehzahl erhöhen und drittens soll der Generator, angeflanscht oder angekuppelt an die »schnelle Seite« des Getriebes, 80% der dort angebotenen Wellenleistung in elektrische Energie konvertieren.
Selbst wenn der Flügel nicht ganz 40% umwandelt, befinde ich mich planerisch auf der sicheren Seite, da ich bei Getriebe und Generator Zugeständnisse gemacht habe. Um nun den Gesamtwirkungszusammenhang zu berechnen, muß man das Produkt aus den Einzelwirkungsgraden bilden:

$$\eta_{gesamt} = c_p \cdot \eta_m \cdot \eta_G = 0{,}29$$

Dabei bedeutet:

c_p = Wirkungsgrad des Rotors (0,4)
η_m = Wirkungsgrad des Getriebes (0,9)
η_g = Wirkungsgrad des Generators (0,8)
η_{ak} = Wirkungsgrad des elektrischen Akkumulators

In Abb. 16 habe ich den Zusammenhang grafisch dargestellt. Dabei ist als letzte Stufe ggf. noch ein elektrischer Speicherakkumulator zu berücksichtigen, der vernünftigerweise einen kleinen Teil der elektrischen Energie zum Speichern abzweigt. Vor allem für den unabhängigen »Inselbetrieb« ist das sinnvoll, um jederzeit über elektrische Energie für Licht, Funk und elektronische Geräte verfügen zu können. Der größte Teil der umgewandelten Energie wird - zumindest im europäischen Bereich - dazu benutzt

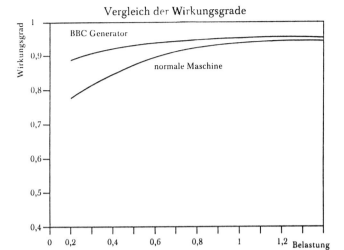

Abb. 15
Wirkungsgrad eines guten elektrischen Generators als Funktion der relativen Auslastung. Beim am häufigsten auftretenden Wind soll der Wirkungsgrad möglichst hoch sein. (BBC-Prospekt)

werden, um Heiz- oder Brauchwasser zu erwärmen. Das erspart komplizierte elektrische Regelungen, weil für diese Anwendungen keine besonderen Anforderungen hinsichtlich Spannung und Frequenz der erzeugten Elektrizität gestellt werden.
In Tabelle 2 ist der Zusammenhang zwischen Windgeschwindigkeit v (in m/s), der Windstärke nach Beaufort, der theoretisch im Wind steckenden Leistung (in W/m² durchstrichener Fläche) und der effektiv zu erwartenden elektrischen Generatorleistung (in W/m² Windernteflöche) dargestellt. Die letzte Spalte ist die interessanteste, gibt sie doch Auskunft darüber, was wir bei einer bestimmten Windgeschwindigkeit realistisch an Leistung erwarten dürfen. Dabei wurde der Gesamtwirkungsgrad nach der oben angegebenen Formel berechnet und in die allgemeine Wirkungsgradformel eingesetzt:

$$P_{eff}/m^2 = \eta_{gesamt} \cdot P_{th}/m^2$$

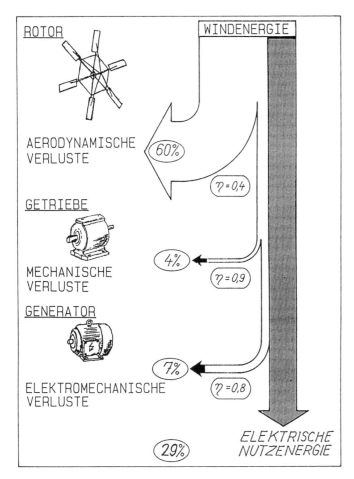

Abb. 16
Ein Beispiel für die verschiedenen Einflüsse auf den Gesamtwirkungsgrad einer Windenergieanlage.
Ähnlich wie bei Verbrennungskraftwerken liegt der Gesamtwirkungsgrad bei etwa 30%, wobei der Windgenerator im laufenden Betrieb jedoch weder Primärenergie verbraucht, noch Schadstoffe erzeugt und an die Umwelt abgibt.

Die Ausgangsformel für die Spalte P_{eff} bezogen auf den Quadratmeter lautet dann:

$$P_{eff}/m^2 = 0{,}29 \cdot 0{,}61 \text{ kg/m}^2 \cdot v^3 \text{ (W/m}^2)$$

Nach der amerikanischen Norm werden Windradleistungen bei einer Windgeschwindigkeit von 20 Meilen pro Stunde errechnet, im Vergleich entspricht das etwa 9 m/s Windgeschwindigkeit.

Nun überstreicht das 5 m-Rad mit Halbflügeln 14,7 m² und ein 7 m-Rad 28,8 m² Fläche. Eingesetzt in die etwas umgewandelte Formel

$$P_{eff} = \eta \cdot \rho_l/2 \cdot A \cdot v^3 \text{ (Watt)}$$

erhält man für das 5 m-KUKATER-Windrad

$$P_{eff} = 0{,}29 \cdot 0{,}61 \text{ kg/m}^3 \cdot 9^3 \text{ m}^3/\text{s}^3 \cdot 14{,}7 \text{ m}^2 =$$
$$P_{eff} = 1.895 \text{ Watt}$$

und für ein 7 m-Halbflügler KUKATER Bauart:

$$P_{eff} = 0{,}29 \cdot 0{,}61 \text{ kg/m}^3 \cdot 9^3 \text{ m}^3/\text{s}^3 \cdot 28{,}8 \text{ m}^2 =$$
$$P_{eff} = 3.714 \text{ Watt}$$

die Nennleistung bei 9 m/s Windgeschwindigkeit. Wie das nächste Kapitel zeigen wird, reichen diese Werte für Nutzen- und Ertragsüberlegungen noch lange nicht aus. Es wäre nämlich zu schön, wenn der Wind oft oder gar ständig mit 9 m/s wehen würde.

Der Nutzen

Über den »Nutzen« von Windenergieanlagen gibt es im Prinzip keinen Zweifel. Die 10 Millionen gebauten und aufgestellten »amerikanischen Windrosen« - wegen ihrer grossen Flügelzahl ähneln sie aus der Entfernung riesigen Blumen - versorgten fast 2 Jahrhunderte lang die Ortschaften und Farmen des »goldenen Westens« mit Wasser und teilweise auch mit elektrischem Strom. In Europa wurden 1850 noch 200.000 Windmühlen, davon in den Niederlanden 9.000, in Deutschland 20.000 und in Dänemark noch einmal ca. 9.000 Stück betrieben. Hätten wir um die Jahrhundertwende neben der Bockwindmühle des Müllers von Spiel in der Eifel gestanden, wäre unser Blick noch auf weitere 35 Mühlen gefallen, und ein 1880 von dem Holländer J. M. A. Rieke gemaltes Aquarell zeigt einen Abschnitt der Singelgracht von Amsterdam, auf dem allein 26 Mühlen und grosse Entwässerungspumpen zu sehen sind.

Heute bieten über 100 Hersteller mehr als 300 verschiedene Anlagentypen auf dem Markt an. Und so sehen die Zukunftsvorstellungen einiger Länder aus:

Schweden plant nach Abschluß des momentan durchgeführten Entwicklungs- und Testprogramms pro Jahr 100 Großwindkraftwerke mit je 2.000 - 3.000 kW Leistung zu erstellen.

Dänemark will bis zum Ende des Jahrhunderts 15.000 Klein- und 1.000 Großanlagen an das öffentliche Stomnetz anschließen.

Holland möchte bis dahin 2.000.000 kW Windkraftleistung installieren, unter anderem ein Offshore-Großkraftwerk gekoppelt aus mehreren Einzelanlagen, und ca. 15.000 Kleinwindkonverter für Gärtnereien und Einzelhäuser.

In der *UdSSR* werden gigantische Windenergiekonzepte verfolgt. So sollen zum Beispiel auf der Halbinsel Kola 238 große Windkonverter in einer 1.100 km langen Schleife zusammengefaßt werden. Die Ausdehnung der Schleife bürgt dafür, daß zu keiner Zeit an allen Standorten zugleich Flaute herrscht, also immer Energie entnommen werden kann.

Im USA-Staat *Kalifornien* hat ein staatlich beschlossenes und gefördertes Windenergie-Programm - bis zum Jahre 2000 soll der Wind 10% des Strombedarfs decken - die Geburt eines wichtigen, interessanten und neuen Industriezweiges mit einem Arbeitsplatzprogramm auf allen Qualifikationsstufen ermöglicht.

Es gibt also genug Beispiele, die zeigen, wie nützlich Windenergie ist, wobei die oben herausgesuchten hier nur exemplarisch aufgeführt sind.

Die Form des Nutzens, nach der bei technischen Bauwerken sehr häufig gefragt wird, nämlich die *Wirtschaftlichkeit*, ist eigentlich nur ein Teilaspekt des Nutzens im weiteren Sinne. Denn der Bau von Windkraftanlagen kann auch aus anderen Gründen sehr vorteilhaft sein, z.B. aus ökologischen, politischen und pädagogischen Gründen.

Ökologisch gesehen ist die Windenergienutzung neben der Sonnenenergie die denkbar umweltfreundlichste überhaupt. Selbst kritische Stimmen und Untersuchungen bescheinigen einen minimalen Eingriff in die natürlichen Kreisläufe und praktisch keine rückführenden Belastungen. Das Material für den Bau der Anlagen ist am Ende der Betriebszeit entweder wiederverwertbar (Metall, Kunststoffe) oder wächst nach (Holz).

Politisch gesehen verhilft die Windenergie zu mehr Unabhängigkeit von Energie-Rohstoffen und von den komplizierten Gewinnungs-, Verarbeitungs-, Lager- und Transportprozessen, die praktisch alle üblichen Energiesysteme erfordern. Darüberhinaus ist eine weitverzweigte autonome Energieversorgung nicht so leicht angreifbar und weniger störanfällig.

Pädagogisch gesehen kann man beim Bau und Betrieb von Windkraftanlagen viel lernen. Sie stellen im einzelnen ein voll funktionsfähiges System dar, an dem nahezu alle fachkundlich wichtigen Dinge aus dem Bereich der Metall- und Maschinentechnik in Theorie und Praxis vermittelt werden können.

Hinzu kommen die Einblicke in weite Teile der Naturwissenschaft und Energietechnik, die insgesamt das prozessuale und folgerichtige Denken schulen und fördern. Erfahrungsgemäß entwickeln Schüler bei Entwicklung, Bau und

Betrieb von Windkraftanlagen ein Selbstvertrauen besonderer Art, welches ich nur schwer beschreiben kann. Wenn der erste Strom die Zeiger ausschlagen und das Speicherwasser wärmer werden läßt, kennt die Freude kaum noch Grenzen. Ich habe Schüler erlebt, die eine neu anlaufende Anlage tagelang nicht aus den Augen gelassen haben und immer wieder fasziniert auf die Instrumente und das kreisende Windrad blickten. Ich denke, das alles gehört eben auch zum Nutzen, wenn man ihn zum Thema macht.

Doch nun zum Nutzen im engeren, im *ökonomischen* Sinne: Die besten Voraussetzungen sind ein windreicher Standort und ein hoher Mast. Ein Jahr hat 8.760 Stunden (h). Multipliziert man diese mit der auf den Quadratmeter bezogen effektiven Durchschnittsleistung, die bei 5 m/s zu erwarten ist (Wert aus Tabelle 2), so erhält man

$$N = 8.760 \text{ h/Jahr} \cdot 22 \text{ W/m}^2 = 193 \text{ kWh/m}^2 \text{ Jahr}$$

Für den Wert bei 6 m/s Windgeschwindigkeit erhält man bereits 333 kWh/Jahr und bei dem unwahrscheinlich guten Standort mit durchschnittlich 7 m/s würde ein Quadratmeter sogar 527 kWh elektrische Energie pro Jahr verfügbar machen. Erfahrungen aus Dänemark und den Niederlanden weisen Werte von 350 kWh/m² im Jahr aus. Darum will ich diesen Mittelwert auch nachfolgend zugrunde legen.
Die KUKATER-7-Anlage liefert bei einer effektiven Nutzfläche von 29 m² damit einen Jahresertrag von 10.150 kWh (vgl. Abb. 17 mit den Werten der ursprünglichen KUKATE-5). Um mit der effektiven Nutzfläche rechnen zu können, muß der tatsächliche Flügeldurchmesser jeweils

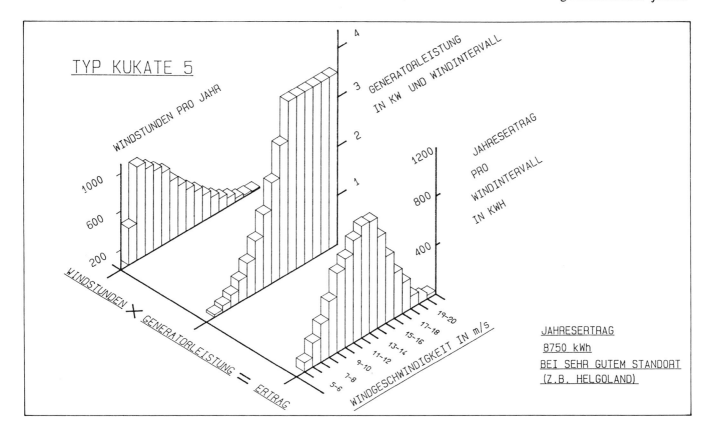

um 5% vergrößert werden, damit gewisse Strömungsverluste an den Flügelenden kompensiert werden (vgl. Kap. 4.2).
Da die Lebensdauer der Anlage von vielen Faktoren abhängig ist (Standort, Wartung und Pflege), wird als Richtwert meist 20 Jahre angenommen.
In diesem Zeitraum erwirtschaftet die 7 m-Anlage immerhin 203.000 kWh. Multipliziert man diesen Wert mit Stromkosten von 0,25 DM/kWh, so erhält man eine Summe von 50.750 DM. Aber wer weiß heute, was eine Kilowattstunde Strom in 5, 10 oder gar 20 Jahren kosten wird?
Um einen anderen Vergleich anzustellen, will ich nun noch ausrechnen, wieviel Liter Öl dieser Windgenerator einsparen kann, wenn man dieselbe Energiemenge in einem Kraftwerk mit Ölfeuerung produzieren will. In einem Liter Öl sind ca. 10 kWh Heizenergie enthalten; teilt man die aus Wind erzeugte Energie von 203.000 kWh durch 10 kWh/l, so ergibt das zunächst ein Energieäquivalent von 20.300 Liter Öl. Da aber der Umwandlungswirkungsgrad vom Öl bis zur Steckdose in Verbrennungskraftwerken nur bei 33% liegt, müßte also etwa dreimal so viel, nämlich 60.900 Liter Öl, verbrannt werden - eine recht beachtliche Menge!
Schon bei etwas größeren Anlagen ist der Ertrag noch erheblich höher, geht doch der Durchmesser einer Anlage quadratisch in die vom Rotor überstrichene Fläche und damit in den Ertrag ein. So kann eine gute Anlage mit 10 m Durchmesser jährlich 35.000 kWh Strom erwirtschaften. Eine solche Anlage kostet zur Zeit allerdings 80.000 bis 100.000 DM, wenn man sie kauft. Damit verglichen ist das Material für die kleine KUKATER erheblich billiger.

Abb. 17 ◄
Ermittlung des Energieertrags aus dem Windenergie-Angebotsprofil und der Windrad-Generator-Kennlinie:
Multipliziert man die gemessenen Jahresstunden der Windgeschwindigkeit, aufgeteilt z.B. in Intervalle von 2 m/s, mit der Generator-Ausgangsleistung in dem jeweiligen Geschwindigkeitsintervall, so erhält man den Jahres-Energieertrag einer bestimmten Anlage an einem bestimmten Standort.
Im Beispiel wurde als Generator-Höchstleistung 3,5 kW angenommen, die bei der 5 m-Kukater-Anlage ab 12 m/s Windgeschwindigkeit erreicht wird.

Die Kosten

Der Spielraum bei den Kosten einer Selbstbau-Windkraftanlage ist groß. In der folgenden Angaben will ich deshalb, unabhängig von den individuellen Möglichkeiten, von Neupreisen auszugehen, nach denen sich jeder richten kann (Tabelle 3).
Die mit Abstand teuersten Positionen sind Getriebe und Generator. Wer hier mit billigeren Aggregaten operiert, kann bei den Beschaffungskosten viel einsparen. So läßt sich z.B. ein einfacher Elektromotor für ca. 300 DM mit Hilfe von Kondensatoren als Generator betreiben. Allerdings ist der Wirkungsgrad dann nicht mehr ganz so gut, wie bei dem oben eingesetzten Generator für 1.200 DM, für den ein Wert von fast 90% angegeben wird. Auch beim Getriebe können Ersparnisse erreicht werden, wenn man gezielt und geduldig sucht. Im Transportwesen, im Apparatebau und in der Verfahrenstechnik werden mitunter Getriebe dieser Leistungsklasse und mit diesem Übersetzungsverhältnis installiert.
Bei billigeren Ketten- und Riemenübersetzungen kann es Probleme mit dem schlechteren Wirkungsgrad und wegen der Bremse geben, die wegen des kleineren Drehmomentes erst nach der Übersetzung greifen sollte. Reißt die Kette oder der Riemen, dreht der Rotor durch, weil keine Leistung mehr entnommen wird. Er wird dann ungefähr mit 2-3 facher Drehzahl gegenüber dem Normalbetrieb kreisen; rascher nicht, weil dann die Strömung wegen des für diese Drehzahl »falschen« Anstellwinkels abreißt. Der Rotor hält das aus, wird dabei jedoch stark belastet.
Eine andere Möglichkeit kann ebenfalls zu Kosteneinsparungen führen: man kauft bei einer Fachfirma Getriebe und Generator als Einheit. Wir hatten (1984) Angebote um 2.400 DM für ein komplettes Aggregat mit 95% Wirkungsgrad vorliegen, wobei der Anbieter versicherte, man könne sogar die Rotornabe direkt auf dem Wellenstummel montieren. Darauf verzichten wir jedoch, weil bei einem Lagerwechsel - z.B. im Getriebe - der ganze Rotor abgenommen werden müßte. Einsparen läßt sich bei einem solchen »Block« jedenfalls die Kupplung zwischen Getriebe und Generator.

Kostenaufstellung für die Kukater-Anlage	
1. Der Mast	
Fundament (Schraubanker für felsigen Untergrund)	300 DM
Stiele und Streben	1250 DM
Mastkopf mit Lager	600 DM
Aufstieg	50 DM
Montagebaum	50 DM
Arbeitsbühne	50 DM
2. Die Gondel	
Gondelrahmen	150 DM
Rotorwelle	100 DM
Wellenlager	300 DM
Getriebe	1.400 DM
Generator	1.200 DM
Kupplungen	150 DM
Feststellbremse	150 DM
Verkleidung	50 DM
3. Die Flügel	
Nabe und Holme	200 DM
Spanten + Beplankung (Holz)	400 DM
Abspannung	100 DM
4. Die Steuerung	
Arme	500 DM
Flächen	75 DM
Beschläge, Rolle, Gewicht	250 DM
Elektrische Regelung	300 DM
Heizpatronen	75 DM
5. Der Anschluß	
Erdkabel (75 m)	300 DM
6. Sonstiges	
Anstrich	250 DM
Schrauben	200 DM
Schweißelektroden	150 DM
Gesamtsumme	**8.600 DM**

Tabelle 3: Kosten der Bauteile für die 5 m-KUKATER-Anlage

Nach meiner Einschätzung läßt sich die ganze Anlage im günstigsten Fall für etwa 5.000 DM bauen, wenn ein versierter Selbstbauer mit guten Beziehungen sich Zeit läßt und geduldig sucht. Es hat jedoch keinen Zweck, anzunehmen, ein jeder könne das im Prinzip hinbekommen.

In der obigen Aufstellung habe ich die preisgünstigsten Fundamentkosten mit 300 DM für Schraubanker auf felsigem Grund angenommen. Die Kosten für das sechseckige »Standard-Betonfundament« sind höher. Ich kenne sie leider noch nicht genau.

Interessante Kosteneinsparungen lassen sich erzielen, wenn man eine Kleinserie konzipiert. Bei einer Produktion von fünf bis zehn Stück dürften 30 - 40% der Kosten einzusparen sein, da der Großhandel oft Preisstaffelungen nach Mengenabnahmen anbietet. Gemeinsames Bauen macht ohnehin meist mehr Spaß, als alleine herumzupfriemeln - aber das ist Geschmackssache.

3. Die Technik

Der überwiegende Teil der Technik in den Industriekulturen besteht aus linearen Prozessen: der Natur werden Rohstoffe entnommen, unter Abgabe einer Vielzahl von Belastungsstoffen verarbeitet, von »Verbrauchern« - im wahrsten Sinne des Wortes! - konsumiert und danach als auf Dauer belastender Müll in einer von der Natur nicht wieder aufnehmbaren Form auf den Haufen geworden (Abb. 18).
Gigantomanische Großsysteme verstärken vielerorts diese Problematik; über jede Grenze hinweg bedrohen die nicht beabsichtigten »Randprobleme« unseres Wirtschaftens wie Schad- und Giftstoffbelastungen unsere Luft, unser Wasser und unseren Boden und haben ein Maß erreicht, welches das Überleben von Mensch und Natur infrage stellt.
Die übliche Trennung von Mensch und Natur ist ohnehin als ideologisch verlogen zu entlarven: der Mensch ist ein Teil der Natur und steht nicht neben oder über ihr, wie so oft verhängnisvoll und falsch verstanden. Denjenigen, die meinen, die Natur besiegen zu können, sollte bewußt werden, daß sie im Falle eines Sieges auf der Verliererseite wären.
Die hochentwickelten und damit extrem arbeitsteiligen Produktionsprozesse entfremden die Beteiligten immer mehr von den folgenschweren Wirkungen ihres Tuns, entfernen und heben sie immer weiter von den natürlichen Voraussetzungen ihres Lebens ab, lassen ihr Wahrnehmungsvermögen und ihre Empfindlichkeit für die Verletzungen der Lebensprinzipien mehr und mehr verlorengehen. Geblendet von den vordergründigen Erfolgen dieses Handelns und aus mancherlei politisch motivierten Zwängen heraus versuchen fatalerweise auch viele Entwicklungsländer diesen Weg einzuschlagen.
Im Gegensatz zu der oben aufgezeigten »linearen« Handlungsweise - von der Ausbeute der Natur bis zum Abfallhaufen - ist auch eine an *Kreisprozessen* orientierte Technologie denkbar. Innerhalb solcher Prozesse werden der Umwelt von ihr ständig reproduzierbare Rohstoffe entnommen, ohne Umweltbelastung verarbeitet und konsumiert, und dann in einer für die natürliche Umgebung aufnehmbaren und verarbeitbaren Weise an die Umwelt zurückgegeben (Abb. 18).
Nun gibt es meines Erachtens zwei realistische und technologisch sinnvolle Wege, um den schädlichen Einfluß des Menschen auf die Natur - und damit auf sich selbst - zu verkleinern:
1. Die als unverzichtbar erscheinenden Großtechnologien sind verfahrenstechnisch umzugestalten. Ent-

Abb. 18
links: Das lineare Vorgehen bei der Naturausbeutung bringt umweltschädigende Sackgassentechnologien hervor. Kurzfristige Gewinnmaximierung hat den Vorrang. Nach der Ausbeutung bleiben kaum wiedergutzumachende Langzeitschäden zurück.

rechts: Stationen bei Produktion, Verbrauch und Wiederverwendung wirklich umweltfreundlicher Produkte. Lebens- und umwelterhaltende Gesichtspunkte müssen vorrangig sein.

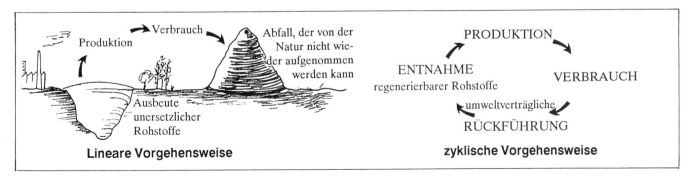

weder muß dabei eine Entstehung von Schadstoffen in den Produktionsprozessen ganz unterbleiben oder aber die unvermeidlich entstehenden Giftstoffe müssen in umweltverträgliche Formen überführt werden, bevor sie in die Umgebung gelangen können.

2. Notfalls auch auf Kosten von mancherlei Großtechnologien (z.B. in der Landwirtschaft) sind verstärkt menschengerechte und damit ökologisch sinnvolle Arbeitsgemeinschaften zu entwickeln mit dem Ziel, in überschaubarer Weise für alle Beteiligten einen Großteil der erwünschten Güter und Dienstleistungen zu erzeugen und zu vermitteln.

Der englische Ökonom und Philosoph E.F. Schumacher hat bereits Mitte der 70er Jahre mit seinem Buch »Die Rückkehr zum menschlichen Maß« ein starkes Plädoyer für eine humanere, an die Natur angepaßtere Technik gehalten. Im Zusammenhang mit seinen Gedanken entstanden neue Begriffe wie Ökotechnik, *Mittlere Technologie*, Humantechnik, »Alternative Technologie«, Kleintechnologie, »Angepaßte Technik«, »Sanfte Technologie« usw. Wie allen Begriffen zu entnehmen ist, soll zukünftig nicht auf Technik verzichtet werden. Ihre emanzipativen Möglichkeiten sollen nur anders als bisher - eben alternativ zu der vorrangig und letztendlich auch vordergründig an der Ökonomie orientierten Großtechnik - eingesetzt werden.

Die alternative Energiegewinnung ist ein wesentlicher Teilaspekt dieses neuen Technikverständnisses. Jedem Vernunftbegabten muß einleuchten, daß in naher Zukunft die heute übliche Form der Energiegewinnung wegen der zur Neige gehenden, nicht regenerierbaren Rohstoffe kaum noch möglich sein wird. Was bleibt, sind die dauerhaften Energiequellen, primär Sonne und Erdwärme und sekundär Wasserkraft, biologische Prozesse und Windenergie.

Wenn wir diese »sanften« Energieträger nutzen wollen, können wir dieses mit ganz unterschiedlichen Konzepten und technischen Standards tun; Verbundlösungen im grösseren Maßstab sind ebenso denkbar und in vielen Fällen sinnvoll wie individuelle Anlagen, die getrennt nebeneinander arbeiten. Ob man industriell gefertigten Anlagen den Vorzug gibt oder den Selbstbau wagen kann, wird man von Fall zu Fall entscheiden müssen; hier spielen sicherlich finanzielle Überlegungen und die eigenen praktischen Fähigkeiten eine wichtige Rolle. Darüber hinaus sollte man meines Erachtens auch prüfen, ob die konkrete Anwendung ökologisch und damit auch für den Menschen verträglich ist. Wirtschaftlichkeitsaspekte gehören immer erst an die zweite Stelle.

Für das KUKATER-Windradkonzept steuerten wir die Ebene der »Mittleren Technologie« an, die uns für den Selbstbau und die Produktion in vielen Entwicklungsländern am besten geeignet erschien.

3.1 Die »mittlere Technologie«

Auf einer Expertenkonferenz der Stiftung »Mittlere Technologie« erarbeiteten Fachleute 1975 in Kaiserslautern eine Definition dieses Begriffes:

»Langfristiges Ziel der Mittleren Technologie soll die Sicherung eines menschenwürdigen Überlebens in unserer begrenzten und gefährdeten Umwelt sein. Der Verknappung der Rohstoff- und Energievorräte und dem zunehmenden Bedürfnis nach Humanisierung der Arbeitswelt kann die bisherige Großtechnologie immer weniger gerecht werden. Stattdessen muß eine »Mittlere Technologie« menschengemäß, umweltschonend und energie- und rohstoffsparend sein.

Ausgehend von der gegenwärtigen Ökonomie als zwingender Ausgangsposition soll »Mittlere Technologie« eine dezentralisierte Technik auf Menschenmaß sein, die zu einem Gleichgewicht zwischen dem Menschen und seiner natürlichen Umgebung führt. Eine Dezentralisierung beinhaltet auch eine hohe Flexibilität und Krisensicherheit.

Es handelt sich dabei um eine hochentwickelte Kleintechnologie, die in gewissen Bereichen eine Alternative zur Großindustrie sein kann. »Mittlere Technologie« stellt somit eine besondere Herausforderung an ein ingenieurwissenschaftliches Fachwissen dar, das eingebettet sein muß in humanistische Wertvorstellungen und ökologische Perspektiven.«

Und speziell im Hinblick auf die Entwicklungsländer schreibt E.F. Schumacher: »... Ich habe sie Mittlere Technologie genannt, um anzudeuten, daß sie der primitiven Technologie früherer Zeiten weit überlegen, zugleich aber sehr viel einfacher, billiger und freier als die Supertechnologie der Reichen ist.«

Die Grundsätze

Ausgehend von diesen Überlegungen kamen wir für den Bau der KUKATER-Windräder zu folgenden Grundsätzen für die Konzeption:

1. Optimierung der Gesamtkonstruktion in Richtung auf eine leistungsfähige Einfach-Lösung; Reduktion des naturwissenschaftlich-technischen »Idealwindrades« auf eine Konstruktionsebene mittlerer Technologie
2. Verständliche, einfache und überschaubare Funktionsweise
3. Fertigung als robuster Landmaschinenbau
4. Ausgangsmaterialien sollen möglichst weltweit genormt und beschaffbar sein
5. So wenig teure und schwer beschaffbare Kaufteile wie möglich
6. Mit handwerklichen Grundkenntnissen und einfachen Werkzeugen und Maschinen zu fertigen
7. Zerlegt von Menschen zu transportieren
8. Ohne aufwendige Vorrichtungen aufbau- und montierbar
9. Einfach zu warten und instandzuhalten
10. Leicht reparierbar
11. Lange Lebensdauer
12. Möglichst genehmigungsfrei zu betreiben
13. Verwendung von Materialien, die lange halten und wiederverwendbar und/oder regenerierbar sind

Wie wichtig uns diese Grundsätze sind, ist aus den vielen Versuchen, verworfenen Konzepten und schließlich auch aus der konsequenten Verkleinerung zu ersehen. Unsere ersten Baugenehmigungsanträge und Berechnungen erarbeiteten wir zunächst für eine Windrad von 12 m Durchmesser; wir betreuten den Bau einer 10 m-Anlage und bauten danach auf dem Werkhof KUKATE unseren ersten 7 m-Rotor. Aus den Erfahrungen dort gingen wir nun noch weiter zurück auf einen Durchmesser von 5 m (Abb. 19).

Die oben genannten Richtlinien und unsere Erfahrungen hat Goethe schon vor uns in den treffenden Satz gefaßt: »In der Beschränkung zeigt sich erst der Meister!«

Vielen Selbstbauern mag das nicht genügen, Ihnen ist das Rad zu klein, sie möchten »mehr Kilowatt«. In diesem Fall sollten sie lieber mehrere kleine Anlagen bauen als eine große, eventuell als Tandem oder sogar zu dritt auf einem Mast. Etwas vereinfacht ausgedrückt liegen den Konstruktionen des Maschinenbaus nämlich in vielen Fällen quadratische Formeln zugrunde. Das heißt z.B. für den Masten und den Rotordurchmesser: bei einer Verdopplung der Längen tritt das Vierfache an Kräften auf, bei einer Verdreifachung das Neunfache. Wieder vereinfacht ausgedrückt, heißt das z.B. für den Masten: ein 20 m hoher Mast erfordert bei gleicher Belastung ungefähr die vierfache Materialmenge für die Statik wie ein 10 m hoher, bei einem 30 m hohen Mast - so gerne wir ihn hätten - steigt der Aufwand auf das Neunfache. Wie schon gesagt: das menschliche Maß...

Sollte ein Selbstbauer tatsächlich über optimale Voraussetzungen hinsichtlich Fachkenntnis und Möglichkeiten verfügen, rate ich ihm jedenfalls, zunächst wenigstens einmal die 5 m-Anlage zu bauen, bevor er zu größeren Taten schreitet.

Nach diesem Ausflug ins Allgemeine nun wieder zurück zum Konkreten.

Punkt 4 unseres Kriterienkatalogs war: »Ausgangsmaterialien möglichst weltweit genormt und beschaffbar.« Einige Gruppen entwickeln Windräder einschließlich des Mastes ganz aus Holz. Wir haben uns dagegen für zöllige Gewinderohre aus Metall entschieden, weil uns das gerade im Hinblick auf »Mittlere Technologie« als die optimale Lösung

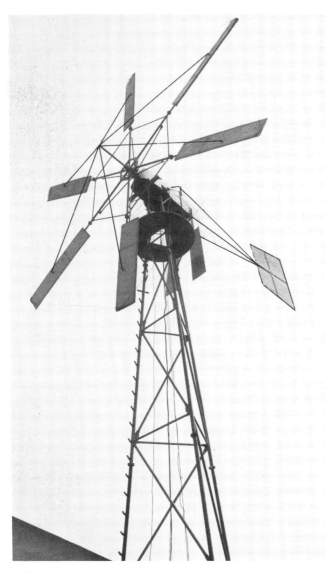

Abb. 19
Die obere Grenze für geübte Selbstbauer: eine Anlage mit etwas mehr als 10 m Rotordurchmesser; die Steuerfahne hat eine Fläche von 8 m².

erschien. Schließlich setzen Stromerzeugung und -bedarf sowie die Fertigung eines aerodynamischen Rotors eine Umgebung voraus, in der Grundkenntnisse der Elektrotechnik und Metallverarbeitung vorhanden sein sollten und meines Erachtens auch erwartet werden dürfen.

Unter Punkt 5 steht: »So wenig teure und schwer beschaffbare Kaufteile wie möglich.« Generator und Teile für die Regelung sind teuer - für einige Entwicklungsländer möglicherweise zu teuer. Die in Kapitel 2.2 genannten Preise können deshalb unüberwindbare Hindernisse darstellen - wir sind uns dessen bewußt. Vergleicht man andererseits den Windgenerator mit einem kraftstoffbetriebenen Notstromaggregat oder angesichts der heutigen Preise auch mit Solarzellen, so bleibt der Windkonverter - ein günstiger Standort vorausgesetzt - mit Abstand die beste Lösung.

Ein kleines Rechenbeispiel soll das zeigen: nehmen wir an, Solarzellen kosten demnächst nur noch 1000 DM/m² = 10 DM/Watt. Bei klarem Wetter und senkrechtem Einfall wären maximal 100 W/m² nutzbare Leistung zu erwarten, im Schnitt vielleicht 50 W/m². Wenn die Sonne an 300 Tagen im Jahr volle 12 Stunden (in tropischen oder subtropischen Regionen) scheint, ergäbe das - ohne Speicherverluste - pro Jahr einen Ertrag von 180 kWh/m². Wenn ein Investor nun für 10.000 DM 10 m² Solarzellenfläche kauft, kann er davon 1800 kWh Strom pro Jahr ernten. Wie bereits in Kapitel 2.2 berechnet, bringt eine im Preis vergleichbare 7 m-Anlage vom KUKATER-Typ an einem günstigen Standort über 10.000 kWh jährlich, also mehr als das Fünffache der Solarzellenanlage für den gleichen Preis. Ich möchte an dieser Stelle allerdings daran erinnern, daß es natürlich viel leichter ist, eine Solarzellenanlage für 10.000 DM zu installieren, als aus diversen Holz-, Metall- und Maschinenteilen ein solides Windrad zu bauen und aufzustellen.

Bei uns in den Industrienationen liegen die Verhältnisse noch ein wenig anders. Wenn die alternative Energiegewinnung hier politisch und praktisch stärker zum Zuge kommen soll, werden wir dieses Ziel ohne Kompromisse bei den Grundsätzen Mittlerer Technologie wohl nicht erreichen; und die dazu nötigen Techniken werden die Möglichkeiten vieler Selbstbauer wahrscheinlich beträchtlich überschreiten.

Die Kompromisse

Der Mensch ist unzweifelhaft ein Teil der Natur. Sein Vorhandensein kann sowenig unsichtbar bleiben, wie die Maulwurfshügel es für eben jene Tiere sind. Humanökologische Lebensweise soll eingebettet sein in die Natur, trotzdem kann sie nicht unsichtbar bleiben, wenn z.B. alternative Energiequellen genutzt werden sollen. Ich glaube, bei vielen Naturfreunden liegt da ein grundsätzliches Mißverständis vor.

Wenn wir sanfte Energiequellen nutzen wollen, so ist das nur mit großen Flächen möglich. Der Name »sanft« weist ja schon auf eine geringe Dichte beim Energieangebot hin. Sowohl Sonnenkollektoren als auch Windräder nehmen relativ viel Platz in Anspruch - zum Beispiel verglichen mit einer Heizungsanlage: in einem Heizkessel mit einem 1 m^3 großen Brennraum kann man leicht 100 kW Leistung umsetzen, ein Windrad gleicher Durchschnittsleistung bräuchte einen Durchmesser von etwa 50 Metern! Während man den Heizkessel von weitem kaum sähe, würde das Windrad weithin sichtbar die Landschaft prägen.

Aber uns kommt es hier weniger darauf an, ob sichtbar oder unsichtbar, der Unterschied liegt vielmehr in der ökologischen Verträglichkeit der beiden Systeme: während ein Ölbrenner mit 100 kW Leistung im Dauerbetrieb 90.000 l Öl pro Jahr verbrennt und entsprechende Schadstoffmengen emittiert, benötigt ein Windrad dieser Leistung nur etwa 20 l Schmieröl, und die lassen sich vollständig wieder aufarbeiten!

Soll die Windenergie einen *nennenswerten* Beitrag zur Energieversorgung leisten, so müssen es notwendigerweise viele Anlagen sein. Um z.B. das kleine Kernkraftwerk Stade zu ersetzen (Leistung: 650.000 kW), wären etwa 6.500 Windkonverter mit über 30 m Durchmesser und 100 kW durchschnittlicher (!) Abgabeleistung erforderlich. Unzweifelhaft besitzen Kernkraftanlagen die größte Energiedichte, aber es wäre fatal, sie nur deshalb zu befürworten, weil sie relativ wenig Platz benötigen und keine qualmenden Schornsteine haben.

In den Anfängen des modernen Windgeneratorbaus sorgten sich Vogelfreunde um ihre gefiederten Freunde. Sie befürchteten, die schnellaufenden Rotoren könnten sie verletzen. Trotz aller Beobachtungen ist meines Wissens nie ein Vogelschaden durch Windräder bemerkt worden. Im Gegenteil: ich selbst habe in Dänemark ein Vogelnest in einem Anlagenkopf gesehen. Flügel-, Getriebe- und Generatorgeräusche sowie der ständige Richtungswechsel des Kopfes schienen den Vögeln nichts auszumachen.

Nun zu den konkreten Kompromissen gegenüber den oben formulierten Grundsätzen bei unserer KUKATER-Anlage:

Das KUKATER-Windrad ist gewissermaßen ein »Kompromiß-Optimum«. Einerseits ist es aus aerodynamisch-ingenieurwissenschaftlicher Sicht keine »Ideallösung«, andererseits aber auch kein unumstrittenes Vorbild für Mittlere Technologie im Sinne von Einfachst-Technologie. Zwischen diesen beiden Extremen sind sicherlich viele Lösungen möglich und es fiel uns schwer, Zugeständnisse zugunsten des einen oder anderen Weges zu machen. Schließlich sind die Randbedingungen und Variablen zu komplex für nur eine denkbare Lösung.

Ebenso schwierig ist es, die lokalen Voraussetzungen wie Fachkenntnisse und Werkstattausstattung allgemeingültig einzuschätzen. Was will und kann der »Durchschnitts-Selbstbauer«? Welche Fachkenntnisse und welches Werkzeug dürfen wir als verfügbar voraussetzen? Läßt er sich von dem Gedanken abbringen, gleich ein Rad mit 10 - 12 m Durchmesser und 20 kW Leistung bauen zu wollen? Der vorgestellte 7 m-Konverter ist als Spielzeug zwar viel zu groß, für die Versorgung eines Bauernhofes aber sicherlich zu leistungsschwach. Können wir den Interessenten trotzdem davon überzeugen, erst einmal »klein« anzufangen?

Auch im Hinblick auf den Punkt »Baugenehmigung« stellt die Anlagengröße ein Kompromiß dar. Machen die Behörden mit?

Die Rechtslage für die Nutzung von Windenergie entwickelt sich in der letzten Zeit nicht schlecht. Aber was sich für industriell gefertigte, mustergeprüfte Anlagen gut anläßt, muß nicht gleichermaßen für die Selbstbau-Anlagen gelten. Wir hoffen jedoch auf eine Genehmigungsfreiheit für Kleinanlagen mit bestimmten Grenzwerten. Obwohl unsere Anlage gerechnet und erprobt ist und damit genehmigungsfähig wäre, gehen wir fest davon aus, daß sie wegen ihrer moderaten Größe gerade noch genehmigungsfrei bleibt, besonders dann, wenn der Mast nur 12 m hoch ist, der Rotor nur 7 m Durchmesser hat und die Generatorleistung um 3 kW herum bleibt.

Auch die Wahl des Konstruktionsmaterials Metall ist sicher ein Kompromiß: so läßt sich z.B. der Stahl - als Hauptbestandteil des Konverters - zwar vollständig wiederaufarbeiten, nicht aber die Farben für den Korrosionsschutz und die äußere Gestaltung. Bei einer Betriebsdauer von 20 Jahren werden immerhin zu den vier Schichten des Grundanstriches noch zwei bis drei Erneuerungsüberzüge notwendig. Da sammelt sich einiges an Chemie an. Selbst wenn wir verzinken lassen, kommen wir am Kompromiß nicht vorbei; das Zink verdampft beim Einschmelzen! Ökologisch ist das kaum zu tolerieren, wenn die dabei entstehenden Dämpfe nicht unschädlich gemacht werden.

3.2 Hilfe zur Selbsthilfe

Alternative Technologie oder mittlere Technologie darf nicht verwechselt werden mit einer von Ernstzunehmenden in diesem Zusammenhang nie gemeinten Primitivtechnik aus den oft zitierten und nie dagewesenen »guten alten Zeiten«. Eine *humanökologische Lebensweise* ist meines Erachtens nur sinnvoll zu verwirklichen, wenn sie die zur Verfügung stehenden wissenschaftlichen und technologischen Kenntnisse auf ihre besondere Verwertbarkeit im Hinblick auf ihre Ziele prüft und entsprechend nutzt. Vom technisch Möglichen übernimmt sie das technisch Sinnvolle, über das man ohne Grundlagen- und Grenzbereichforschung gar nicht entscheiden könnte.

Die Grundlagen der Metall- und Maschinentechnik, der Statik, der Dynamik, der Steuerungs- und Regelungstechnik, die der Werkstoffkunde, des Korrosionsschutzes und die der Elektrotechnik ermöglichen ja erst den Selbstbau eines leistungsfähigen Windkonverters! Technik- und Wissenschaftsfeindlichkeit im weiteren Sinne paßt nicht zu unserem Vorgehen. Dazu gehört beim Selbstbau auch, auf gutes Werkzeug und sogenannte »Halbzeuge« - das sind z.B. genormte Rohre, Profile, Bleche und Schweißelektroden - sowie auf preiswerte Verbindungselemente (z.B. Nieten, Schrauben) zurückgreifen zu können.

Hier treffen sich vernünftige und preiswerte Massenfertigung, deren Produkte im Kleinen unmöglich zu erzeugen wären - man denke z.B. an die Stahlerzeugung - und der Selbstbau auf der Ebene »Mittlerer Technologie«. Grund- und Spezialwissen aus der Strömungslehre und der Aerodynamik müssen genutzt werden, um die Rotorblätter und Regelelemente vertretbar, d.h. ohne zu große Wirkungsgradverluste, vereinfachen und fertigen zu können.

Fast alle wichtigen Berechnungen wurden mit Hilfe von Computern ausgeführt. Um die Flügel auszulegen, entwickelten wir ein besonderes Programm, mit dessen Hilfe wir optimal vereinfachen können. Viele der Konstruktionszeichnungen haben wir schließlich mit der CAD-Technik entworfen und zeichnen lassen.

Dazu haben wir viele erreichbare *Erfahrungen* vom Windradbau aus Vergangenheit und Gegenwart durchgearbeitet und genutzt. Die Essenz von sechs Diplomingenieur-Arbeiten steckt bis heute in der kleinen KUKATER-Anlage und neben den theoretischen Arbeiten und praktischen Besichtigungsreisen ungefähr 3.000 Bau- und weit über 100.000 Erprobungsstunden. Ganze Bauteile wurden auf meßtechnisch ausgerüsteten Kraftwagen durch die Luft gezogen, um die theoretischen Ideen praktisch zu überprüfen.

Das seit 1988 in Bremen eingerichtete *Testfeld* mit bis zu 4 KUKATER Anlagen (vgl. Kapitel 9: »Erfahrungen und Ergänzungen« am Ende des Buches) und die Zuarbeit von Diplomanden machen eine weitere Optimierung der KUKATER-Anlage möglich, die ein einzelner nie und nimmer allein bewerkstelligen könnte.

Hier wird deutlich, daß Hilfe zur Selbsthilfe nichts mit Eigenbrödelei und Engstirnigkeit zu tun hat. Sie fordert einen kommunikativen Austausch, läßt Interessierte in die »eigenen Karten« schauen, ist fern jeder Schadenfreude. Leider gibt es zur Zeit noch keine Erfahrungsbörse in Sachen Windrad-Selbstbau. Es bleibt sehr aufwendig, Wissen darüber zusammenzutragen. Die Selbstbauer können das bestätigen. Für sie wäre sehr begrüßens- und wünschenswert, wenn in den Fach- und Verbandszeitschriften ein regerer

Austausch stattfände. Als Mitglied der »Deutschen Gesellschaft für Windenergie« hat man meines Erachtens derzeit noch die beste Möglichkeit, Erfahrungen unter Vereinsmitgliedern auszutauschen.

Der Selbstbau in Europa

Die Überschrift täuscht sicherlich etwas, wenn der Leser erwartet, an dieser Stelle genaue, nach einzelnen Ländern gegliederte Statistiken über den privaten Windradbau vorzufinden. Es gibt sie nicht.

Was es jedoch gibt, ist ein *verallgemeinerungsfähiger technischer Standard*, auf den man beim Selbstbau zuversichtlich zurückgreifen kann. Einige südeuropäische Länder mögen etwas unter dem Durchschnitt liegen, aber für unser Anliegen ist das unbedeutend.

Wir haben einige eigene Untersuchungen über den Standard der Selbstbautechnik in den Niederlanden, in Dänemark und in der Bundesrepublik angestellt. Und der Bundesminister für Forschung und Technologie hat im Zeitraum von 1982 bis 1984 ein Forschungsvorhaben mit dem Titel: »Bestandsaufnahme und Erfahrungsauswertung in der Bundesrepublik bestehender Windkraftanlagen« gefördert. Die Ergebnisse dieses Berichtes stimmen mit unseren, über die BRD-Grenzen hinaus gemachten Erfahrungen überein.

Im Vergleich zu anderen Freizeitaktivitäten mit ähnlichem finanziellen und zeitlichen Aufwand - als Beispiel sei nochmals der private Boots- und Yachtbau erwähnt - gibt es sehr wenige selbstgebaute Windräder! In der BRD werden es ca. 400 - 500 sein, noch einmal die gleiche Anzahl dürfte in Dänemark und Holland zusammen betrieben werden. Die unsichere baurechtliche Seite, der meist ungeeignet gelegene Standort und das fehlende »Gewußt wie« dürften die Hauptgründe für die geringe Anlagenzahl sein. Dabei ist das fehlende »Know how« beim heutigen Stand der Technik eigentlich überhaupt nicht angemessen.

Die meisten Windradbauer haben anfangs nur sehr verschwommene Vorstellungen davon, was ihre Anlage leisten soll und kann. Genau messende Leistungszähler während des Betriebes gehören zu den Seltenheiten. Somit wird deutlich, daß das Motiv vieler Selbstbauer oft nur in der Freude zu suchen ist, etwas zu konstruieren und zu bauen. Natürlich spielen auch Umweltbewußtsein und Energiekosten immer eine gewisse Rolle.

Schauen wir uns die *drei Hauptmotive* einmal näher an:

1. *Freude am Bau* - oft als Ausgleich zur Berufsroutine: »Ich möchte sehen, ob und wie ich Kopf und Hände zusammenkriege, im Beruf ist das alles so weit auseinander...«
2. *Kosteneinsparung*: »Mein Freund hat als Hobby sein Motorboot, ich stecke mein Geld lieber in ein Windrad. Da kann ich zuhause bleiben und was er (gemeint ist der Freund) an Diesel vergurkt, spare ich mit meiner Anlage ein. Die bringt sogar noch was.«
3. *Umweltbewußtsein*: »Ich tu was, ich will von meinen Kindern nicht eines Tages als einer dastehen, der nichts gegen Rohstoffvergeudung und Umweltverschmutzung getan hat, ich nicht!«

Das Hauptproblem, die Selbstbauer zusammenzubekommen, hat bei allen Nachteilen, die sich daraus ergeben, gleichzeitig auch etwas sehr Begrüßenswertes, nämlich deren Individualität. Keine Konstruktion gleicht der anderen. Es gibt z.B. eine Anlage, die aus einem alten Hochspannungsmast, einigen LKW-Teilen, einer ausgedienten Bäckereiknetmaschine und einem Molkereinotstromaggregat zusammengebaut wurde umd immerhin 20.000 kWh jährlich leistet.

Aber so gut klappt das nicht immer. Von sachkundigen Ingenieuren allein gelassen, gibt es kaum Literatur mit Beispielen, Tips, Konstruktionsrichtlinien und Erfahrungen, auf die ein Selbstbauer zurückgreifen kann. Ein Nachteil ist deshalb die oft geringe Leistungsfähigkeit der Anlagen, verglichen mit den oft beachtlichen Kosten und dem hohen zeitlichen Einsatz.

So hoffen wir, mit diesem Buch wenigstens denjenigen Mut zu machen, die bislang noch kein Rad anfangen mochten, weil ihnen einige *Entscheidungsunterlagen* fehlten und sie sich zu unsicher fühlten. Über die Hälfte der Selbstbauer bleibt ohnehin nicht bei *einem* Rad. Zu vergrössern und zu verbessern gibt es immer etwas, wenn erst einmal die Grundanlage steht.

Der Eigenbau in Entwicklungsländern

Während der Windradselbstbau in Europa immer nur einen sehr begrenzten Stellenwert einnehmen kann, ist er für Entwicklungsländer grundsätzlich anders einzuordnen. Trotz oft sehr günstiger Standorte in diesen Ländern werden die in den Industriestaaten zu Tausenden kommerziell gefertigten Anlagen (auf dem für uns gewohnten technologischen Niveau) aus verschiedenen Gründen dort nicht eingesetzt. Dabei spielen folgenden Gründe eine Rolle:

1. Die Anlagen sind kaum bezahlbar. So kostet z.B. eine deutsche MAN-Anlage vom Typ »Aeroman« rund 100.000 DM (realistisch zu erwartender Ertrag: 50.000 kWh jährlich).
2. Die Anlagen sind mechanisch zu kompliziert. Sie haben hochwertige und empfindliche Teile im Steuer- und Regelungsbereich (z.B. Hydraulikanlagen, elektrisch angesteuerte Stellmotoren, u.ä.).
3. Die Anlagen sind so groß, daß sie von der Infrastruktur her gute Transportwege, Lastwagen und Aufstellkräne erfordern.
4. Die Anlagen müssen fachkundig gewartet werden. Das setzt eine spezielle Ausbildung voraus.
5. Die Anlagenersatzteile müssen teuer bezahlt, weit transportiert und möglicherweise mit Kranunterstützung ausgetauscht werden.
6. Eine Reparatur vor Ort mit einfacher Technologie ist in vielen Fällen unmöglich.
7. Die Anlagenbetreiber bleiben vom Lieferanten abhängig. Bei einer kalkulierten Lebensdauer von 20 Jahren ist das ein kaum zu überschauender Zeitraum.

Bei ausreichender Pflege laufen hierzulande (d.h. in der BRD) immerhin noch Windpumpen aus Stahl, die in den zwanziger Jahren aufgestellt wurden, also über 50 Jahre alt sind. »Ihre Bauweise ist dermaßen stabil, die Abnutzung gering, so daß diese Anlagen mit geringstem Reparaturaufwand und auch minimaler Wartung so lange laufen, bis sie buchstäblich vom Rost (!) zerfressen zusammenfallen.« So nachzulesen im schon zitierten »Forschungsbericht Windenergie«.

Ein technisches System mit den letztgenannten Vorteilen erfordert eine Technologie auf mittlerer Ebene. Die Bauweise muß darüberhinaus modular sein und gewisse Freiräume lassen für improvisierte Änderungen. Eine Einheit aus Rotorwelle, Getriebe und Generator hat fraglos Vorzüge. Aber wenn ein Zahnrad im Getriebe schlapp macht, sind auch die anderen, systemverbundenen Teile effektiv wertlos. Sind hingegen die Teile Rotorwelle, Getriebe und Generator hintereinander - d.h. modular - aufgebaut, bleibt im Notfall mehr Raum für Improvisationen bei der Reparatur.

Somit bekommt der Eigenbau von Windrädern in Entwicklungsländern einen grundsätzlich anderen Stellenwert, auch durch das bessere Zusammenspiel von Theorie und Praxis: was selbst ein- und aufgebaut wurde, ist stets leichter durchschaubar und beherrschbar.

Bei der Entwicklung des KUKATER-Anlagenkonzeptes haben wir daher versucht, die Teile, die nicht selbst gefertigt werden können, sondern teuer gekauft werden müssen, so allgemein wie möglich zu halten. Diese Teile haben innerhalb der Stahlkonstruktion des Gondelrahmens keine tragende Funktion. Alles, was an Getrieben, Generatoren und Lagern räumlich in die Gondel paßt, ist auch montierbar. Mit Hilfe des Montagekranes, besser gesagt, des Montagegalgens, sind alle »Kopfteile« einzeln abseilbar. Da kein Teil mehr als 50 kg Masse hat, läßt sich die Anlage prinzipiell überall dort aufbauen, wohin man 50 kg transportieren kann. Nichts muß gefahren oder gerollt werden. Auch der Mast kann vor Ort aus Einzelteilen zusammengeschraubt und dann ohne Kran aufgestellt werden.

Das Fundament ist den jeweiligen Bodenverhältnissen anzupassen. Dicke Schrauben verbinden den Mastfuß mit den Fundamentankern. Wie hier deutlich wird, hat es Vorzüge, klein zu bleiben!

Nach diesen hoffnungsvollen Ein- und Aussichten auf die technologisch-philosophischen Aspekte der Windenergienutzung wird der erste Abschnitt des folgenden Kapitels leider manchem potentiellen Selbstbauer Wasser in den Wein gießen. Es behandelt nämlich die Grundbedingung für den Windradbetrieb: den günstigen Standort, den sich die meisten Selbstbauer leider nicht aussuchen können.

4. Grundlagen der Windenergienutzung

Zwei unabdingbare Voraussetzungen müssen erfüllt sein, wenn man die Windenergie anzapfen will: man braucht einen geeigneten Standort und ein Windrad mit Flügeln, die einen akzeptablen Nutzungsgrad bringen. Um genau diese beiden Punkte wird es im folgenden gehen.

Ich möchte den Leser in die Lage versetzen, einerseits einen Platz grob daraufhin kritisch untersuchen zu können, ob er sich als Standort für ein Windrad eignet, und werde andererseits einen Einblick in die Theorie der Windradflügel vermitteln. Wer ein Windrad selbst bauen will, sollte sich wenigstens grundlegend mit diesen beiden Voraussetzungen befassen; schließlich gehören auf der Ebene »mittlerer Technologie« Hand- und Kopfarbeit zusammen. Und wenn die technisch-aerodynamischen Grundlagen mit ihren Formeln den Kopf des Lesers zu sehr strapazieren sollten, ein Trost: das KUKATER-Windrad läßt sich nachher auch ohne Formelsalat zusammenbauen. Die Ausführungen bieten also an, aber sie zwingen nicht. Ausführlicheres muß ohnehin vertiefender Fachliteratur entnommen werden.

4.1 Der Standort

Die Bewertung eines Standortes ist für die meisten Selbstbauer ein besonders heikles Thema. Da sie in den allermeisten Fällen nicht - oder nur in sehr begrenztem Rahmen - den Aufstellplatz auswählen können, auf dem der Windgenerator errichtet werden soll, prognostiziert ein *Windertrag-Gutachten* oft schon von vornherein einen geringen Ertrag. Besonders diejenigen, denen das Bauen Spaß macht, werden sich nicht gleich abschrecken lassen: im Gegensatz zu vielen anderen Freizeitbeschäftigungen, die nur etwas kosten, liefert ein Windrad auch auf einem drittklassigen Standort noch etwas.

Die offizielle Aufteilung der Standorttauglichkeit erfolgt tatsächlich nach *Klassen*. Diese einzelnen »Rauhigkeitsklassen« werden im nächsten Abschnitt noch näher erläutert.

Von den im »Forschungsbericht Windenergie« erfaßten Selbstbau-Windrädern wurden die Standorte wie folgt beurteilt:

Ideal bis gut	19%
befriedigend bis eben noch brauchbar	54%
unbefriedigend bis ganz unbrauchbar	27%

Leider muß unbekannt bleiben, inwieweit dieses Installationsverhalten auf Unkenntnis oder Ignoranz zugunsten anderer Aspekte zurückzuführen ist.

Für den Einsatz in Entwicklungsländern gilt hinsichtlich der Standortproblematik prinzipiell das gleiche wie für die Selbstbauer hierzulande. Da jedoch dort nie der Hobbyaspekt im Vordergrund stehen kann, ist besonders sorgfältig und von Fall zu Fall zu prüfen, ob und ggf. wie weit die Energienachfrage mit dem örtlich nutzbaren Windenergieangebot zusammenpaßt (vgl. Abb. 20).

Normalerweise wird auf den meteorologischen Meßstationen der Wind in 10 Meter Höhe über Grund gemessen. In Deutschland liegt bei vorherrschend westlichen Winden die mittlere Windgeschwindigkeit um 4 m/s, ungefähr 70% aller Winde haben eine Geschwindigkeit kleiner als 5 m/s. Windreiche Gebiete mit durchschnittlich mehr als 5 m/s sind insbesondere die Küstenstreifen der Bundesrepublik, die windarmen Gegenden mit Windgeschwindigkeiten unter 2 m/s im Jahresmittel liegen vor allem im Süden Deutschlands (vgl. Abb. 21).

Die *Höchstwerte*, die in einzelnen Böen hierzulande gemessen wurden, liegen bei 50 m/s; beängstigend zu wissen, daß oft eine einzige solcher Böen ausreicht, um ein Windrad in Schrott zu verwandeln. Die von den Meterologen dargestellte »Isotachenverteilung« auf Landkarten sagt noch nichts über örtliche Besonderheiten aus, sondern zeigt nur einen großräumigen Überblick. *Isotachen* sind Linien gleicher Windgeschwindigkeits-Mittelwerte.

Soll Energie gespeichert weden, sind auch die Pausen im Energieangebot bedeutsam, die durch die mittlere *Flautendauer* beschrieben werden. Auch dieser Wert ist regional

unterschiedlich, im friesischen Küstengebiet liegt er bei 4 bis 5 Stunden, in ruhigen Lagen des Süddeutschen Raumes beträgt die mittlere Flautendauer bis zu 40 Stunden.
Betrachtet man andererseits die »Auftankzeiten«, in denen der Wind ununterbrochen schneller als 5 m/s weht, so ergeben sich für windschwache Gebiete Süddeutschlands im Mittel nur 2 Stunden gegenüber Mittelwerten für die Ladezeit von fast 20 Stunden an der norddeutschen Küste.
Im unmittelbaren Küstenbereich verläuft auch die Linie, die die BRD aufteilt in ein Gebiet, in dem der Wind die Hälfte des Jahres mit mehr als 5 m/s weht, und in das andere, auf dem der Jahresmittelwert unter diesem Betrag bleibt.
Die geringe Oberflächenrauhigkeit der offenen Meere ermöglicht relativ hohe Windgeschwindigkeiten. Die wesentlich höhere Bodenrauhigkeit landeinwärts verringert die Windstärke in Bodennähe erheblich. Darum wird in noch nicht einmal 100 km von der Küste entfernten Gebieten

Abb. 20
Verteilung der Windgeschwindigkeiten (Jahresmittelwerte in 10 m Höhe über Grund) auf der Erde. Örtliche Besonderheiten bleiben unberücksichtigt; sie können erheblich von den Durchschnittswerten der Karte abweichen.

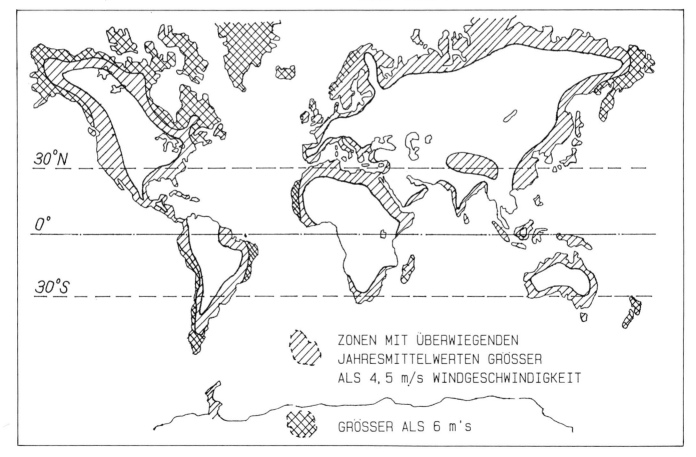

4. Grundlagen der Windenergienutzung

eine wirtschaftliche Nutzung des Windes oft fraglich. Ausnahmen bilden Berge und Höhenzüge im Binnenland. Da in größeren Höhen der Wind schneller weht, vergößern Berge gewissermaßen die Masthöhe bis in lohnenswerte Bereiche (vgl. Abb. 22).

Um herauszufinden, ob und wie tauglich ein bestimmter Platz ist, helfen meist nur sorgfältige Standortmessungen über einen längeren Zeitraum, die man dann z.B. mit den Langzeitmessungen des nächsten Flughafens oder der nächsten Wetterstation vergleicht, um Rückschlüsse auf die langfristigen Windverhältnisse am Standort ziehen zu können.

Im Zusammenhang mit der Standortfrage behandele ich an dieser Stelle nur die lokalen Gegebenheiten. Auf die für eine sinnvolle Nutzung von Selbstbauanlagen zu Heizzwecken so wichtigen jahreszeitlichen Schwankungen habe ich bereits in Kapitel 2.1 hingewiesen.

Das Gelände

Die Oberflächenstruktur eines Geländes hat, wie leicht einzusehen ist, einen Einfluß auf die Windgeschwindigkeit über ihr. Man geht davon aus, daß dieser Einfluß über Gelände mit geringer Bodenreibung bis in 300 m Höhe und über Gegenden mit großer Bodenrauhigkeit bis in etwa 600 m Höhe reicht. Man nennt diesen Bereich die Grenzschichtdicke. Oberhalb der Grenzschicht ist die Geschwindigkeitsverteilung praktisch unabhängig von der Erdoberfläche und deshalb von anderen Faktoren abhängig.

Die Erdoberfläche wirkt also wie ein großer Windwiderstand. Die Strömungsgeschwindigkeit der Luft nimmt mit zunehmender Nähe zur Oberfläche immer stärker ab. Diese Abnahme ist stark abhängig von der Oberflächenbeschaffenheit. Sie ist am kleinsten über einer spiegelglatten, großen Eisfläche und am größten über einer Gegend mit großen Bäumen, Felsblöcken, dichter Bebauung und Hochhäusern.

Die zahlenmäßige Größe dieses Windwiderstandes wird ausgedrückt mit dem Begriff der Oberflächenrauhigkeit. Maßeinheit für die Oberflächenrauhigkeit ist eine Längen-

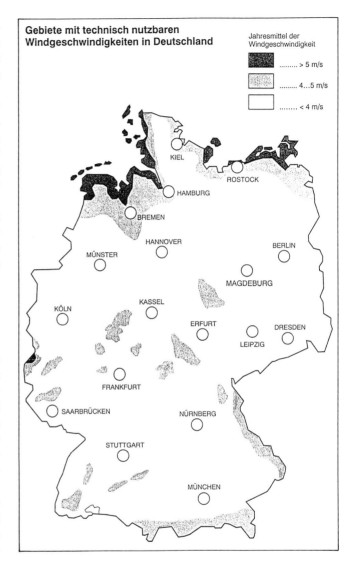

Abb. 21
Jahresmittelwerte der Windgeschwindigkeit in Deutschland, gemessen in 10 m Höhe über Grund. Neben dem windreichen Küstenstreifen weisen die im Binnenland markierten Stellen wegen ihrer Höhenlage ebenfalls mittlere Windgeschwindigkeiten von mehr als 4 m/s auf.

4. Grundlagen der Windenergienutzung

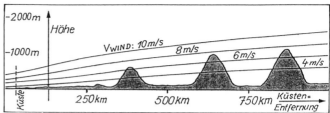

Abb. 22
Vertikaler Verlauf der Isoventen (qualitativ) als Funktion der Küstenentfernung. Bergkuppen können auch weit im Binnenland noch in für die Windenergienutzung lohnenswerte Luftströmungen eintauchen.

Abb. 23
Mast für meteorologische Messungen der Windgeschwindigkeit in 6 verschiedenen Höhen.
Mit solchen Messungen lassen sich Theorien zur Geschwindigkeitsverteilung in Abhängigkeit von der Bodenrauhigkeit überprüfen, die es erlauben, von einer einzigen Messung in 10 m Höhe rechnerisch auf die nutzbare Windgeschwindigkeit bei anderen Masthöhen zu schließen.

angabe. Man kann sich die entsprechende Landschaft vorstellen als eine mit runden Steinen vollgepackte Erdoberfläche, deren Durchmesser dem des Oberflächenrauhigkeitswertes entspricht.
Die Änderung der Geschwindigkeit als Funktion der Höhe wird Geschwindigkeitsprofil genannt. Wenn die Windgeschwindigkeit v_1 in einer bekannten Höhe h_1 - meist 10 m - bekannt ist, kann sie für eine andere Höhe h_2 nach folgender Formel rechnerisch abgeschätzt werden:

$$v_2 = v_1 \cdot (h_2 / h_1)^a$$

Der Exponent a ist dabei abhängig von der Rauhigkeitslänge der Oberflächenrauhigkeit. Abb. 24 veranschaulicht diesen Zusammenhang.

4. Grundlagen der Windenergienutzung

Befindet sich auf der unmittelbaren Erdoberfläche eine geschlossene Vegetation nennenswerter Höhe (z.B. ein Maisfeld oder dichter Wald), so empfiehlt es sich, das Geschwindigkeitsprofil bei $0,75 \cdot h_v$ (entsprechend 75% der Vegetationshöhe) beginnen zu lassen (Abb. 25).

Für die Grundversion der KUKATER-Anlage mit einer Masthöhe von ca. 12 m ist der Quotient aus $h_2/h_1 = 1,2$.

Das dänische wissenschaftliche Nationallaboratorium RISØ hat 1981 einen »Windatlas for Denmark« veröffentlicht. Um ein bestimmtes Gelände beurteilen zu können, ob es sich für einen Standort eignet, haben die Verfasser vier *Rauhigkeitsklassen* festgelegt. Diese Einteilung wird international akzeptiert, wenngleich sie spezielle Berg- und Höhenlagen unberücksichtigt läßt, vermutlich deshalb, weil es sie in Dänemark nicht gibt.

In der Originaltabelle dieser Veröffentlichung fehlen die Exponentialwerte a für die obige Formel. Ich habe sie errechnet und eingefügt. Die letzte Spalte ist besonders ernüchternd. Sie zeigt die relative Energieabnahme bezogen auf eine Masthöhe von 50 m (!) für die einzelnen Rauhigkeitsklassen.

In niedrigeren Höhen ist der Einfluß der verschiedenen Standortkategorien noch entscheidender. Bei einem in großen Höhen stetigen Wind kann man also auflandig und unmittelbar an der Küste (Klasse 0) mit der gleichen Anlage doppelt soviel Leistung erwarten, wie wenn sie auf einem freien Gelände mit Landwirtschaft stünde (Klasse 2).

Die oben aufgeführte Relativierung der Leistung bezieht sich auf einen Ausgangswind in großen Höhen. Um einen einzelnen Standort zu bewerten, gelten natürlich nach wie vor die effektiv gemessenen Geschwindigkeiten als direkte Bezugswerte für die Kalkulation, allerdings mit einer Einschränkung: die gemessene Strömung muß turbulenzarm sein.

Abb. 26 veranschaulicht die zu den unterschiedlichen Rauhigkeitsklassen gehörenden Geländeformationen.

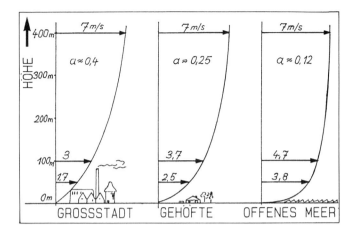

Abb. 24
Während in großen Höhen die Windgeschwindigkeit praktisch unabhängig von der Bodenstruktur ist, wird sie in der Nähe des Bodens merklich von ihr beeinflußt.
Die Zunahme der Windgeschwindigkeit mit der Höhe wird durch eine exponentielle Funktion beschrieben, wobei der Exponent a je nach Oberflächenstruktur verschiedene Werte annimmt. »a« charakterisiert damit den Geländetypus.

Abb. 25
Um über einer geschlossenen Vegetationsfläche den Verlauf der Windgeschindigkeit abzuschätzen, kann man den unteren Punkt der für eine freie Fläche zutreffenden Windverteilung bei 75% der Vegetationshöhe ansetzen.

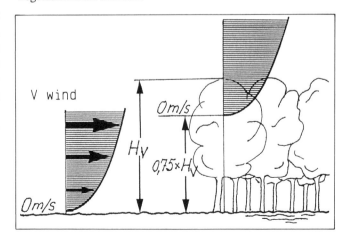

4. Grundlagen der Windenergienutzung

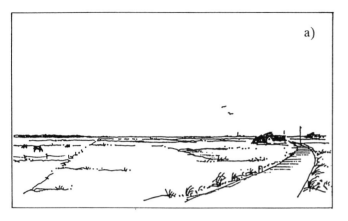

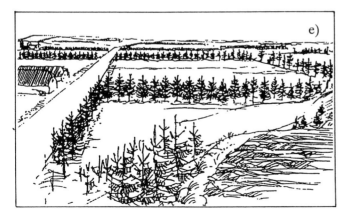

Abb. 26
Das dänische wissenschaftliche Nationallaboratorium hat für verschiedene Geländeformen Rauhigkeitsklassen festgelegt, um sie im Hinblick auf ihre Eignung für die Windenergienutzung leichter beurteilen zu können.

a + b Typisches Gelände der Boden-Rauhigkeitsklasse 1
c + d Typisches Gelände der Boden-Rauhigkeitsklasse 2
e   Typisches Gelände der Boden-Rauhigkeitsklasse 3

Rauhig-keits-klasse	Landschafts-beschaffenheit	Rauhig-keits-länge	Exponent a	Relative Energie
0	offene Küste, ohne alle Hindernisse mit auflandigem Wind	0,001 m	0,12	10
1	offenes Land mit einzelnen freistehenden Büschen & Bäumen (Küsten, Prärien)	0,01 m	0,15	7
2	Ackerland mit weitverteilten Gebäuden und Hecken mit Abstand > 1000 m	0,05 m	0,18	5
3	Erschlossenes Gelände mit Baumbestand, viele Hecken, zusammenliegende Höfe	0,3 m	0,24	3

Tabelle 4
Rauhigkeitslänge, Exponent und Auswirkung auf den Energieinhalt für Gelände mit zunehmender Rauhigkeitsklasse, bezogen auf eine Masthöhe von 50 m!

Die Bebauung

Bei der Windenergienutzung stört also alles, was sich von einer spiegelglatten Eisfläche unterscheidet, die gleichmässige Luftströmung, indem es sie verwirbelt und verlangsamt. Soll ein Windrad optimal angeströmt werden, darf am besten gar nichts - und weil das aus naheliegenden Gründen nicht geht - zumindest aber in den Hauptwindrichtungen nichts allzu Störendes stehen.

Deshalb ist der naheliegende Gedanke, den Masten direkt auf einem Gebäude zu installieren, grundsätzlich nicht schlecht. In Gebieten, in denen eine Baugenehmigung erforderlich ist, wird das aber besondere statische Probleme hinsichtlich des Festigkeitsnachweises aufwerfen und in jedem Fall akustische Schwierigkeiten wegen der Übertragung von Körperschall bereiten. Die Laufgeräusche der Windkraftanlage werden durch die Maststiele herabgeleitet und an den Befestigungspunkten in die Gebäudekonstruktion übertragen.

Wird der Mast nicht auf dem Gebäude befestigt, muß er entweder weit - mindestens das zwanzigfache der Bauwerkshöhe - vom Gebäude entfernt stehen, oder er muß direkt neben dem Haus errichtet werden. Dabei sollte eine Bedingung unbedingt eingehalten werden: der Abstand zwischen Rotorunterkante und Hausdach sollte wenigstens ein Drittel der längsten horizontalen Gebäudediagonale betragen. Nur so kann der Wind aus allen Richtungen den Rotor optimal erreichen, ohne daß das Turbulenzfeld des Bauwerks stört (Abb. 27).

Die meisten Selbstbauer werden sich wahrscheinlich dazu entschließen müssen, wegen der vorhandenen Bebauung einen bestimmten Windrichtungssektor für den Energiegewinn auszublenden. So weht z.B. in Norddeutschland der Wind relativ selten aus Südost. Stellen sie den Mast in nordwestlicher Richtung vom Gebäude auf, verlieren sie am wenigsten. Weht der Wind dann doch einmal aus südöstlichen Richtungen, zeigt die Abb. 28, wie ungünstig die Flügel angeströmt werden. Sie liegen dann innerhalb der turbulenten Ablösungsblase des Gebäudes (vgl. Abb. 8). Was ich hier für Bauwerke gesagt habe, gilt sinngemäß selbstverständlich genauso für große Bäume und Baumgruppen.

Eine verblüffend einfache und erprobte Methode, verwirbelte und laminare Luftströmungen in der Nähe von Objekten sichtbar zu machen ist folgende: man nehme einen Drachen und befestige an seiner Hauptleine etwa 1 m lange, leichte Plastikfolienstreifen oder Wollfäden. Mit einiger Übung und ein bißchen Geschick kann man nun bis in große Höhen prüfen, ob die Strömungsverhältnisse mehr oder weniger turbulent sind. Die Streifen verraten durch ihr verschiedenartiges Flattern die Grenze zwischen den unterschiedlichen Luftströmungen. Versieht man die Streifen noch mit Höhenmarkierungen und schätzt den Winkel zwischen dem höhenmarkierten Streifen und dem Haltepunkt des Drachens ab, läßt sich diejenige Höhe hinreichend genau bestimmen, die ein Windrad ohne große Verluste nicht unterschreiten darf (vgl. Abb. 30). Ähnlich hilfreich wie die Windstreifen an der Drachenleine können bei geeigneten Witterungsverhältnissen auch Seifenblasen oder Gasballons zeigen, wo die Grenze zwischen turbulenzarmen und verwirbelten Strömungsfeldern liegt.

Die Installationshöhe

Am Anfang dieses Abschnittes muß ich mich gleich zu einem Schwachpunkt der Standardversion des KUKATER-Windrades bekennen: die Masthöhe ist mit 12 m recht gering. Wir haben sie deshalb gewählt, weil wir von einigen Behörden wissen und es von anderen annehmen, daß sie auf ein Baugenehmigungsverfahren verzichten, wenn der Mast nicht höher ist.

Wer allerdings das Windrad als echte Arbeitsmaschine benötigt, sollte 18 m hoch installieren, insbesondere dann, wenn er es in einem Gebiet der Rauhigkeitsklasse 3 aufstellen will oder muß. Für die Geländerauhigkeitsklasse 1 mag auch ein 10 m-Turm ausreichend sein. Bezogen auf die Anlagekosten von ca. 7.000 DM für die Standardversion kostet das Material für einen 18 m hohen Masten nur ca. 20% mehr, eine sicherlich auch im Hinblick auf umständlichere, baurechtliche Konsequenzen lohnenswerte Überlegung, wenn man bedenkt, dafür einen weit mehr als 50% höheren Energieertrag gewinnen zu können.

Da der 18 m-Mast nach dem gleichen Konstruktionsprinzip wie ein 12 m hoher aufgebaut ist und auch hier kein Einzelteil mehr als 40 kg wiegt, läßt er sich ebenfalls leicht transportieren. Lediglich beim Aufrichten werden die Probleme etwas größer; trotzdem bleiben wir auch mit dieser Variante den Grundsätzen mittlerer Technologie (vgl. Kap. 3.1) treu.

Tabelle 5 zeigt den Energieertrag für zwei auf dem Gelände des dänischen Forschungszentrums RISØ vermessene und berechnete Anlagen gleichen Typs mit unterschiedlichen Installationshöhen von 12 m und 18 m. Während bei den Geländerauhigkeitsklassen 0 - 2 der 6 m-Höhenunterschied bei den Masten noch nicht sehr viel ausmacht, beträgt der Energiegewinn in der Rauhigkeitsklasse 3 bereits 50%, wobei der 18 m-Mast ebenfalls um 50% höher ist als der 12 m-Mast.

Wie bereits Abb. 8 zeigt, kann man auch außerhalb von Küstengebieten hohe Windgeschwindigkeitsmittelwerte nutzen, wenn man die Lage von Bergen und Bergrücken ausnutzt. Natürlich sind Berge und Bergrücken in Küstennähe

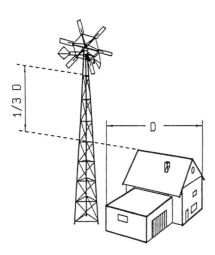

Abb. 27
Steht die Anlage direkt neben einem Gebäude, ist es zweckmäßig, den Abstand zwischen Flügelunterkante und Gebäudeoberkante so groß zu machen, daß er wenigstens $1/3$ der längsten Gebäude-Diagonale beträgt.

Abb. 28
Ist der Standort der Windenergieanlage nicht weit genug vom nächsten Gebäude entfernt, schwächt die Turbulenz hinter dem Gebäude die Energieausbeute erheblich. In diesem Fall ist es zweckmäßig, den Standort so zu wählen, daß er im Turbulenzschatten der am wenigsten interessanten Windrichtung liegt.

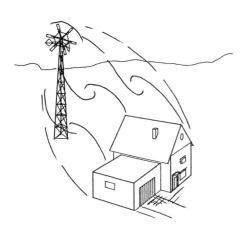

die besten. Solche Erhebungen »verlängern« gewissermaßen den Mast.
Selbst wenn bis zum nächsten »Mühlenberg« ein langes, teures Kabel erforderlich ist, wird sich die Investition in den meisten Fällen lohnen. Höhe und Ertrag stehen hier in einem besonders engen Zusammenhang. Denn wenn der Hang ansteigt, ohne die Luft zu verwirbeln, streicht die Strömung noch schneller als auf dem freien Feld durch das Windrad. Liegt ein ganzer Hangrücken quer zur Windrichtung, kann die Luft nicht nebenher ausweichen und wird zur Freude des Betreibers über dem Kamm besonders nützlich sein. Ideale Bedingungen liegen vor, wenn der Hang stetig ansteigt und eine Neigung von weniger als 1:3 aufweist. Ist die Neigung stärker und unstetig, verwirbelt möglicherweise das Strömungsfeld über dem Gipfel (vgl. Abb. 31 und 32 sowie Abb. 8).
Je breiter ein Hindernis quer zur Strömung ist, desto länger ist auch die Wirbelschleppe auf der Leeseite, weil der Wind bei breiteren Hindernissen immer schwerer rechts und links vorbeiströmen kann.

Gelände-Klasse	Ertrag mit 12 m-Mast kWh/Jahr	Ertrag mit 18 m-Mast kWh/Jahr	Unterschied in %
0	54.000	56.000	5,2
1	34.900	38.000	8,9
2	22.800	27.700	21,5
3	10.000	15.000	50,0

Tabelle 5: Einfluß der Masthöhe auf den Ertrag

4.2 Die Aerodynamik des Flügels

In den Jahren 1925 und 1926 legten zwei Männer die Grundsteine mit ihren Veröffentlichungen über die Nutzungsmöglichkeiten von Windenergie: der Dipl.Ing. Dr. Albert Betz - Leiter der Aerodynamischen Versuchsanstalt in Göttingen - und der Wissenschaftler und Forscher Karl Bilau aus Berlin. Betz nannte sein Buch »Wind-Energie und ihre Ausnutzung durch Windmühlen« und Bilau »Die Windkraft in Theorie und Praxis«.
Vor ihnen erforschte bereits Ende des 18. Jahrhunderts der dänische Professor La Cour eingehend Luftströmungen und Windmühlen. Seine sieben »Grundsätze für die Ideal-Windmühle« sind wohl die ersten theoretischen Grundlagen auf dem Gebiet der Windenergienutzung. Vorher wurde, ohne Wert auf systematische Zusammenhänge zu legen, nur nach der »Versuch-und-Irrtum-Methode« gewerkelt. Während La Cour vorrangig bestehende Anlagen auf ihre Wirksamkeit hin untersuchte, ermöglichten die er-

Abb. 29
Meistens lohnt es sich, vom Wohngebäude aus einen langen Kabelgraben zum Windgenerator auszuschachten. Die hohen Gebäude und Bäume in seiner Nähe schmälern den Ertrag sonst ganz erheblich.

4. Grundlagen der Windenergienutzung

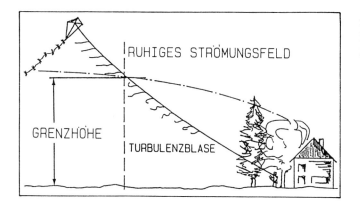

Abb. 30
Mit Hilfe eines Drachens, an dessen Zugleine Indikatorstreifen aus Plastikfolie befestigt sind, läßt sich abschätzen, wie ausgedehnt eine Turbulenzblase ist.

Abb. 31
An steil aufsteigenden Bauwerken und Böschungen bilden sich für die Windenergienutzung störende Wirbelfelder.

Abb. 32
Auch »weiche« Strömungshindernisse - z.B. Böschungen - stören den gleichmäßigen, freien Luftstrom.

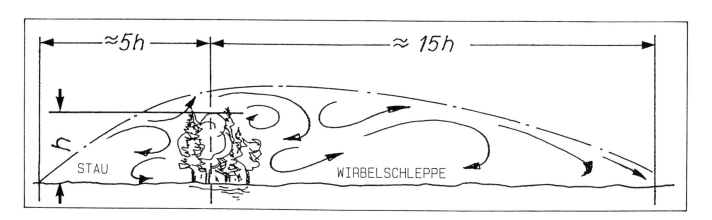

sten Windkanäle, besonders der von Ludwig Prandtl in Göttingen, systematische Versuche mit umströmten Profilen.

Mit den in den zwanziger Jahren unter dem Namen »Ergebnisse der Aerodynamischen Versuchsanstalt in Göttingen« veröffentlichten Forschungsberichten, einigen Überlegungen zum Energieerhaltungssatz und der angewandten Mathematik war es damals möglich geworden, genau die theoretischen Grundlagen der Windradnutzung zu formulieren, die man heute in fast allen Windradbüchern abgeschrieben findet. Bereits im Jahr 1925 hatte Albert Betz Bedenken, sie zu veröffentlichen: »... Hauptbedenken war der Umstand, daß die experimentelle Bearbeitung der Windmühlenprobleme zur Zeit noch nicht so weit fortgeschritten ist, wie es für die Abfassung dieser Schrift wünschenswert gewesen wäre. Aber ich mußte mir sagen, daß es schließlich wichtiger ist, das bis jetzt Bekannte zugänglich zu machen, als auf die zuverlässige Beantwortung mancher Fragen zu warten, die vielleicht praktisch nicht einmal so sehr wichtig sind. Ich möchte darum den Leser um Nachsicht bitten, wenn ich ihm nicht über alles mit gleicher Zuverlässigkeit Auskunft geben kann.«

So ist es bis auf den heutigen Tag geblieben. Ich werde versuchen, mich bei der Behandlung der Windrad-Flügel nur insoweit der Formeln zu bedienen, wie es mir unbedingt notwendig erscheint. Die Formelzeichen und die Maßeinheiten sind besonders sorgfältig zu beachten, weil sonst die Gefahr besteht, etwas falsch zu berechnen.

Die Flügel

Die Flügel entziehen dem Wind Energie. Damit das geschehen kann, müssen sie auf eine ganz bestimmte Weise gestaltet werden. Für ihre Gestaltung liefert die Aerodynamik die naturwissenschaftlichen Grundlagen. So verschiedenartig diese Prinzipien auch angewandt werden, haben sie doch eines gemeinsam: der Flügelquerschnitt muß ein *Auftriebsprofil* sein.

Mit dem Bau der ersten Windkanäle, vor allem desjenigen in Göttingen, konnte man unabhängig von störenden äuße-

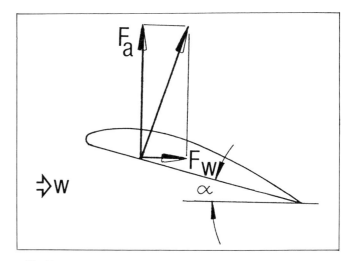

Abb. 33
Die Kraft, die an einem umströmten Auftriebsprofil entsteht, wird üblicherweise in zwei Komponenten zerlegt: in die Auftriebskomponente F_a senkrecht zur Anströmrichtung und die Widerstandskomponente F_w parallel zur Strömung. Der Anstellwinkel des Profils zur Windrichtung wird mit α bezeichnet.

ren Einflüssen die Kräfte messen, die auftreten, wenn bestimmte Körper unter verschiedenen Winkeln umströmt werden. Besonders interessant und einfach zu messen sind dabei die Kräfte, die parallel und senkrecht zur Anströmungsrichtung auftreten; mit Hilfe der Vektoraddition kann man daraus sehr leicht die resultierende Gesamtkraft berechnen, die an dem Körper aufgrund der Strömung entstehen.

Diejenige Kraft, die den Prüfkörper zurückdrängt - die also parallel zur Strömung wirkt - nennt man *Widerstandskraft* und diejenige, die senkrecht zur Strömung wirkt, *Auftriebskraft*. (vgl. Abb. 33).

Weist ein linealartiger Körper mit einer bestimmten Länge, der *Spannweite*, und einer bestimmten Breite, der *Tiefe*, einen geringen Widerstand entgegen der Bewegungsrichtung und einen hohen Auftrieb senkrecht zur Strömungsrichtung auf, so nennt man ihn »Tragflügel«. Wie ein Vogelflügel hat ein solcher meist eine relativ geringe Dicke.

Abb. 34
Typisches Auftriebsprofil eines zweigeteilten Flügelmodells für einen dreiflügeligen Windkonverter.

Abb. 35
Größe, Richtung und Angriffspunkt der Luftkraft ändern sich mit dem Anstellwinkel des Profils zur Strömung.

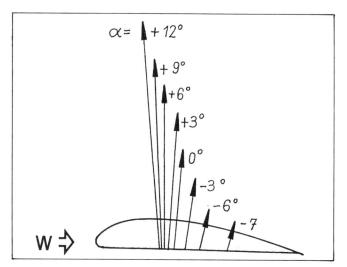

Der Name entlarvt den Hauptverwendungszweck! Die historische, aus den ersten Versuchen im Windkanal entwikkelte Tragflügeltheorie Ludwig Prandtls war so grundlegend, daß sie sich noch heute in jedem Motor-, Segel- und Modellflugzeug widerspiegelt, ebenso in jedem Flugzeug- oder Schiffspropeller, in jedem Hubschrauberrotor, in jeder Turbine und jedem Verdichter, und, was hier am wichtigsten ist, in jedem Windradflügel! (Abb. 34)

Die größte Auftriebskraft entwickelt sich bei einem bestimmten *Anstellwinkel*, den die Mittellinie des Profils mit der Strömungsrichtung bildet (vgl. Abb. 35).

Ein wichtiger »Anstellwinkel« ist derjenige, bei dem der Quotient aus Auftriebskraft und Widerstandskraft ein Maximum erreicht. Man nennt diesen Quotienten die »*Gleitzahl*«. Je höher die Gleitzahl eines Windmühlen-Profils, umso besser ist die Energieausbeute. In dem in der Praxis oft verwendeten »*Polardiagramm*« sind die Beiwerte für Auftriebskraft und Widerstandskraft für verschiedene Anstellwinkel aufgetragen (vgl. Abb. 36). Die Beiwerte werden experimentell ermittelt und sind natürlich auch von der Strömungsgeschwindigkeit abhängig. Wird der Anstellwinkel zu groß, verwirbelt die Strömung auf der Oberseite - beim Windradflügel ist das die Leeseite des Profils - und wird turbulent (vgl. Abb.38). In diesem Zustand bricht die Auftriebskraft zusammen und die Widerstandskraft nimmt stark zu.

Man spricht von einem »*gutmütigen*« Profil, wenn dieser Umschlag in die Turbulenz - verglichen mit anderen Profil-Querschnitten - erst bei großen Anstellwinkeln erfolgt und auch ziemlich unabhängig von der Anströmgeschwindigkeit ist. Je schneller ein Profil umströmt wird, desto mehr beeinflußt die Oberflächenrauhigkeit die Größe des Widerstandes und den Turbulenzumschlagpunkt.

Auf welche Weise die Auftriebskraft entsteht, kann man sich anhand von Messungen des Druckunterschieds zwischen der oberen und der unteren Seite des Profils klarmachen. Aufgrund der Ergebnisse liegt die Druckseite unten - beim Windradflügel in Luv - und die Sogseite oben - beim Windradflügel in Lee.

Ermöglichen die Größe dieses Druckunterschiedes einerseits und die Abmessungen des Flügels andererseits die

Abb. 36
Das Polardiagramm des Profils Gö 624.

Senkrecht aufgetragen ist der Beiwert c_a der Auftriebskraft, waagerecht der Widerstandsbeiwert c_w des Profils. Die Beiwerte stehen in direktem Verhältnis zur Größe der Auftriebs- und Widerstandskraft eines beliebigen Flügels mit dem Profil Gö 624.

An der Kurve selbst sind verschiedene Anstellwinkel α des Profils zur Strömung aufgetragen. Bei α = 2°, dem Auslegungspunkt, ist ein gewisses Optimum erreicht: bei einem verhältnismäßig kleinen (unerwünschten) Widerstandsbeiwert nimmt der (erwünschte) Auftriebsbeiwert einen für die Kraftentfaltung günstigen Wert an. Die Reynoldszahl Re stellt einen Vergleichswert für den Strömungszustand im Windkanal dar.

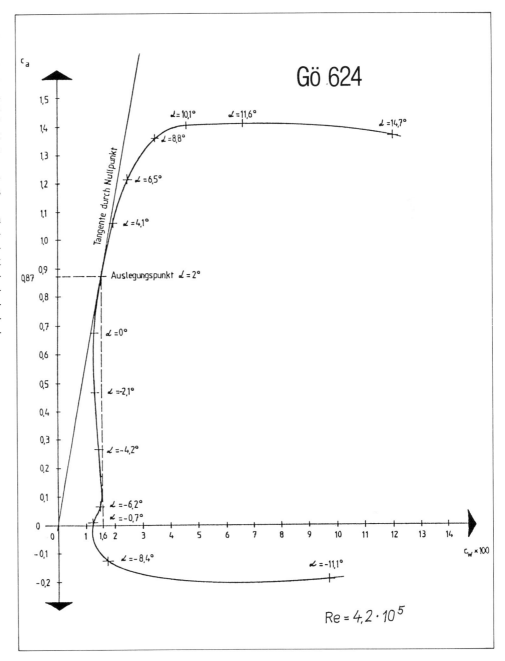

4. Grundlagen der Windenergienutzung

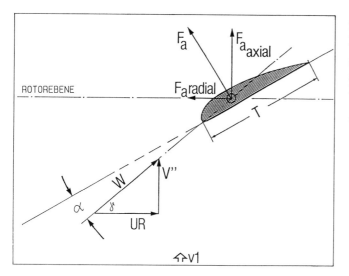

Abb. 37 ◀

Die Komponenten der Umdrehungsgeschwindigkeit U_R und der Windgeschwindigkeit V" in der Rotorebene ergeben zusammengenommen den Anströmvektor W, mit dem das Profil unter dem Anstellwinkel α angeströmt wird.

Die dadurch entstehende Auftriebskraft F_a läßt sich in eine axiale ($F_{a\,axial}$) und eine radiale ($F_{a\,radial}$) Kraftkomponente zerlegen. Nur die radiale Komponente erzeugt das Drehmoment (vgl. auch Abb. 109).

Abb. 38 ▼

oben: Wird der Anstellwinkel α des Profils zur Strömungsrichtung zu groß, reißt die laminare Strömung ab, die Auftriebskraft bricht zusammen und die Widerstandskraft nimmt schlagartig zu. Beim Profil Gö 624 geschieht dies bei α = 14,7° (vgl. Abb. 36).

unten: Laminares Strömungsfeld um ein Auftriebsprofil.

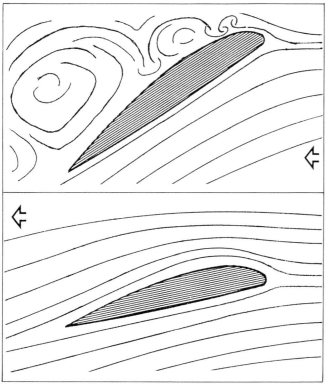

Überwindung der Gewichtskraft beim fliegenden Flugzeug, so erzeugt der Wind, wenn er einen Rotor umströmt, ebenfalls eine Kraft, die mit der am Tragflügel vergleichbar ist; beim Windkonverter wird sie jedoch genutzt, um ein Drehmoment an der Rotorachse zu erzeugen (vgl. Abb. 37). Da die Sogseite besonders turbulenzempfindlich ist, muß sie sehr sorgfältig ausgeführt und geglättet werden. Jede noch so kleine »Stolperkante« macht sich als Strömungsverlust auch bei der Energieausbeute bemerkbar, und zwar um so mehr, je höher die *Schnellaufzahl* ist.

Dem Konstrukteur ist aufgegeben, diese prinzipiell geltenden Gesetzmäßigkeiten konkret anzuwenden. Welches ist der »ideale Flügel« aus aerodynamischer Sicht, und wie sieht er aus, wenn man ihn nach den Gesichtspunkten mittlerer Technologie entwirft? Ist ein vernünftiger Kompromiß möglich?

Der Idealflügel

Nach der Betz'schen Theorie lassen sich Flügel berechnen. Den Flügel, der genau solchen Berechnungen entspricht, nenne ich »Idealflügel«. Er hätte, aerodynamisch gesehen, den bestmöglichen Wirkungsgrad. Aber wie schreibt schon Albert Betz: »Beim Windrad tritt, wie schon einmal betont, der Gesichtspunkt des guten Wirkungsgrads hinter manchen anderen zurück. Aus diesem Grunde wird man ohnehin schwerlich die mit einer genaueren Theorie gewonnenen Feinheiten ausnützen können.«

Die Hauptmaße eines Flügels sind seine Länge (R), die dem Radius des Rotors entspricht, seine Tiefe (T) und die Bezeichnung der Profilkontur, die aerodynamischen Tabellenwerken zu entnehmen ist (z.B. Gö 624, Clark Y, u.a.) und aus denen unter Einbeziehung der Tiefe die größte Dicke errechnet werden kann (vgl. Abb. 39, 40, 41). Die wichtigsten Windgrößen sind die freie Windgeschwindigkeit weit vor dem Rotor - sie soll mit V_1 abgekürzt werden - und die Geschwindigkeit hinter dem Rotor, abgekürzt mit V_2. Wie in Kapitel 2.2 bereits erwähnt, sollte das Verhältnis von $V_2/V_1 = 1/3$ sein, um dem Wind die optimale Leistung entnehmen zu können.

Die Umfangsgeschwindigkeit eines Punktes an der Spitze des sich drehenden Flügel bezeichnen wir mit U_{max}, für jeden anderen Punkt längs des Radius nennen wir sie U_R (Abb. 39). Wie man Abb. 37 entnehmen kann, stellt W die resultierende Geschwindigkeit aus U_R und V" dar. Nach Betz soll V" die Strömungsgeschwindigkeit des Windes genau in der Windradebene sein und rechnerisch als Mittelwert zwischen der Windgeschwindigkeit V_1 vor und V_2 nach dem Rotor angesetzt werden: V" = $(V_1+V_2)/2$.

Bei der Wahl der *Schnellaufzahl* muß der Konstrukteur sich grundlegend entscheiden. Sie bestimmt das Geschwindigkeitsverhältnis zwischen dem freien Wind und der Blattspitze.

$$SLZ = U_{max}/V_1 = Schnellaufzahl$$

Technisch üblich sind SLZ-Werte von 1,5 (Langsamläufer, z.B. »Windrosen«) bis 12 (Schnelläufer, z.B. Einblattrotoren). Moderne, kommerziell gefertigte Industrierotoren

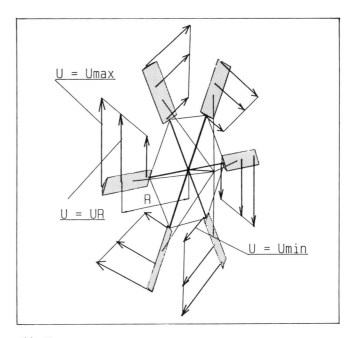

Abb. 39
Am äußeren Umfang erreicht das Rotorprofil die höchste Geschwindigkeit U = U_{max}, an jedem anderen Punkt ist die Geschwindigkeit U kleiner. U hängt von der Drehzahl und dem Radius ab. Die Pfeile in der Grafik stellen Geschwindigkeitsvektoren dar.

Tabelle 6:
Rechnerisch ermittelter Verwindungswinkel und Profiltiefe in Abhängigkeit vom Profilradius.

	Radius m	Verwindungswinkel °	Profiltiefe mm
1	1,25	66	543
2	1,50	69,7	465
3	1,75	72,4	405
4	2,00	74,5	358
5	2,25	76,1	320
6	2,50	77,5	290

4. Grundlagen der Windenergienutzung

haben meist SLZ-Werte zwischen 3 und 9. Je kleiner die Schnellaufzahl ist, desto größer muß prozentual die von den Flügeln »bedeckte« Rotorscheibenfläche sein. Prinzipiell ist es gleichgültig, auf wieviele Flügel sie sich verteilt.

Damit die Auftriebskraft sich voll entfalten kann, muß das Flügelprofil immer unter demselben günstigen Winkel angeströmt werden. Dieser Anstellwinkel α wird gemessen an der Mittellinie, auch Profilsehne genannt. Die wirkliche Luftanströmrichtung auf das Profil setzt sich zusammen aus der Windgeschwindigkeit und der Bewegung des Rotorblattes und wird in Abb. 37 durch den Geschwindigkeitsvektor W veranschaulicht. Er bildet die Resultierende von V" und U_R.

Während V" für eine vom Konstrukteur festgelegte Auslegungswindgeschwindigkeit immer denselben Wert behält, nimmt U_R durchaus verschiedene Werte an. Den höchsten Betrag erreicht die Umfangsgeschwindigkeit an der Blattspitze ($U_R = U_{max}$) und den kleinsten an der Nabe ($U_R = 0$).

Der Winkel zwischen W und der Rotorebene soll γ sein. Zieht man von γ den Anstellwinkel α ab, so erhält man den Flügeleinstellwinkel, gemessen zwischen der Profilsehne und der Rotorebene. Wie Abb. 40 zeigt, bleibt der Windvektor V" im Geschwindigkeitsdreieck V", W, U_R bei allen Radien immer gleich groß, während sich U_R nach der Formel $U_R = U_{max} \cdot R/R_{max}$ verringert. Die Länge des Anströmvektors W zeigt, daß die wirksame Geschwindigkeit, die das Profil »sieht«, im inneren Flügelbereich immer weiter zurückgeht, ebenso der optimale Flügeleinstellwinkel γ. Soll auch in diesem Bereich der Wind auf 1/3 abgebremst werden, werden wegen der im Verhältnis zu den Blattspitzen geringeren Geschwindigkeit immer tiefere und damit auch dickere Profile erforderlich.

Tabelle 6 gibt den rechnerisch ermittelten Verwindungswinkel (Spalte 2) und die Profiltiefe T (Spalte 3) bei verschiedenen Abständen R von der Rotormitte aus (Spalte 1) an.

Eine weitere wichtige Größe in der Formel, mit der man die ideale Blattiefe errechnen kann, ist die Anzahl der Flügel Z. Läßt man Z weg, erhält man einen Tiefenwert für den jeweiligen Radius, den sich alle tatsächlich vorhandenen Flügel ihrer Anzahl entsprechend teilen müssen. Die Formel lautet:

$$T(R) = (16 \pi R V_1^2)/(9 Z c_a U_R W)$$

Dabei bedeuten

T(R) die Blattiefe in Metern beim Radius R
π   3,1416... = Kreiskonstante
R   Radius vom Nabendrehpunkt des Flügels in m
Z   die Anzahl der Flügel
c_a der Auftriebsbeiwert des Profils
U_R die Umfangsgeschwindigkeit des Flügels beim Radius R in m/s
W   die effektive Anströmgeschwindigkeit im Abstand R auf das Profil in m/s.

Da U_R unter dem Bruchstrich steht und zur Nabe hin immer kleiner wird und auch der Betrag von W abnimmt, erhält man zum Drehpunkt hin immer größere Tiefenwerte für das Profil. Abb. 41 zeigt von vorn gesehen skizzenhaft die Kontur eines idealen Windradflügels.

Um die Gestalt des Idealflügels zu berechnen, fängt man z.B. mit R = 0,25 m von der Nabenmitte aus an und errechnet immer in 0,25 m-Schritten - gewissermaßen scheibenweise - bis zum Flügelende hin (R = R_{max}) die zugehörigen Tiefen und den Winkel für die Anströmrichtung (vgl. Tab. 6).

Da beim Rotorflügel vorne die Druck- und hinten die Sogseite liegt, - und damit zwischen ihnen ein Luftdruckunterschied besteht - versucht dieser sich durch eine Strömung um das Flügelende herum auszugleichen. Ist die Flügeltiefe am Ende des Flügels sehr groß, ist auch der Randwirbel als Folge dieses Druckausgleiches beträchtlich und führt zu nennenswerten Druckverlusten an der Flügelspitze und damit zu Auftriebskraftverlusten. Die so entstehenden Verluste werden »induzierter Widerstand« genannt. Die Größe dieses induzierten Widerstandes wächst mit dem Quadrat der Blattiefe an der Rotorspitze (vgl. Abb. 42).

Beim Idealflügel bleiben diese Verluste durch Randwirbel relativ gering, da sich zum Ende hin eine immer kleinere Blattiefe ergibt. Wegen des quadratischen Zusammenhanges zwischen der Blattiefe an der Rotorspitze und den

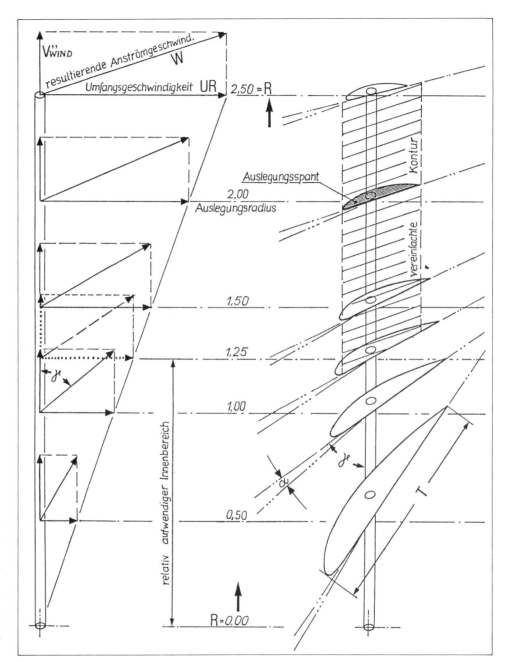

Abb. 40
Aus der Formel für die Blatttiefe T sowie den Geschwindigkeitsvektoren V" (Windgeschwindigkeit in Rotorebene) und U_R (Umfangsgeschwindigkeit des Rotors) läßt sich die Geometrie des »Idealflügels« und seine Verwindung konstruieren (rechts im Bild).

Der vereinfachte Flügel der KUKATER-Bauart verzichtet auf die innere Flügelhälfte; er hat auch nur eine (Auslegungs-) Spanttiefe, die nur beim Auslegungsradius den idealen Werten entspricht. Das Gleiche gilt für den Anstellwinkel. Der Flügel ist unverwunden. Die in der Abbildung gestrichelte und schraffierte Kontur entspricht der des Kukater-Flügels.

4. Grundlagen der Windenergienutzung

Verlusten durch den induzierten Widerstand ist bei gleicher Schnellaufzahl eine größere Flügelzahl (z.B. 6 statt 4) günstiger.

Am Institut für Biophysik in Berlin wird zur Zeit unterucht, ob und wann es sich lohnt, die Flügelenden, wie man es bei bestimmten Vogelflügeln (z.B. Bussard) beobachten kann, aufzufächern, um so die Verluste durch die Randwirbel zu verkleinern.

In Abb. 40 sind die Zusammenhänge zwischen Schnellaufzahl, Anstellwinkel und Blattiefe von der Nabe bis zum Blattende hin grafisch dargestellt. Die skizzierte Flügelform wurde für eine Schnellaufzahl von etwa SLZ = 2 bei 6 Flügeln ausgelegt. Wie grau auch hier alle Theorie ist, wird (vgl. auch Abb. 41) in der Nähe der Nabe und an der Flügelspitze sichtbar: an der Nabe verlangen die Formelergebnisse eine sehr große Materialmenge; und zum Ende hin bleibt für die Statik nicht mehr viel an Konstruktionsvolumen übrig, das aber nötig wäre, um dort die recht großen Kräfte konstruktiv zu beherrschen. Denn ein außen liegendes Flügelelement muß einen größeren Kreisring »abkassieren« als ein inneres und ist deshalb auch einer höheren mechanischen Belastung ausgesetzt.

Es ist also angezeigt, das rechnerisch Ermittelte mit dem technisch Zweckmäßigen zusammenzubringen, ohne daß die Verluste allzu groß werden. Im Hinblick auf eine Selbstbauanlage kann das Ergebnis nur ein Kompromiß sein.

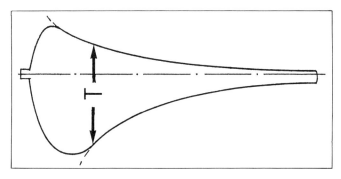

Abb. 41
Kontur des theoretischen Idealflügels mit zur Nabe hin sehr großen und außen sehr kleinen Spanttiefen T.

Abb. 42
Randwirbelverluste am Rotorblattende infolge des Druckunterschieds zwischen Luv- und Leeseite (induzierter Widerstand).

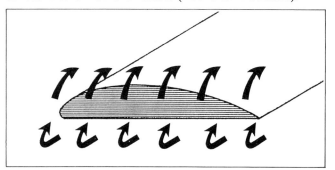

Der technisch vernünftige Flügel

Gleich zu Anfang: *Den* technisch vernünftigen Flügel gibt es genau genommen nicht. Er sieht für eine 30 kW-Anlage, die kommerziell ein paar tausend Mal gefertigt wird, anders aus, als für einen 100 W-Windlader und dieser wiederum anders als für ein Selbstbauwindrad der KUKATER-Art.

Für einen Neuling in Sachen Windenergie ergibt sich daher die Frage nach den Ausgangsüberlegungen für die Rotorgestaltung. Im folgenden werde ich versuchen, schrittweise die Gedanken und Berechnungen darzustellen, die die Auslegung eines Windrades erfordert.

Ein solcher Gedankengang kann sehr unterschiedliche Ansätze haben. So sollte zum Beispiel das KUKATER-Windrad vorrangig verhältnismäßig leicht selbstgebaut, transportiert und aufgestellt werden können. Andere Gesichtspunkte können Bauvorschriften oder Leistungserwartungen sein, die in vielen Fällen im Vordergrund stehen. Natürlich spielt die Windgeschwindigkeit stets eine entscheidende Rolle.

1. Schritt:
Die Wahl der Nennbetriebsleistung des Generators

Der Generator soll bei 8 m/s Windgeschwindigkeit z.B. 1000 W effektive Leistung abgeben. Das muß nicht die Generatorspitzenleistung und auch nicht die am häufigsten zu erwartende Abgabeleistung sein. Ich schlage vor, sie ungefähr $^2/_3$ unterhalb der Maximalleistung zu plazieren, bei der die Anlage anfängt, sich aus dem Wind zu drehen, weil sonst der Generator überlastet würde.

Mit Rücksicht auf die jeweiligen Randbedingungen muß jedenfalls die Generatorleistung bei einer bestimmten Windgeschwindigkeit, der Auslegungsgeschwindigkeit, zunächst einmal festgelegt werden.

2. Schritt:
Abschätzung der erforderlichen Rotorfläche

Um die Fläche abschätzen zu können, reicht ein Blick auf die Tabelle 2. Berücksichtigt man die Wirkungsgrade von Flügeln, Getriebe und Generator, so kann man bei 8 m/s Windgeschwindigkeit mit einem Energieertrag von 89 W/m² (vgl. Kap. 2.2) effektiv an den Klemmen des Generators rechnen.

Bildet man nun den Quotienten aus der gewünschten Ausgangsnennleistung und der spezifischen, auf den Quadratmeter bezogenen Leistung bei 8 m/s Wind, so erhält man in etwa die gesuchte Fläche:

$$A_{Rotor} = 1.000 \text{ W} / 89 \text{ W/m}^2 = 11,26 \text{ m}^2$$

3. Schritt:
Bestimmung des inneren und äußeren Flügelradius

Wie schon erwähnt, ist es unzweckmäßig, den Flügel bis zur Nabe hin auszuformen. Drei Gründe sprechen dagegen:

- Erstens würden die Flügel in Nabennähe unförmig groß und erforderten entsprechend viel Material (Kosten, Gewicht, Arbeitsaufwand).
- Zweitens »erntet« der innere Radiusbereich keine allzu große Fläche ab. Halbiert man den Radius und gestaltet den Flügel nur auf der äußeren Hälfte, beträgt der Flächenverlust nur ein Viertel der gesamten Kreisfläche, weil Fläche und Radius quadratisch miteinander zusammenhängen. Außerdem ist für den Aufbau eines Drehmomentes der Hebelarm im inneren Bereich relativ kurz.
- Drittens belasten im Sturmfall selbst die stillgelegten Rotorflächen die Statik ganz erheblich. Da im inneren Bereich große Flächen erforderlich wären, würden sie

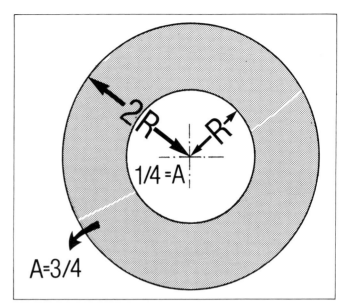

Abb. 43
Das KUKATER-Konzept geht von einem Halbflügler aus. Verteilt man die zur Energiegewinnung benötigte »Erntefläche« auf einen Kreisring, ist die Flügelausnutzung effizienter als bei einem Vollkreis von der Nabenmitte aus.
Bei einer Vollscheibe würde die innere Flügelhälfte nur $^1/_4$ der Erntefläche überstreichen. Der Flügel müßte stark verwunden sein und würde wegen der zur Nabenmitte hin erforderlichen großen Flügeltiefe im Sturmfall eine größere Windangriffsfläche bieten, als das bei einem Halbflügler gleicher Schnellaufzahl der Fall ist. Ein Halbflügler kommt mit einem mittleren Anstellwinkel aus und liefert wegen des längeren Hebels darüber hinaus auch noch bessere Drehmomente.

in Extremfällen einen großen Windwiderstand erzeugen (vgl. Abb. 43).

Aus diesen, meines Erachtens plausiblen Gründen, haben wir uns entschieden, beim KUKATER-Konzept nur die äußere Flügelhälfte zu gestalten. Die wirksame Rotorfläche ist damit ein Kreisring mit den Radien R_{max} und $R_{max}/2$ und mit der Windangriffsfläche:

$$A = \pi \cdot (R^2 - R^2/4) \text{ bzw. } R^2 = {}^4/_3 \cdot A/\pi$$

Zieht man nun die Wurzel aus R^2, so erhält man mit

$R_{max} = \sqrt{{}^4/_3 \cdot A/\pi}$ den äußeren und mit
$R_i = R_{max}/2$ den inneren Radius des Flügels.

Bei einer geforderten Fläche von 11,26 m² errechnet sich die Flügellänge zu R_{max} = 2,2 m.

Diesen Radius muß die Luftströmung voll wirksam erfassen, über den gesamten Querschnitt muß die Luft auf $^1/_3$ der ursprünglichen Windgeschwindigkeit abgebremst werden. Verständlicherweise ist das nicht »scharfkantig« am Flügelende möglich. Eine gewisse »Übergangszone« muß vom Konstrukteur eingeräumt werden. Die Größe dieser Zone hängt von der Streifenbreite des scheinbaren Luftströmungssegmentes ab, die jeder einzelne Flügel abzuernten hat. Deshalb ist der oben errechnete Durchmesser noch zu vergrößern (Abb. 44)! Überschlägig gerechnet empfiehlt es sich, beim KUKATER-Konzept den nach der Kreisringformel ermittelten äußeren Durchmesser noch um 5% zu verlängern, statt 4,4 m muß der Durchmesser in diesem Beispiel also 4,62 m betragen!

4. Schritt:
Bestimmung der Schnellaufzahl SLZ

Bei der Wahl der Schnellaufzahl für die Windradflügel gibt es unter Technikern fast einen philosophischen Richtungsstreit, den ich hier nicht in seiner ganzen Breite darstellen möchte. Wir haben für uns mit einer Schnellaufzahl von ca. 3 den mittleren Bereich gewählt, in der Hoffnung dort etwas die Vorteile beider Konzepte zu nutzen.

Ein wichtiger Aspekt im Zusammenhang mit der Schnelllaufzahl ist das *Anlaufverhalten*. Beim KUKATER-Typ ist

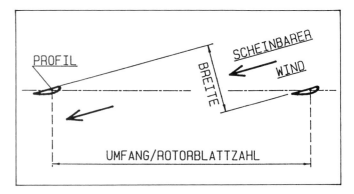

Abb. 44
Teilt man den äußeren Umfang des Flügelkreises durch die Anzahl der Rotorblätter, ergibt sich ein Abstand, der abhängig von der Flügelanzahl ist. Zusammen mit der Schnelllaufzahl und dem daraus folgenden Anstellwinkel ergibt sich für eine gegebene Konstruktion eine bestimmte Streifenbreite, die pro Flügel »abgeerntet« werden muß. Da die realen Verhältnisse von den idealen abweichen, ist ein spezifischer Korrekturfaktor zweckmäßig, der den Durchmesser des »idealen« Windrades erhöht. Dieser Faktor ist abhängig von der Breite des vom scheinbaren Wind durchströmten Streifens zwischen zwei Flügeln.

die »Erntefläche« auch zugunsten eines guten Anlaufes auf einen Kreisring verteilt und somit die Hebelarmlänge der einzelnen Flügel ohnehin schon länger als bei Flügeln, die bei gleicher Flächennutzung eine Kreisfläche überstreichen - ein weiterer Vorteil der Halbflügelvariante.

Neben der Hebelarmlänge ist die Flächendeckung von großer Bedeutung für einen guten Anlauf, bei dem ja einiges an Haftreibung überwunden werden muß. Wie ein bekannter Selbstbauforscher, Herr Ulrich Stampa, herausfand, spielt dabei sogar die Art des Generator eine Rolle. Je nachdem, ob dieser Bürsten bzw. Kohlen benötigt oder nicht, wird der Anlaufwiderstand bei Generatoren mit Bürsten am größten und bei solchen ganz ohne Schleifkontakte am leichtesten sein.

Die prozentuale *Flächendeckung* gibt an, wieviel Prozent der vom Rotor überstrichenen Fläche von den Flügeln bedeckt werden. Flächendeckung und Schnellaufzahl hängen unmittelbar zusammen: je kleiner die Schnellaufzahl, umso größer muß die Flächendeckung werden und umgekehrt. Für Anlagen, die keine verstellbaren Flügel oder sonstige Anlaufhilfen haben, sollte die Flächendeckung mindestens 15% betragen, um einen leichten Anlauf zu garantieren. Bei einem SLZ-Wert von 3 wird ungefähr eine Flächendeckung von 20% erreicht. Das Anlaufmoment aus dem Stand genügt dann meistens, um bei etwa 3-4 m/s Windgeschwindigkeit zu starten (Abb. 45 und 46). Dreht das Rad bereits früher, lohnt sich der Stolz darüber nicht. Die Leistung ist kaum erwähnenswert, und die Lager werden unnötig belastet.

Eine kleinere Schnellaufzahl als 3 hätte erheblich mehr Rotorflügelfläche zur Folge. Das bringt im extremen Sturmfall unseres Erachtens zu große Probleme. Außerdem wäre dann eine größere Flügelzahl erforderlich, um die Randwirbelverluste erträglich klein zu halten.

5. Schritt:
Die Anzahl der Flügel

Nach gründlichen Überlegungen haben wir die Anzahl der Flügel auf 6 festgelegt. Sie sind dann noch dick genug, um bei den von uns ins Auge gefaßten Profilen ein einzölliges Stahlrohr als Hauptholm aufzunehmen. Eine geringere Flügelzahl - z.B. 4 - hätte für den einzelnen Flügel beachtliche Randwirbelverluste wegen der großen Blattiefe zur Folge. Flügel mit aerodynamisch gutem Profil erreichen - auch wenn man die Randwirbelverluste mit einbezieht - Leistungsbeiwerte um 0,5 , wenn die Schnellaufzahl bei 10

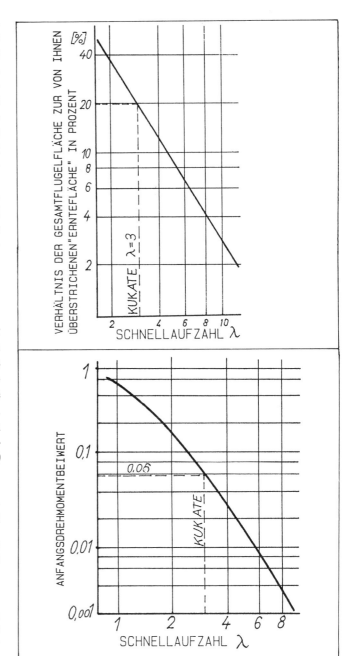

Abb. 45 ◀
Das Verhältnis der Erntefläche - das ist die vom Flügelprofil überstrichene Fläche - zur Schattenfläche des Flügels selbst ist abhängig von der Schnellaufzahl.
Bei Rotoren, deren Flügel nicht verstellt werden können, soll das Verhältnis wenigstens 15% betragen, damit sie normalerweise bei 2 - 3 Windstärken von selbst anlaufen.

Abb. 46 ▶
Mit steigender Schnellaufzahl sinkt das Startdrehmoment beim Anlaufen der Maschine stark ab. Ursache dafür ist nicht nur die kleiner werdende »Schattenfläche« des Rotors, sondern auch der gleichzeitig ungünstiger werdende Anstellwinkel beim Start.

4. Grundlagen der Windenergienutzung

liegt. Im normalen Betriebsfall liegt der Leistungsbeiwert »unseres« Flügels knapp über 0,4. Damit sind wir zufrieden. Beim Hochlaufen der Anlage hat die relativ zum Idealflügel breite Kante außen und - in geringerem Maße - auch die innere Kante etwas Positives: die Randwirbelverluste steigen mit dem Quadrat der Anströmgeschwindigkeit, hinsichtlich der Generatoranpassung und beim Hochlaufen ein wünschenswerter Effekt, zum einen wegen der Regelung und zum anderen wegen der Eigensicherheit gegen ein Durchdrehen.

Als »Schlankheitsgrad« eines Flügels bezeichnet man den Quotienten aus (mittlerer) Flügeltiefe und seiner konstruktiv ausgeformten Länge. Dieses Verhältnis sollte, um die Verluste in vertretbaren Grenzen zu halten, nicht größer als 1 : 5 sein.

6. Schritt:
Die Auslegungstiefe

Wie die Formel in Kapitel 5.2.2 zeigt, hängt die optimale Blattiefe stets vom Flügelradius ab. Im Idealfall wird der Flügel zum Ende hin immer schmaler und dünner, kein Spant gleicht dem anderen. Die größten Veränderungen entstehen im Bereich der Nabe, an der Rotorblattwurzel. Nach außen hin werden die Spanten immer kleiner. Weil wir auf die innere Hälfte des Flügels verzichten, brauchen wir auch nur die äußere zu berücksichtigen.

Die Computerberechnung liefert mit den von uns getroffenen Vorgaben bei R/2 (1,25 m) eine Blattiefe von 543 mm und bei R (2,5 m) eine Tiefe von 290 mm (vgl. Tab. 6). Der Unterschied beträgt 253 mm. Für unseren Flügel wählen wir als Zwischenwert eine Flügeltiefe von 375 mm (»Auslegungsspant«) über die ganze Länge von R/2 bis R. Genau genommen entspricht diese Tiefe einem »Auslegungsradius« von 1,90 m. Als Faustformel lassen wir gelten:

Auslegungsradius für die Spanttiefenberechnung des Rechteckflügels $R_A = 0{,}75 \cdot R_{max}$.

Damit liegt für den Selbstbauer weitere, wesentliche Vereinfachung fest: alle Spanten sind gleichgroß (vgl. Abb. 40). Wer den Flügel - aus welchen Gründen auch immer - »ideal« bauen will, kann sich jederzeit mit Hilfe der Formel für die Blattiefe T aus Kap. 4.2 die einzelnen Spanten bei bestimmten Radien berechnen.

7. Schritt:
Das Flügelprofil

Nun muß das Profil nicht nur aerodynamisch für unsere Zwecke brauchbare Werte bringen, es soll auch unkompliziert und leicht zu bauen sein. Außerdem ist es natürlich von Vorteil, ein Profil zu wählen, welches sich bereits bei Windenergieanlagen bewährt hat. Und es muß bei unserer Konstruktion dick genug sein, um ein einzölliges Stahlrohr als Hauptholm aufzunehmen.

Das Profil Gö 624 erfüllt alle diese Voraussetzungen. Die aerodynamischen Werte sind bereits in Abb. 36 als Profilkennlinie dargestellt. Der Tabelle 8 sind die Konstruktionswerte zu entnehmen. Die Bezugstiefe ist hier auf 100% normiert, sie kann leicht auf eine Tiefe von 375 mm umgerechnet werden (Spalte 2 in Tab. 8). Besonders angenehm ist die völlig glatte Druckseite. Sie liefert eine ideale Basis für den praktischen Bau (vgl. Abb. 83 und 84).

8. Schritt:
Der Verwindungswinkel

Der Verwindungswinkel γ ist beim theoretisch errechneten Idealflügel ebenfalls eine Funktion der Auslegungswindgeschwindigkeit, der Schnellaufzahl und des Radius. Für unsere Anlage liegt er zwischen 66° bei R/2 und 77° bei R_{max} (2,5 m). Errechnet wird er aus dem Geschwindigkeits-Vektordreieck aus W, U_R und V" (vgl. Abb. 37). Da das Profil hinsichtlich der Auftriebsbeiwerte in weiten Bereichen brauchbare Werte aufweist, kann man ohne allzu große Verluste auch hier auf's Ideale verzichten und den Flügel unverwunden bauen! Der mittlere Verwindungswinkel γ beträgt genau 71,5°. Nun muß zu diesem noch der Anstell- oder Anströmwinkel addiert werden. Das ist der Winkel α zwischen Profilsehne und Anströmrichtung. Er wird mit α = 4° ausgewählt.

Somit errechnet sich der einzurichtende Konstruktionswinkel zu 14,5°, gemessen gegen die Rotorebene - entsprechend 75,5° gemessen gegen die Achsebene.

Im Idealfall stimmt der Anstellwinkel also, genau wie die Flügeltiefe, nur bei einem einzigen Radiuswert. Bei leichteren Winden wandert der Idealpunkt nach außen, was sehr gut für das Drehmoment ist, und bei stärkeren Winden als dem Auslegungswind nach innen, was dann gut für die Regelung und die Generatoranpassung ist. Im übrigen weht der Wind ohnehin höchst selten mit einer dem Auslegungswert entsprechenden Geschwindigkeit. Schließlich haben uns das Kap. 2.1 oder besser noch eigene Meßwerte bereits gezeigt, welch unsteter Geselle der Wind ist.

Die Göttinger Profile der 620er Serie sind hinsichtlich wechselnder Strömungsverhältnisse sehr gutmütig. Auch bei schwankenden Anströmrichtungen entwickeln sie brauchbare Drehmomente.

Das Flügelrezept

In den beschriebenen acht Schritten haben wir die Aerodynamik für unsere KUKATER Windradflügel gedanklich entwickelt. Obwohl im Design für den Selbstbauer entscheidend vereinfacht, ist er überraschend leistungsfähig geblieben. Nach unseren Rechnungen und Messungen machen die Verluste gegenüber dem »Idealflügel« nur ganze 15% aus!

Vergrößert man den Radius eines »Idealflügels« um etwa 7%, hat man diese Minderleistung durch eine etwas größere Fläche wieder zurückgewonnen. Unabhängig vom Kukater-Flügel wollen wir hier noch einmal eine Kurzfassung der Flügelauslegung für Selbstbauer notieren:

1. Schritt:
Nennbetriebsleistung

a) $2/3$ unterhalb der zu kalkulierenden Generatornennleistung den Auslegungsbetriebspunkt festlegen.

b) Festlegen, bei welcher Windgeschwindigkeit diese Leistung abgegeben werden soll.

2. Schritt:
Von den Flügeln überstrichener Flächenbedarf

Mit Hilfe von Tab. 2, Spalten 1 und 4, die »Ernteflächee« in m² errechnen, die bei einer festzulegenden Auslegungs-Windgeschwindigkeit benötigt wird.

Dabei sind die festgelegten Wirkungsgrade von Generator (0,8), Getriebe (0,9) und Rotor (0,4) zu beachten, die in die Werte der letzten Spalte hineingerechnet wurden (vgl. Kap. 2.2). Gegebenenfalls umrechnen!

3. Schritt:
Bestimmung des inneren und äußeren Flügelradius

Mit Hilfe der Formel

$$R^2 = 4/3 \cdot A/\pi$$

lassen sich R und R/2 berechnen. Den gefundenen Wert eher auf- als abrunden.

Den Durchmesser beim KUKATER-Konzept um 5% vergrößern; bei höherer Schnellaufzahl (z.B. 6) und weniger Flügeln (z.B. nur 2) um ca. 8%, bei mehr Flügeln (z.B. 8) und gleicher Schnellaufzahl den Durchmesser um ca. 4% erhöhen (Rand- und Streifenbreitenausgleich).

4. Schritt:
Bestimmung der Schnellaufzahl

Schnellaufzahl festlegen.

Ihr Wert sollte bei Sechsflüglern zwischen 2,5 und 3,5 liegen, zwischen 4 und 6 bei Dreiflüglern. Ohne das hier hier näher zu begründen, treffen in diesen Bereichen gewisse Optima zusammen.

5. Schritt:
Anzahl der Flügel festlegen

Im Bereich zwischen 500 W und 5.000 W empfiehlt es sich, die Anzahl der Flügel zwischen 3 und 8 festzulegen.

6. Schritt:
Auslegungstiefe für das rechteckige Rotorblatt

Den Berechnungspunkt bei ca. $0,75 \cdot R$ mit Hilfe der Formel aus Kap. 4.2 für die Blattiefe berechnen.

7. Schritt:
Das Flügelprofil

Die Profile Gö 623, Gö 624, Gö 508, Gö 711, CLARK Y, NACA 4312 und NACA 6315 eignen sich besonders gut für Selbstbauer, weil sie auf der Druckseite weitgehend eben sind. Profil auswählen, für das eine Zeichnung und Daten vorliegen.

8. Schritt:
Der Anstellwinkel zur Rotorebene

Der Anstellwinkel zur Rotorebene wird errechnet aus der Auslegungswindgeschwindigkeit V" in Rotorebene (= 0,67 · V_{Wind}) und der Rotorumfangsgeschwindigkeit U_R im Auslegungspunkt (R_{aus} = 0,75 · R):

$\tan \gamma$ (γ = Anstellwinkel) = V"/U_R =

= 0,67 · Windgeschwindigkeit / Rotorumfangsgeschwindigkeit im Auslegungsradius (Abb. 37)

Von diesem Winkel muß der Anströmwinkel von ca. 3° noch abgezogen werden.

Wir wollten mit dieser Kurzfassung noch einmal verdeutlichen, wie man bei der Dimensionierung vorgehen kann. Selbstverständlich sind viele andere Kombinationen der Reihenfolge denkbar. Der eine geht von einem vorhandenen Generator, der andere vom Bedarf, ein dritter von einem Getriebe, ein vierter von seinen Kenntnissen und Werkstattmöglichkeiten aus. All das ist ausführbar.

Wegen der hohen Kosten von Generator und Getriebe gehen viele Selbstbauer erfahrungsgemäß von diesen beiden Aggregaten aus, wenn sie diese preisgünstig beschaffen können oder konnten.

Folgende Reihenfolge der Schritte ist dann zweckmäßig:

- Heraussuchen der Wirkungsgrade
- Vergleichen mit den Werten der Spalte 4 in Tabelle 2, die von einem Wirkungsgrad von 0,8 beim Generator und 0,9 (!) beim Getriebe ausgeht (vgl. Kapitel 2.2).
- Weichen diese Voraussetzungen ab von den vorhandenen Aggregaten, Spalte 4 wie folgt neu berechnen: die Werte der Spalte 3 jeweils mit dem Produkt der Wirkungsgrade aus Flügel (bleibt 0,4), Getriebe und Generator multiplizieren
- Festlegen des Auslegungspunktes (Empfehlung bei $^2/_3$ der Generatornennleistung)
- Windgeschwindigkeit und Fläche im Auslegungspunkt (Schritt 2) festlegen
- Radiusbestimmung (Schritt 3)
- Schnellaufzahl errechnen aus Radius und Rotordrehzahl: sie wird errechnet aus der bekannten Getriebeübersetzung und der erforderlichen Generatordrehzahl bei der festgelegten Abgabeleistung im Betriebspunkt ($^4/_5$ der Nennleistung)
- Dann weiter mit Schritt 5 bis 8 in der obigen Aufstellung

Noch ein wichtiger Hinweis für gebrauchte Getriebe: besonders interessant sind Getriebe mit einer Übersetzung im Bereich von 1:15 bis 1:40. Diese werden meist eingesetzt, um mit schnellaufenden Antriebsmotoren ein langsam laufendes Arbeitsgerät zu betreiben. Sind die Zahnräder schrägverzahnt, gibt es möglicherweise große Probleme beim Betrieb vom Langsamen ins Schnelle! Die Getriebewellen entwickeln bei einer schrägen Verzahnung nämlich auch axiale Kräfte (in Wellenrichtung). Möglicherweise ist die Anordnung von Fest- und Loslagern sowie von Drucklagern für einen umgekehrten Betrieb (Antrieb auf der langsamen Seite) ungeeignet.

Nachdem nun das Rotorkonzept beschrieben ist, gilt das Augenmerk im folgenden Kapitel der Steuerung, und zwar sowohl der Windnachführung als auch der Sturmsicherung.

4.3 Die Steuerung

Um ein Windrad betreiben zu können, muß die Steuerung zwei wichtige Aufgaben erfüllen: die eine besteht darin, den Rotor im Normalbetrieb senkrecht zum Wind zu halten und die andere, ihn bei zuviel Wind vor Schaden zu bewahren.
Je nach technischer Vorbildung und den Realisierungsmöglichkeiten bieten die Steuerungsprobleme bei Windenergieanlagen ein weites Betätigungsfeld. Die Selbstbauer haben hierzu mit Entwürfen und Versuchen unterschiedlichster Art beigetragen: der Rotor dreht sich aus dem Wind, und zwar entweder zur Seite oder nach hinten; die Rotorblätter oder Teile davon verstellen sich und weichen dem Wind aus oder verwirbeln die Luft; Bremsklappen entfalten ihre Wirkung oder Bremsen werden ausgelöst. Und das Ganze läßt sich hydraulisch-pneumatisch-mechanisch-elektronisch-elektrisch-aerodynamisch bewerkstelligen. Der Phantasie sind dabei kaum Grenzen gesetzt.
Wir hielten von komplizierten Lösungen nicht viel und wählten für unser KUKATER-Windrad - entsprechend den Prämissen alternativer Technologie - die einfachste, am meisten verbreitete und in der Welt am besten bewährte Methode der Windradsteuerung: nämlich die Kombination aus Steuer- und Seitenfahne (Abb. 47).
In ihren Diplom-Ingenieurarbeiten im Fachbereich Maschinenbau an der Hochschule Bremen mit dem Thema »Untersuchung der Regelungseinrichtung eines Windkonverters« haben die Diplomanden Günter Steinhauer und Norbert Thölken 1985 sehr gründlich und umfassend untersucht, wie sich die Regelung eines Windrades vom KUKATER-Typ verhält. Sie analysierten dabei das Steuerungssystem und entwarfen ein mathematisches Modell, welches auch auf ähnliche Anlagen übertragbar ist. Darüberhinaus überprüften sie die Theorie in der Praxis an einem sechs Monate lang im Freiland aufgestellten Modell - mit Erfolg!
Hunderttausende von amerikanischen Vielflügel-Wasserwindpumpen - nach ihrem Aussehen auch »Windrosen« genannt - arbeiteten und arbeiten noch heute mit dieser Steuerungstechnik. Die deutsche Firma Köster in Heide baute in der Vergangenheit Entwässerungspumpen bis zu einem Durchmesser von 18 m und steuerte sie nach diesem Prinzip. Meines Wissens dürfte damit jedoch die technisch vernünftige, obere Grenze für dieses Steuerungsverfahren (Seiten- und Steuerfahne) erreicht worden sein.
Bereits bei Durchmessern im 10 m-Bereich bringen die Gewichte und Armlängen der Fahnen beachtliche Knickmomente für den Mast und Aufbruchmomente für das Azimutlager - befinden sich doch im Sturmfall beide Fahnen auf einer Seite!
Wir haben für die Dimensionierung der Fahnenflächen und Armlängen Erfahrungen zusammengetragen und eine Reihe von Abbildungen photometrisch ausgewertet. Dabei sind wir pauschal zu folgendem Ergebnis gekommen:

- Die Steuerfahnenfläche soll ungefähr 10%, die Querfahnenfläche ungefähr 5% der von den Flügeln überstrichenen Fläche betragen.
- Die hintere Kante der Steuerfahne soll so weit vom Drehpunkt des Azimutlagers entfernt sein, wie der Durchmesser des Rotors groß ist.
- Der Seitenfahnenarm soll so lang sein, daß die Querfahnenfläche mindestens zu $^2/_3$ über die von den Flügeln überstrichenen Fläche herausragt. Die Abb. 47 und 48 sollen helfen, die Funktionsweise der Steuerung zu veranschaulichen.

Nun will ich versuchen, das Prinzip dieses Steuerverfahrens leicht verständlich darzustellen. Dabei werde ich drei Zustände der Anlage beschreiben: erstens den normalen Betriebszustand, in dem der Generator Leistungen bis knapp über die Nennleistung abgibt, zweitens den Starkwindzustand, bei dem der Wind mehr Energie anbietet als der Generator aufnehmen kann, und drittens den »Überlebenszustand« im Sturmfall.

1. Im *Normalbetrieb* soll der Wind genau von vorn auf den Rotor treffen. Der Seitenfahnenarm ist fest mit der Gondel verbunden, der Steuerfahnenarm dagegen mit einem sehr stabilen Gelenk schwenkbar. Dieses Gelenk ist neben der Steuerfahnenfeder oder alternativ dazu neben der Umlenkrolle für das Regelgewicht das einzige bewegliche Teil der gesamten Steuerung!
Schaut man vom Rotor aus auf die Steuerfahne, ist ihr Arm um etwa 30° aus der Achsrichtung herausge-

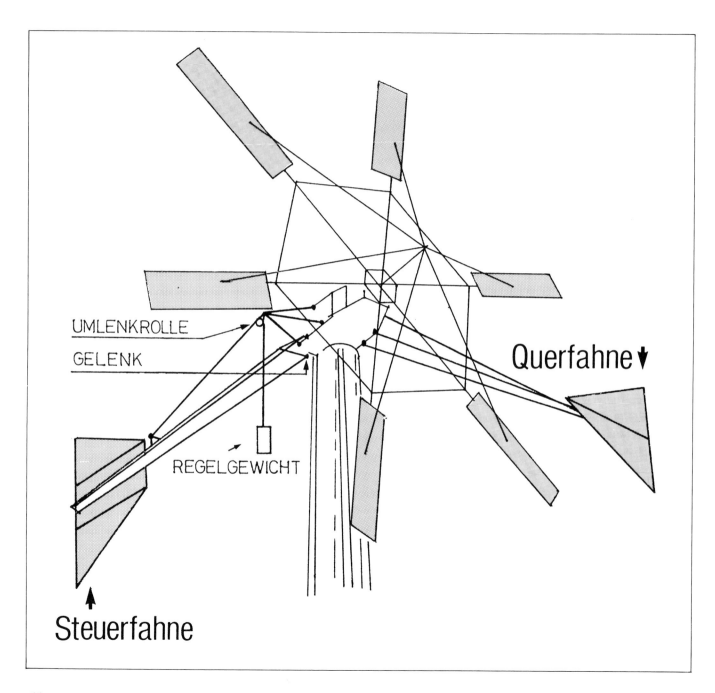

schwenkt, und zwar zur Seitenfahne gegenüberliegend. Bläst nun der Wind, erzeugen die Widerstandskräfte multipliziert mit den jeweils wirksamen Hebellängen zwei gegensinnige Drehmomente. Im Normalbetrieb soll die Rotorachse genau parallel zum Wind stehen.

Um das sicherzustellen, müssen die beiden gegensinnigen Drehmomente sich solange gegenseitig aufheben, bis die volle Generatornennleistung über eine längere Zeit hinweg im Mittel um nicht mehr als 10% überschritten wird (vgl. Abb. 48). Anders ausgedrückt: die resultierenden aerodynamischen Windkräfte der Fahnen müssen im Normalbetrieb weit hinter dem Azimutlager und in der Verlängerung der Rotorachse »ziehen«, damit die von den Flügeln überstrichene Fläche senkrecht zur Windrichtung steht.

2. Im *Starkwindzustand* würden Flügel, Getriebe und Generator überlastet, wenn der Wind weiter senkrecht auf die Rotorebene bliese.

Von einer bestimmten Windgeschwindigkeit an kann das Regelgewicht bzw. die Federvorspannkraft nun den »Vorhaltewinkel« von 30° an der Steuerfahne nicht mehr halten. Das Produkt aus Winddruck, wirksamer Fahnenfläche und wirksamem Hebelarm ergibt eine Kraft, die das Gewicht hebt bzw. die Feder dehnt. Da die Querfahne fest mit der Gondel verbunden ist, also nicht nach hinten wegschwenken kann, bildet sich ein neues Momentengleichgewicht. Der Winkel von ursprünglich 120° zwischen den beiden Fahnen wird kleiner, die Seitenfahne dreht die Gondel auf dem Azimutlager.

In dieser neuen Position wird der Rotor nicht mehr genau von vorn angeströmt, sondern um so mehr von der Seite, je stärker der Wind weht. Im Idealfall sollte bei diesem Vorgang über einem weiten »Klappwinkelbereich« hinweg dem Wind noch die maximale Generatorleistung entnommen werden können.

3. Im *Sturmfall* geht es darum, die Anlage vor Schaden zu bewahren. Um den Masten nicht zu überlasten, soll der Winddruck oben möglichst wenige Flächen vorfinden, an denen er seine Kräfte entfalten kann.

Man erreicht das, indem man die Querfahnen- und Rotorblattflächen bis auf 0° aus der Windrichtung dreht. Der Wind drückt dann die beiden Regelfahnen bis auf einen durch einen Anschlag festgelegten Winkel von 10° zusammen (Abb. 48).

Läßt nun der Winddruck nach, ist das Rückstellmoment aus Federkraft bzw. Regelgewichtskraft und wirksamer Hebelarmlänge größer als das vom Wind erzeugte Moment an der Steuerfahne. Sie dreht sich in ihre Ausgangsposition zurück, der Rotor bekommt wieder den Wind von vorne.

Auch wenn die Beschreibung etwas kompliziert ist, die Regelung ist es im Prinzip nicht. Jeder Anlagenbauer kann ihr Verhalten leicht ändern, indem er die Gewicht- oder Federkräfte und »Holepunkte« an der Gondel oder an den Armen variiert. Sollte die Regelfeder reißen, schwenkt die Anlage automatisch in die Sturmstellung zurück. Die Regelung ist damit »eigensicher«.

Nachteilig sind die auf das Azimutlager und den Masten wirkenden Knickmomente, verursacht durch die langen Steuerarme und die an ihren Enden befestigten Flächen. Auch wenn man das immer feststehende Moment der Seitenfahne auf der anderen Seite statisch ausgleichen kann, schwenkt doch die doppelt so große Steuerfahne zwischen -30 und 80° bezogen auf die Rotorwelle hin und her und belastet das Kopflager im Sturmfall maximal, denn dann befinden sich beide Fahnen zusammen auf der dem Wind abgewandten Seite. Trotz dieses kleinen Nachteils haben wir uns auf dieses Regelverfahren festgelegt. Man kann es leicht selbst bauen, es ist überschaubar und sicher - kurz: es entspricht allen Anforderungen der von uns bevorzugten Mittleren Technologie.

Abb. 47 ◄
Prinzip der Steuerung des KUKATER-Typs mit Hilfe einer Steuer- und einer Seitenfahne. Die Querfahne ist fest mit der Gondel verbunden. Die Steuerfahne ist in einem Scharnier schwenkbar gelagert. Wird die Generatorleistung überschritten, drückt der Wind die beiden Fahnen aufeinander zu und schwenkt dabei die Gondel mit dem Rotor aus dem Wind. Läßt der Winddruck nach, zieht das Gewicht die Steuerfahne in die alte Lage zurück.

4. Grundlagen der Windenergienutzung

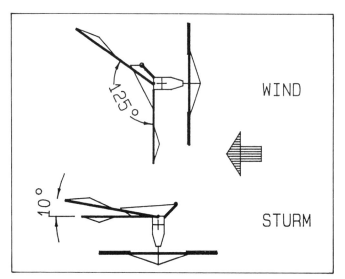

Abb. 48 a Fahnenstellungen bei Wind und Sturm (Sicht von oben)
oben: Im normalen Betriebsfall heben sich die Momente auf Seiten- und Steuerfahne auf, der Rotor wird von vorn angeströmt
unten: Bei starkem Sturm sind die Fahnen bis auf einen kleinen Vorhaltewinkel zusammengeklappt, der Rotor wird von der Seite angeströmt.

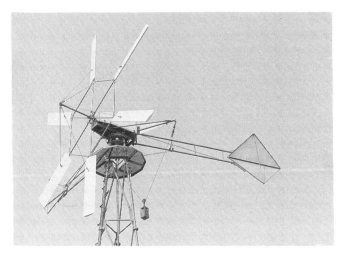

Abb. 48 b Windfahnen in Betriebsstellung

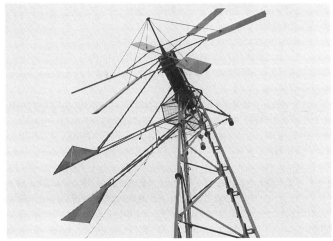

Abb. 48 c Windfahnen in Sturmposition

Wir würden nach unseren bisherigen Erkenntnissen Anlagen bis zu einem Durchmesser von 10 m mit diesem Regelsystem ausrüsten, weil alle anderen uns bekannten Systeme in jeder Hinsicht anfälliger und aufwendiger sind.

Im Herbst 1988 verbesserten wir die Steuerung entscheidend (Siehe Bemerkungen dazu in Kapitel 9 im Zusammenhang mit den Beispielen). Ein einfaches Regelgewicht auf einer Umlenkrolle erzeugt eine konstante und eine Regelfeder eine proportional zu Auslenkung zunehmende Rückstellkraft der Steuerfahne. Wir ertüftelten eine neuartige V-Gewichtsaufhängung, die eine mit dem Auslenkungswinkel der Fahne progressiv zunehmende Kraft erzeugt. Diese wünschenswerte und genau an die Kennlinie des Generators anpaßbare Regelung ist ein entscheidender Fortschritt - ohne die mittlere Technologie zu verlassen. Bei anderen Anlagen ist ein solches Verhalten nur durch eine aufwendige Rotorblattverstellung oder kompliziert über einen elektrischen bzw. hydraulischen Antrieb am Kopflager zu erreichen. Solche Ssysteme sind jedoch meistens zu träge, um elastisch und schnell genug reagieren zu können.

5. Das Windrad für Selbstbauer

Wer den Ausführungen bis hierher gefolgt ist, weiß schon ziemlich genau, was ihn im folgenden erwartet:
Ein Windrad mit sechsflügeligem Halbrotor auf einem zwölf oder achtzehn Meter hohen Mast, gesteuert von zwei Windfahnen, nämlich einer Steuer- und einer Seitenfahne. Der Durchmesser des Rotors liegt bei ca. 7 Metern, die Generatorausbauleistung zwischen 2000 und 5000 Watt, je nach Standort (Abb. 49). Als Schnellaufzahl wurde mit gutem Grund 3 gewählt. Desweiteren haben wir für den Bau Materialien vorgesehen, die verhältnismäßig leicht beschaffbar sind, und angekündigt, die Anlage sei zerlegt von Menschen transportier- und aufstellbar.
Insgesamt soll der Windkonverter den Ansprüchen mittlerer Technologie genügen und von »Selbstbauern«, also ohne spitzentechnologische Gerätschaft und Fachkenntnisse, zu bewältigen sein. An dieser Stelle - wo es praktisch wird - müssen wir konkreter werden, konkreter hinsichtlich der Vorbedingungen für den Selbstbau unseres KUKATER Windrades.

5.1 Die Vorbedingungen

Wer gerne mit Metall und Holz arbeitet, erfüllt eine der wichtigsten Vorbedingungen für ein gutes Gelingen. Kommt noch ein gewisses Maß an Frustationstoleranz hinzu, wenn die nachfolgende Anleitung nicht alles enthält oder nicht ganz so perfekt ist, wie der Selbstbauer es wünscht - umso besser!
Geradezu ideale Voraussetzungen liegen vor, wenn sich mehrere zusammentun, um gemeinsam eine Anlage oder aber für jeden die seine zu bauen. Treffen dabei gar ein Holz-, ein Metall- und ein Elektromann (oder -frau) zusammen, ist der Glücksfall kaum zu überbieten. Als Werkstatt reicht ein gut belüftbarer, trockener Raum mit elektrischer Energieversorgung, so wie er praktisch auf jedem Bauernhof als Reparatur- und Instandhaltungswerkstatt vorhanden ist. Genau so gut ist eine freie oder vorübergehend für diesen Zweck freigemachte Garage geeignet. Selbst mancher Keller läßt sich für den Bau der meisten Teile herrichten. Eine ca. 4 m breite und maximal 16 m lange, einigermaßen ebene Fläche ist nur für kurze Zeit erforderlich, wenn man den Mast aufreißt und zusammenpaßt.
Den zeitlichen Aufwand können wir nur schätzen. Er wird so unterschiedlich ausfallen wie die Menschen, die sich dieses Windrad bauen. Ganz grob geschätzt dürfte die Bauzeit zwischen 300 und 600 Stunden liegen, vielleicht etwas mehr, vielleicht etwas weniger; letzteres wahrscheinlich dann, wenn mehrere Konverter gleichzeitig in einer kleinen Serie gebaut werden.

An dieser Stelle scheint mir ein Hinweis angemessen und sehr wichtig:
Wir setzen voraus, daß jeder sich mit den relevanten *Sicherheitsbestimmungen* vertraut macht und sie peinlich einhält. Ist man selbst nicht fachkundig, soll man im Zweifelsfall unbedingt einen Fachmann zu Rate ziehen. Vor allem bei den Schweißarbeiten und der elektrischen Installation müssen die möglichen Folgen mangelhafter Arbeit immer bedacht werden.

Außerdem sei hier angemerkt, daß auch unsere *Baupläne und Bauanleitungen* für so komplexe Anlagen wie den Windkonverter trotz aller Sorgfalt und dem Bemühen um Vollständigkeit und Exaktheit nicht frei sein können von eventuellen Fehlern, die sich möglicherweise erst beim Anwender herausstellen. Deshalb möchten wir nicht falsch verstanden werden, wenn wir trotz aller Sorgfalt bei der Zusammenstellung dieser Schrift und der Materialien keine Haftung für Mängel, ganz gleich welcher Art, übernehmen.

In den folgenden Abschnitten erläutern wir näher, welche Vorbedingungen uns günstig und manchmal auch notwendig erscheinen, damit der Bau gelingen kann. Besonders unser Erwartungshorizont hinsichtlich der fachlichen Kenntnisse wird viele interessieren.

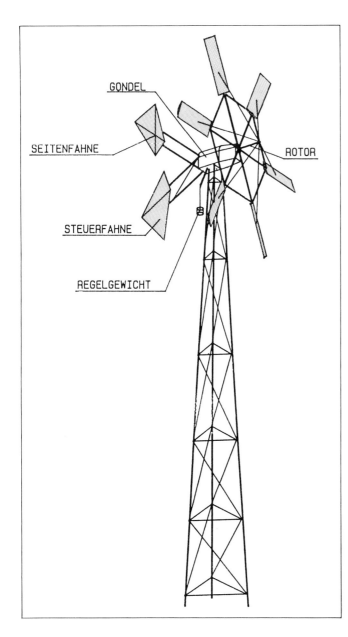

Abb. 49 Prinzipieller Aufbau der KUKATER Anlage

Die Fachkenntnisse

Müßte eine Ausschreibung für den Bau unseres Windkonverters erfolgen, wären etwa folgende Gewerke zu vergeben:

- Erd- und Fundamentierungsarbeiten für das Mastfundament und den Kabelgraben (einfacher Tiefbau)
- Stahlhochbau für den Masten (einfacher Stahlbau)
- Landmaschinenbau für den Kopf, die Steuer-, die Seitenfahne und die Regelung (einfacher Landmaschinenbau, Stahlbau)
- Holztechnik für den Flügelbau (einfacher Bootsbau), und schließlich
- Elektrotechnik und Elektronik für den Generator, die elektrische Heizung, die Regelung und die Meßtechnik.

Hier eine Liste unserer Tätigkeiten:
es wurde gesägt, gemeißelt, gehobelt, gebohrt, gefeilt, mit dem Schneidbrenner getrennt, gedreht, entgratet, geschweißt, gelötet, geschmiedet, geschraubt, verstiftet, geklebt, genagelt, gespachtelt, geschliffen, gestrichen, montiert, angepaßt, angerissen und immer wieder gerechnet und gemessen.

Alle Umform-, Trenn-, Füge- und Beschichtungsarbeiten wurden nur mit elementaren Fachkenntnissen durchgeführt; dabei wurde jeweils überprüft, ob sie auch leicht nachvollziehbar sind. Wir haben hinsichtlich des fachlichen Qualifikationsniveaus immer die Kenntnisse und Fertigkeiten eines Auszubildenden am Ende des zweiten Ausbildungsjahres als Richtlinie genommen.

Aber auch ein handwerklich geübter, nicht speziell ausgebildeter Mensch dürfte beim Bau nicht überfordert sein. Lediglich beim Zusammenbau und der Montage des elektrischen Teils der Anlage und auch beim Schweißen sollte ein geübter Sachkundiger herangezogen werden. Hier ist ein Fehler in seinen Folgen zu riskant für Leib und Leben, als daß in diesen beiden Bereichen ein Übungsfeld für Anfänger geduldet werden kann.

Wir verlassen uns darauf, daß jeder jemanden kennt, der ihm gegebenenfalls hilft. Besonders froh wären wir, wenn -

wie schon manchmal zu beobachten - der Bau eines Windrades Anlaß für kommunikative Freund- und Nachbarschaft geben würde; das käme unseren Vorstellungen von Arbeit, Leben und Freizeit am nächsten.

Die brauchbarsten Fachkenntnisse nützen aber wenig, wenn das Werkzeug fehlt. Was ist ein Reiter ohne Pferd, ein Müller ohne Mühle?

Das Werkzeug

Die meisten Tätigkeiten fallen im metalltechnischen Bereich an. Deshalb möchte ich damit beginnen.

In loser Reihenfolge liste ich zunächst das *Handwerkzeug* auf:

Bandmaß, Maßlineal, Meßschieber, Winkel, Zirkel, Lot, Wasserwaage, Anreißnadel, Körner, Hammer, Meißel, Säge, Schraubstock, Schraubzwingen, Handbohrmaschine, Bohrer (für M16, M20 und 34 mm Durchmesser beim Steuerfahnenscharnier), Feilen, Blechschere, Schraubendreher, Schraubenschlüssel, Drehmoment-Schraubenschlüssel, Seil, Poppnietzange.

An *Maschinen* sollten verfügbar sein:

Metallbügel- oder Kreissäge, Ständerbohrmaschine, Drehmaschine (einfach), Elektroschweißgerät (200 A), Azetylen-Sauerstoff-Schneidbrenner, Handwinkelschleifer, Metallstichsäge (evtl.). Ein Gasschneidbrenner und Bohrer für M20 und 34 mm können entfallen, wenn man diese wenig Zeit kostenden Arbeitsschritte in einer Schlosserei erledigt oder erledigen lassen kann.

Sollen die Flügel aus Holz gebaut werden - wir schlagen das zur Zeit noch vor, obwohl wir intensiv an einer Metallflügelkonzeption arbeiten - benötigt man folgendes *Werkzeug zur Holzbearbeitung*:

Stechbeitel, Schlichthobel, Raubank, Ziehklinge, Winkel, Feinsäge, Raspeln und Feilen, Schleifpapier, eine Stichsäge, eine Hobelbank und einen (Schlangen-)Bohrer von ca. 34-35 mm Durchmesser für die Spantlöcher, durch die der Hauptholm (Rohr) verläuft; Tacker; gut zu gebrauchen sind eine Kreissäge und eine Bandschleifmaschine.

Für die *elektrischen Arbeiten* werden neben dem Grundwerkzeug für die Metallverarbeitung noch isolierte Schraubendreher, eine Abisolierzange, ein Lötkolben, ein Spannungsprüfer und ein Vielfachmeßgerät benötigt.

Die *Erdarbeiten* für das Fundament und den Kabelgraben können je nach Bodenbeschaffenheit unterschiedliches Werkzeug erfordern. Meist reichen Spaten und Spitzhacke aus. Die Eisenarmierung läßt sich mit den Metallbearbeitungswerkzeugen erstellen. Zum Betonieren ist ein Betonmischer sehr praktisch, aber nicht nötig.

Für die *Anstreicharbeiten* benötigt man Drahtbürsten und Schleifpapier zum Reinigen nebst diversen Pinseln und/oder Farbauftragsrollen.

Zum *Aufrichten* ist ein Flaschenzug für ca. 1,5 bis 2 t Hubkraft hilfreich. Für die Montage und Wartungsarbeiten benötigt man unbedingt einen Sicherungsgurt, mit dem man sich an der Gondel oder am Mast anpicken kann.

Wir denken, die Liste ist nun vollständig. Im Metallbereich kommen wir glücklicherweise ohne Fräsmaschine aus. Möglicherweise - und je nach Hersteller verschieden - ist an der Kupplungshälfte für die Rotorwelle eine Keil- oder Paßfederverbindung vorgesehen. Mit Hilfe einer Zylinder- oder Spannstiftverbindung, die für die Scherkräfte ausgelegt sein muß, läßt sich die sonst zu fräsende Wellennut umgehen. Wir sind sicher, daß für die meisten der Leser, die sich ernsthaft mit dem Bau eines Windrades befassen, der Bedarf an Werkzeug keinen Engpaß darstellt. Entweder verfügen sie bereits über die Geräte, oder aber sie finden Mittel und Wege, diese auszuleihen, sie endlich anzuschaffen oder andere um Mithilfe für die wenigen Arbeitsschritte zu bitten, die sie allein nicht bewerkstelligen können.

Das Material

Einem Draht kann man nicht ansehen, ob er überhaupt nicht, einmal oder mehrmals hin- und hergebogen wurde. Es ist äußerlich kaum wahrzunehmen, welchen Festigkeitsansprüchen das Material noch gewachsen ist.

Darum: *Hände weg von Schrott!* Kein Mensch kann bei gebrauchten Stahlteilen unbekannter Herkunft Festigkeitsgarantien übernehmen.

Bei allen Teilen, die Kräfte aufnehmen müssen, warnen wir dringend davor, gebrauchtes Material zu verwenden, wenn nicht zweifelsfrei zu ermitteln ist, welchen Belastungen es ausgesetzt war und inwieweit es deshalb möglicherweise innerlich geschwächt ist. Findet man beispielsweise auf dem Schrottplatz einen für einen Windkonverter geeigneten Gittermast, so ist sorgfältig zu erfragen und zu prüfen, ob dieser für eine weitere Verwendung noch zu gebrauchen ist. Masten vom »Schrott« wird man sowohl beim Abbruch, beim Transport und wahrscheinlich auch beim Abladen wie Schrott behandelt haben. Verbog sich beispielsweise einer der Stiele, weil der Mast beim Hinabwerfen vom Lastwagen auf einen am Boden liegenden Findling fiel, so nützt es nichts, den Winkel mit dem Hammer wieder zu richten. Die ursprünglichen Festigkeitswerte stimmen nicht mehr!

Aber nicht nur deutliche, äußerlich sichtbare Fehler verringern die Festigkeit des Materials. Feine Schwingungen, über eine lange Zeit hinweg wirksam, können das Material ebenfalls nennenswert schwächen. Während man Gußlagergehäuse, wenn sie frei von Rissen sind, problemlos wiederverwenden kann, sind Lager für den Rotor stets zu erneuern, wenn sie bereits gelaufen sind. Das gleiche gilt für Lager in gebrauchten Getrieben und Generatoren. Bei letzteren sind auch - falls vorhanden - der Kollektor zu überprüfen und die Bürsten oder Kohlen zu ersetzen.

Wir plädieren jedenfalls für ungebrauchtes Material. Nur wenn zwingend andere Gründe dafür sprechen, kann bereits verwendetes Material eingesetzt werden, nachdem sorgfältig und gründlich geprüft wurde, ob es fehlerfrei ist. Belastungskennzeichen wie Beulen, Macken und Spuren von Richtungen sind unverkennbare Merkmale von Beanspruchungen, die über den Elastizitätsbereich hinausgingen.

Kurz gesagt, muß man also beim Stahl darauf achten, daß er so gut »wie neu« ist.

Neben verschiedenzölligen Rohren werden noch U-, T-, L- und Flachstahlprofile sowie (verzinktes) Blech) benötigt. Wir haben versucht, bei der Planung die Anzahl der unterschiedlichen Abmessungen möglichst klein zu halten und die Maße der Liefergrößen zum Teil unverändert oder leicht teilbar zu übernehmen. Als Kaufteile benötigt man die beiden kompletten Rotorwellenlager, den Radkranz als Azimutlager am oberen Mastende, das Getriebe und den Generator mit seiner elektrischen Ausrüstung, einzelne Komponenten für die Bremse und als Befestigungselemente Schrauben, -sicherungen, Stifte, Poppnieten und Nägel, Tackerklammern sowie Schweißelektroden.

Das *Holz* für die Flügel darf schon gebraucht sein. Hier geht es in erster Linie um die aerodynamische Kontur und gute Oberflächenbeschaffenheit des Anstrichs. Gut abgelagertes Material für die Nasen- und Endholme ist sogar zu begrüßen - es verzieht sich kaum noch. Für die Holme sollte man Hartholz verwenden, Hagelkörner könnten sonst möglicherweise die Kanten beschädigen.

Für die Beplankung empfehlen wir, wasserfest verleimtes Sperrholz der gleichen Holzart wie bei den Holmen zu verwenden. Es werden sich dann kaum Risse bilden können. Bootsbausperrholz erfüllt diese Anforderungen, es ist vielfach in Mahagoni erhältlich. Für Klebeverbindungen kommt natürlich nur wasserfester Leim infrage.

Metallteile werden je nachdem, ob das Ausgangsmaterial bereits verzinkt ist, mit Zinkgrundierung und anschließendem Deckanstrich oder aber mit anderen bewährten Grundierungen (z.B. kunstharzgebundener Bleimennige) und einem Endanstrich geschützt. Die ersten Flügel haben wir vor 6 Jahren zugunsten einer langen Lebensdauer im norddeutschen Einsatzgebiet mit DD-Schiffslack gestrichen. Er ist mit der Zeit sehr hart geworden und splittert an einigen Stellen. Darum verwenden wir heute einen zweifachen Anstrich mit gutem Kunstharz-Lack.

Der Korrosionsschutz

Im Zusammenhang mit der Statik ist für die Mastkonstruktion ein Korrosionsschutz der Klasse III nach DIN 55928 T.8 vorgeschrieben.

Der Korrosionsschutz war häufig Hauptthema in unserer Arbeitsgruppe - als Parole galt: »Viermal muß der Pinsel kommen!« Wenn die zu streichenden Teile sorgfältig gesäubert waren, strichen wir zweimal mit Rostschutzgrundierung und darüber zweimal mit Kunstharzfarbe. Alle anderen Versuche mußten wir teuer und mit hohem nachträglichen Arbeitsaufwand bezahlen. Bereits nach zwei Jahren, zum Teil schon nach einem, waren überall dort Roststellen erkennbar, wo wir obiges Gebot nicht einhielten.

Bei verzinkten Teilen - z.B. den Flächen für die Steuer- und Seitenfahne - muß der Rahmen auf jeden Fall mit einer Zinkgrundierung vorgestrichen werden, keinesfalls mit Bleimennige! Die Kombination verschiedener Metalle und Schutzanstriche würde sonst wegen der elektrolytischen Korrosion das Gegenteil der Absicht bewirken.

Gestatten es die Umstände, ist es ratsam, für möglichst viele Bauteile verzinktes Rohrmaterial einzusetzen oder die Fertigteile verzinken zu lassen. Bei vorverzinktem Material gibt es jedoch Probleme, wenn man schweißen will. Denn vor dem Schweißen muß an den Schweißstellen die Zinkschicht sorgfältig mit Feile, Schmirgelpapier oder einem Winkelschleifer entfernt werden. Zum einen beeinflussen Zinkoxydeinschlüsse die Festigkeit, und zum anderen sind die Dämpfe von Schwermetallverbindungen hochgiftig. Sie entstehen, wenn während des Schweißens Zink mit angeschmolzen wird.

Beim Zusammenbau der einzelnen Teile empfehlen wir, stets den Farbpinsel mit ins Spiel zu bringen. Jedes angekratzte Bohrloch, jeder feine Spalt wird vom Rost als Schwachstelle erkannt und angegriffen! Hier gilt: wo Farbe ist, kann kein Wasser hin.

Sollten keine verzinkten Schrauben verwendet werden, ist besondere Vorsicht geboten. Hier vergißt man leicht die guten Vorsätze, weil die Montage Spaß macht, schnell gehen soll und man fertig werden möchte. Jede einzelne

Abb. 50
Wenn ein sehr gut erhaltener, fertiger Gittermast bekannter Vergangenheit und überprüfbarer Statik verfügbar ist, eignet er sich gut für Selbstbauer.

5. Das Windrad für Selbstbauer

Schraube muß gründlich mit Farbe bedacht werden, am besten viermal! Als Seefahrt-Erfahrener kann ich nur sagen: es ist leichter, Farbe abzukratzen, um eine Schraubverbindung lösen zu können, als sich mit einer vergammelten, festgerosteten Schraube abmühen zu müssen. Ich habe schon einmal eine ungefähr zehn Jahre alte, der Witterung ausgesetzte Schraubverbindungen gelöst, bei denen der tragende Querschnitt auf ein Drittel weggerostet war, ohne daß man es von außen sehen konnte. Es macht sich also keinesfalls bezahlt, beim Korrosionsschutz Zeit, Arbeit oder Geld sparen zu wollen. Die meisten Anlagen verschleißen nicht mechanisch, sondern sie verrosten!

Abb. 51
Ein in der Halle vormontierter 18 m-Mast für die Kukater-Anlage: inzwischen ist die Mastkonstruktion optimiert worden und braucht nicht mehr so dicht verstrebt zu werden.

5.2 Der mechanische Bereich

Dieses Kapitel ist für den Praktiker geschrieben. Unvermeidlich ist es für den einen zu langatmig und für den anderen zu oberflächlich. Ich will ich versuchen, bei der Darstellung einzelner Details einen Mittelweg zu gehen. Ob mir dieser erste Versuch gelingt, hoffe ich zu erfahren, wenn die ersten Selbstbauer dieser Anleitung folgen, ans Werk gehen und mir über ihre Erfahrungen mit diesem Buch berichten.

Ich beschreibe zwar zuerst den Mast und zuletzt die Steuerfahne, was aber nicht heißen soll, diese Reihenfolge sei beim Bau besonders zweckmäßig oder gar notwendig - Hauptsache, beim Richtfest ist alles beisammen. Wir selbst haben beim Bau der ersten Anlage mit den Steuerfahnen und den Flügeln begonnen. Den Mast bauten wir zuletzt; und erst, als er zusammengeschraubt war, nahmen wir von den drei Fußpunkten eine Schablone ab, die als Maß für die Ankereisen des Fundamentes diente. Da sie bis auf ihre oberen Scharnierenden eingegraben sind, kann man sie aus starken, querschnittsreichen Materialresten zusammenbauen, einbetonieren und miteinander verstreben.

Aber nun alles der Reihe nach; beginnen wir mit dem Mast!

5.2.1 Der Mast

Alles, was die Anlage in 12 m oder - beim höheren Mast - in 18 m Höhe hält, zähle ich zum Mast. Er fängt unten an mit dem Fundament und hört oben mit dem Traglager auf. Wie so oft in der Technik, bieten sich prinzipiell verschiedene Möglichkeiten an, sowohl bei der Materialwahl als auch hinsichtlich seiner Gestaltung (Abb. 50).

Soweit ich mich umschaue, wird in den Industrieländern meistens verzinkter Baustahl als Material gewählt, bei Anlagen ab 100 kW gelegentlich Beton. Aber auch Holzmasten sind durchaus geeignet. In der Nähe der in Fachkreisen durch eine der ersten großen Windenergieanlagen bekannt gewordenen dänischen Stadt Tvind kenne ich seit längerem zwei auf Holzmasten montierte Anlagen. Der eine Mast ist dreistielig und formverleimt, der andere ist röhrenartig achteckig und innen stahlarmiert. Beide Lösungen sind bautechnisch relativ aufwendig. Aber wie wäre es mit folgender Lösung, die ich vor allem für Entwicklungsländer vorschlage: man sägt einen ausgewachsenen Baum in geeigneter Höhe ab und montiert oben eine passende Plattform mit dem Traglager? Möglicherweise hielte eine solcher Stamm jahrzehntelang. Würde er zu sehr schwingen, könnte man ihn mit gut dämpfenden, geflochtenen Seilen aus Naturmaterialien abspannen. Alle Kosten für Fundament und Mast, sowohl für das Material als auch für den Transport entfielen!

Damit würden die Kosten der Gesamtanlage für einen Windgenerator auf die Hälfte und für eine Pumpe - hier ein Gewässer neben dem Baum oder förderungswürdiges Grundwasser unter dem Baum vorausgesetzt - auf ein Viertel sinken. Mir ist nicht bekannt, ob dieser Gedanke bereits irgendwo erprobt und untersucht worden ist. Ich würde es gerne tun.

Die Formen der verzinkten, bislang üblichen Stahlmasten sind sehr unterschiedlich: da gibt es abgespannte Rohre, freistehende, runde oder eckige Rohrmasten mit kontinuierlichen oder stufigen Verjüngungen, drei- oder vierstielige, verschiedenartig ausgestrebte Gittermasten aus Winkel- oder Rohrprofilen. Die technisch und ökonomisch vertretbaren Lösungen liegen offensichtlich dicht beieinander.

Die Fundamente selbst sind zwar unsichtbar, aber dennoch oft aufwendig und kostspielig; Art und Aufwand sind abhängig von der Bodenbeschaffenheit. Hier müssen von Fall zu Fall die örtlich vorliegenden Voraussetzungen erkundet und berücksichtigt werden.

Für die erste KUKATER-Anlage wählten wir in Zusammenarbeit mit dem im Stahlhochbau erfahrenen Ingenieurbüro Dr.-Ing. Cassens in Bremen eine dreistieligen Rohrmast-Konstruktion aus, der durch den Prüfingenieur für

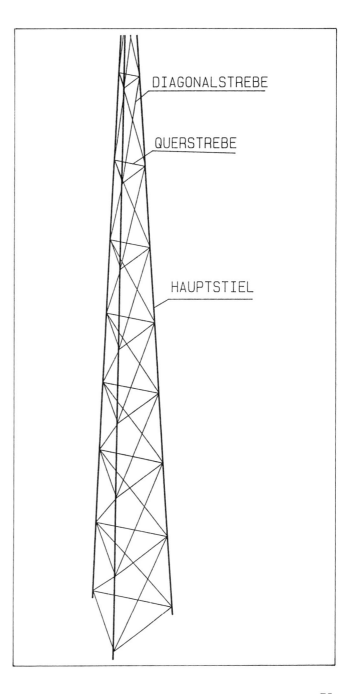

Abb. 52
Die Maststruktur besteht aus zusammengeschraubten Rohrdreiecken - gebildet aus den Hauptstielen, den Diagonal- und den Querstreben. Wenn es für den Transport zweckmäßig ist, braucht kein Einzelteil länger als 3 m zu sein.

5. Das Windrad für Selbstbauer

Baustatik, Dipl.-Ing. Beratender Ing. VBI Helmut Triebold, nachgerechnet wurde.

Durch eine Diplomingenieurarbeit der Herren Michael Schalburg und Martin Bauer modifiziert und durch die Professoren Dipl.-Ing. K. Grabemann und Dr.-Ing. T. Olk überprüft, entstand später das nunmehr vorliegende Mastkonzept mit alternativ 12 m oder 18 m Höhe. Es ist speziell auf die KUKATER-Anlage zugeschnitten und wurde ebenfalls durch das Ingenieurbüro Triebold für Baustatik geprüft (Abb. 51 und 52).

1. Fundament

Aufgabe des Fundamentes ist es, alle Lasten der Windenergieanlage auf den Baugrund zu übertragen; denn die Anlage darf keinen Schaden durch zu große Setzungen und Bodenpressungen, durch Grundbruch, Gleiten oder Kippen erleiden. In den allermeisten Fällen wird der Erbauer eine - wenn nötig - frostfrei aufgebaute Flächengründung wählen. Bei ihr werden die Lasten im wesentlichen über eine horizontale Fläche in den Boden eingeleitet. Hat der Boden nur eine geringe Tragfähigkeit, verbreitert man die Fläche der Sohlplatte, um den zulässigen Wert für die Bodenpressung nicht zu überschreiten.

Von dieser Sohlfläche aus müssen drei ausreichend knick- und biegesteife, sowie korrosionsbeständige Stützen 20 cm über das äußere, auf die Sohlplatte geschüttete Erdreich hinausragen. Bei Betonfundamenten empfehle ich einen sechseckigen Graben genügend tief und breit auszuheben. Die so entstehende Form für eine (fast) ringförmige Platte ist bis in die drei Fundamentanker, die später den Mastfuß aufnehmen, hinein ausreichend mit Betonstahl (IV S) (DIN 488) zu verstreben und mit Beton (B25 - Unterbeton B10) zu verfüllen. Die auf den Betonring im Graben aufzufüllende Erde mit einer Dichte von z.B. 1500 kg/m³ erhöht die Standfestigkeit der Windkraftanlage ganz erheblich (vgl. Abb. 53).

Noch stärker als das Betonfundament ist das Schwellenfundament auf das aufgeschüttete Erdreich angewiesen. Selbst auf moorigen Untergründen bewährt es sich. Es besteht aus drei Platten ausreichender Größe, die aus einzelnen, mit

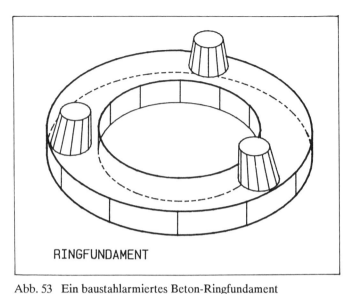

Abb. 53 Ein baustahlarmiertes Beton-Ringfundament

Ist an der Baustelle Beton und Armierungsstahl verfügbar, ist ein solches Fundament sicherlich die eleganteste und dauerhafteste Lösung. Der Ring liegt 1 m tief in der Erde, die 3 Säulen nehmen die Fußscharniere für den Mast auf.

Abb. 54 Aufbau eines transportablen Schwellenfundaments

Drei aus Bohlen zusammengeschraubte Platten sind mit der Fundamentstruktur des Mastes verbunden. Damit die im feuchten Erdreich liegende Fundamentstruktur nicht verrottet, muß sie hinreichend und dauerhaft geschützt werden.

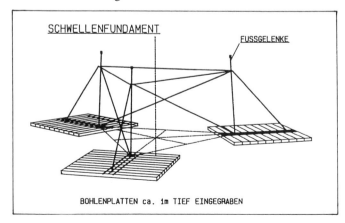

Abb. 55
Eine Betonstahlarmierung von 5 m Durchmesser für ein Ringfundament.

Für den Kukater-Standardmast fällt die innere Struktur, bestehend aus den 4 Speichen und dem inneren Ring, weg; dafür müssen am Umfang Körbe für die 3 Fundamentscharniere eingearbeitet werden.

Trägern verschraubten Holzschwellen zusammengesetzt sind. Von diesen Trägern aus führen korrosionsgeschützte Fundamentanker gut abgestrebt nach oben. Soll die Anlage ohne Kran mit Hilfe einer Stellschere (eines »Jütbaums«) errichtet werden, kann durch quer an die Abstrebungen geschraubte Bohlen verhindert werden, daß das Fundament seitlich gleitet, wenn der Mast aufgerichtet wird (vgl. Abb. 55). Die großen Flächen der Bohlenroste und der auf ihnen liegende Aushub garantieren eine gute Standsicherheit auch auf nassem Untergrund.

2. Stiele und Streben

Die drei aus dem Boden herausragenden Fundamentanker sind die Befestigungspunkte für die drei Hauptstiele des Mastes. Diese Befestigungspunkte sind als Scharniere aufgebaut: jeder Fundamentanker endet in zwei Scharnierlaschen, zwischen die jeweils das untere Ende der drei Rohrstiele als Gegenlasche eingesteckt wird; mit Hilfe einer Paßschraube oder eines 20 mm dicken Bolzens sind die 3 Laschen drehbar miteinander verbunden. Damit der Mast in zwei Scharnieren gekippt werden kann, müssen alle drei Bolzen parallel zueinander angeordnet sein; die beiden, um die der Mast aufgerichtet wird, müssen sogar miteinander fluchten (Abb. 56).

Die unteren Teile des Mastes, wir nennen sie Fußstiele, sind zwischen Scharnierlasche und Flansch nur ca. 20 cm lang und nicht miteinander verstrebt. Sollte der Mast nicht ganz gerade stehen, kann man zwischen die unteren Flanschpaare Ausgleichsscheiben schrauben.

Damit die einzelnen Mastteile gut auch zu Fuß transportiert werden können, haben wir die Länge der Stiele auf 3 m festgelegt. Das entspricht der Hälfte der allgemeinen Lieferlänge von 6 m. Bestehen keine besonderen Transportprobleme, kann man die Rohre selbstverständlich auch 6 m lang lassen und spart Material und Arbeit für die Flanschverbindungen. Für die Flansche selbst wählten wir breiten Flachstahl, den wir quadratisch abängten. Die Bohrungen für die HV-Verbindungen legten wir in die Ecken. Problematisch hinsichtlich der Festigkeit sind die quer zur Rohrrichtung umlaufenden Schweißnähte, mit denen die Flansche angeschweißt sind. Obwohl vom Statiker nicht vorgeschrieben, entlasteten wir diese Verbindung, indem wir zusätzlich mindestens zwei Knotenbleche zwischen Flansch und Rohr verschweißten.

Vor dem Anschweißen der Flansche verschraubten wir sie vorläufig mit einem Gegenflansch, damit sie sich nicht allzu stark verziehen. Die kleinen Knotenbleche zwischen Rohrstiel und Flansch dürfen auf keinen Fall bereits dann angebracht werden, wenn die Flansche noch nicht ausreichend plan sind. Zur Zeit untersuchen wir, ob man die aufwendigen Flanschverbindungen nicht durch einfachere Steckver-

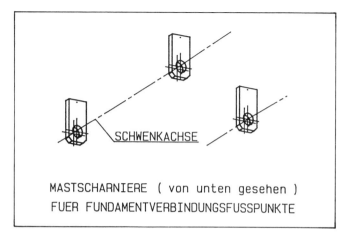

Abb. 56 a: Die Bolzenachsen der Mastfußscharniere müssen parallel angeordnet sein. Die beiden Bolzen, um die der Mast beim Aufrichten geschwenkt wird, müssen darüberhinaus sogar fluchten!

Abb. 56 b Detail: Mastfuß mit Scharnier

Tabelle 7 HV-Verbindungen ▶

Alle Schraubverbindungen der KUKATER Anlage sind HV-Verbindungen. Bei ihnen wirkt die durch ein bestimmtes Drehmoment beim Festziehen erzeugte Klemmkraft und preßt die miteinander verschraubten Oberflächen stark zusammen. Diese Haftreibungskräfte müssen die Belastungen der Verschraubung aufnehmen. Ein Drehmomentschlüssel ist also unbedingt erforderlich.

bindungen ersetzen kann.

Verzinktes Material muß an den Schweißstellen zunächst sorgfältig von der Zinkschicht befreit werden. Nachdem wir alle Stiele mit Flanschen versehen hatten, rissen wir auf einem planen Boden eine Mastseite komplett auf.

Die drei Hauptstiele sind untereinander mit Quer- und Diagonalstreben verbunden. Die Streben werden mit an den Hauptstielen verschweißten Knotenblechen verschraubt (vgl. Abb. 57). Die Abbildungen des Mastes hier in diesem Buch sind - ebenso wie viele anderen Darstellungen und Fotos - nicht maßstäblich und auch nicht immer auf dem neuesten Stand. Sie können daher nicht als Vorbild für die statische Dimensionierung dienen.

Um die Knotenbleche für die Quer- und Diagonalstreben

Was sind HV-Verbindungen?

HV-Verbindungen sind Schraubverbindungen, die mit einem aus Tabellen ablesbaren Drehmoment festgezogen werden müssen. Die Klemmkraft muß - wie bei einem Schraubstock - so groß sein, daß die Reibungskräfte der zusammengeschraubten Flächen die gesamte Belastung aufnehmen. Der Schraubenschaft selbst darf dabei nie "auf Abscherung" beansprucht werden, wenn die Belastung senkrecht zur Schraubrichtung wirkt. Für alle Schraubverbindungen der KUKATER-Anlage verwenden wir HV-Schrauben.

In der Tabelle sind die wichtigsten Vorspannkräfte und Anziehmomente aufgeführt.

Gewinde-bezeichnung	Festigkeits-klasse der Schrauben	max. Vorspannkraft in kN	max. Anzieh-moment in Nm
M 10	8.8	26	50
M 12	8.8	38	87
M 16	8.8	71	220
M 20	8.8	114	430

Schrauben leicht geölt, Gleitreibungszahl: ca. 0,15

richtig positionieren zu können, bauen wir für sie eine spezielle Anlegevorrichtung. Für den Schweißanschluß erlaubt der Prüfstatiker Schweißkehlnähte mit einer Mindestdicke von a = 3 mm ohne Nachweis. Da die Knotenbleche relativ einseitig um 60° versetzt an die Rohrstiele geschweißt werden, muß man darauf achten, daß sich das Rohr möglichst wenig verzieht; wir selbst mußten an einigen Stellen nach den Schweißen etwas richten. Gemäß DIN 6914, Abs. 5.1.4.4 sind Verbindungen mit jeweils nur einer Schraube pro Anschlußende zulässig. Alternativ ist entweder eine Paßschraubenverbindung (M12, DIN 7168, Güte 4.6 reicht aus) oder ein HV-Anschluß (Schrauben M12 nach DIN 6914, *Güte mindestens 8.8, besser 10.9*) mit einer Vorspannkraft von 38 kN möglich. Wir wählten wegen des größeren Spielraumes die HV-Verbindung mit jeweils 13 mm großen Bohrungen. Leicht geölt benötigten die 8.8er Schrauben für die richtige Vorspannkraft ein Anzugmoment von 87 Nm.
Alle Muttern sind gemäß DIN 4131 ausreichend zu sichern. Sind die Knotenbleche geheftet, angeschweißt und gebohrt, lassen sich die genauen Maße der Lochabstände für die einzelnen Streben leicht am Objekt selbst ermitteln. Zweckmäßigerweise fertigt man aus naheliegenden Gründen immer jeweils drei gleiche Teile – für jede Seite eins. Sind die Quer- und Diagonalstreben verzinkt, preßt man deren Enden sorgfältig kalt zusammen. Sind die Rohre »schwarz«, kann man sie mit einer Sauerstoff-Azetylenflamme oder in einem Schmiedefeuer erwärmen, bevor man sie zusammendrückt; scharfkantige und unsymmetrische Übergänge sind dabei zu vermeiden.

Damit die Rohre innen nicht rosten, haben wir die Quetschkanten zugeschweißt oder mit Farbe luftdicht verschlossen. Liegt nun der Mast fertig verschraubt am Boden, muß man ihn am oberen Ende etwas anheben, um auch noch das »Kopfdreibein« anbringen zu können. Dieses Bauteil von rund einem Meter Höhe will ich im folgenden gesondert behandeln.

Abb. 57
Die Längsstiele des Mastes (hier noch mit arbeitsaufwendigen Scheibenflanschen und ohne Verstärkungsbleche); die Diagonal- und Querstreben sind an den Enden zusammengequetscht und mit den Knotenblechen an den Längsstielen verschraubt.

5. Das Windrad für Selbstbauer

Abb. 58
Ein Dreibein am Mastkopf mit bereits vormontiertem Drehkranz und dem Gondelrahmen Hier fehlt noch der versteifende Flacheisenring.

3. Mastkopf

Das Kopfdreibein bildet den oberen Abschluß des Mastes. Um die obere, 10 mm dicke Abschlußplatte sicher mit den Enden der drei Masthauptstiele zu verbinden, haben wir jeweils neben der Rundnaht um das auf Gehrung geschnittene Rohr mittig einen Binder und seitlich zwei Knotenbleche angeschweißt (Abb. 58). Ein stabiler Flacheisenring, vor dieser Arbeit zusätzlich um die Abschlußplatte geschweißt, verhindert ein allzu starkes Verziehen dieser Platte beim Schweißen.

Zum Feststellen der Gondel befinden sich in dem Ring drei Bohrungen; von oben her um den Ring herum greift - an den Gondelrahmen geschraubt - eine Sicherheitskralle. Mit Hilfe eines Bolzens, den man durch die Kralle und den Ring stecken und sichern kann, läßt sich die Gondel dadurch in drei Positionen arretieren. Das ist wichtig, wenn man die Anlage aufbaut oder wartet. Damit der Bolzen nicht verloren geht, bekommt er oben im Bereich des Mastkopfes einen besonderen »Parkplatz«.

Erst als wir den Kopf mit dem Rest des Mastes verschraubt hatten, konnten wir die genauen Maße für den Bohrungsabstand der letzten drei Diagonalstreben ermitteln. Sie enden ca. 50 cm unterhalb der Abschlußplatte. Wenn alles stimmt, müßte in dieser Phase die Ebene der Platte genau parallel zur gedachten Ebene liegen, die die drei Fußpunkte aufspannen. Da man das aber nur unzureichend ausmessen kann, bleibt zunächst die Kontrolle, ob alle drei Stiele zusammengeschraubt wirklich gleich lang sind. Mehr als 1 mm Toleranz sollte der Erbauer bereits beim Anreißen, Bohren und Anschweißen der Knotenbleche sowie bei den Lochabständen der Streben vermeiden. Da der Mast liegend montiert wird und bei den HV-Verschraubungen für M12 er Schrauben 13 mm Bohrungen möglich sind, wird die Schwerkraft bei den beiden aufgerichteten Gitterflächen einseitig wirken und alle Schrauben unten »aufliegen« lassen.

4. Traglager

Auf die Abschlußplatte wird das Traglager geschraubt. Wir haben dafür einen Kugeldrehkranz ausgewählt; er nimmt alle durch den Betrieb anfallenden Axial-, Radial- und Momentenkräfte auf. Unser Drehkranz besteht aus zwei winkeligen Stahlringen. In den senkrechten Flanken befinden sich die Laufbahnen, die mit Wälzlagerkugeln bestückt sind. Die beiden anderen Flanken der Ringe, von denen die eine nach innen, die andere nach außen weist, bilden die Flansche (vgl. Abb. 59).

Für die KUKATER 7 m-Anlage wählten wir einen Drehkranz mit 500 mm Außendurchmesser. Nach Werksangaben genügt das. Wer ganz sicher gehen will oder eine wesentlich schwerere Anlage bauen möchte, sollte einen größeren Durchmesser wählen.

Mit Hilfe von je zwölf M12 Schrauben der Mindestqualität 8.8 (DIN 267) und einem Drehmoment von 77,5 Nm wird der untere Flansch auf die Abschlußplatte des Mastkopfes und der obere mit dem Gondelrahmen kreuzweise verschraubt. Hierfür müssen vorher ebene Auflagen geschaffen werden. Ober- und Unterring müssen, bevor die Schrauben angezogen werden, »satt« aufliegen; ob das eingehalten wird, ist mit einem Spion überprüfbar. Schweißperlen, Grate, Farbunebenheiten oder gar Späne sind sorgfältig zu entfernen. Die dann verbleibenden Spalte müssen großflächig unterfüttert oder mit geeignetem, aushärtendem Material ausgegossen werden. So füllt z.B. ein pastöser Wulst aus aushärtendem Epoxydharz die Zwischenräume. Damit das Lager später einmal demontiert werden kann, legt man vorher je eine Trennfolie zwischen die Abschlußplatte und den unteren Lagerring sowie zwischen Gondelrahmen und den oberen Lagerring. Während das Füllmittel aushärtet, muß das Lager gleichmäßig belastet werden.

Der obere Lagerring hat Schmiernippel. Damit sie gut zugänglich sind, muß der Ring in der richtigen Stellung verschraubt werden. Als Schmiermittel sind säurefreie, nichtharzende, wasserabweisende und alterungsbeständige lithiumhaltige Fette mit befriedigendem Temperaturverhalten auszuwählen. Ein Fettkragen, der am ganzen Umfang sichtbar ist, signalisiert die notwendige gleichmäßige Verteilung. Bei jedem Inspektionsaufstieg empfiehlt es sich, die Fettpresse mitzunehmen und etwas Fett nachzudrücken.

5. Aufstieg

Als »alter« Segler, der sich im Urlaub seit über 20 Jahren am liebsten vom Wind vorantreiben läßt und dabei häufig in Häfen und auch auf See an glatten, fast 20 m hohen Aluminiummasten mit Hilfe von millimeterdünnen Stahlseilen hochgekurbelt wurde, ist es für mich bislang nie ein Problem gewesen, auf Windenergieanlagen zu steigen. Wenn jemand körperlich gesund und schwindelfrei ist, müßte er es meines Erachtens auch können, besonders dann, wenn er eine solche Anlage aufbaut und betreibt.

Nach DIN 4131 (Antennentragwerke aus Stahl) kann eine Sicherheitseinrichtung an Aufstiegsstellen entfallen, »... bis etwa 40 m Höhe (auch bei Außenbesteigung), wenn diese zu Wartungs- und Pflegezwecken nur sehr selten und nur von im Besteigen geübten Personen begangen werden.«

Den Berufsgenossenschaften genügt es also, wenn für Fachpersonal ein einfacher Stufenaufstieg vorhanden ist. Dieser beginnt zweckmäßigerweise in 3 m Höhe, um Mißbrauch zu erschweren. Der Betreiber muß, um diese Anfangshöhe zu überbrücken, eine entfernbare Leiter anle-

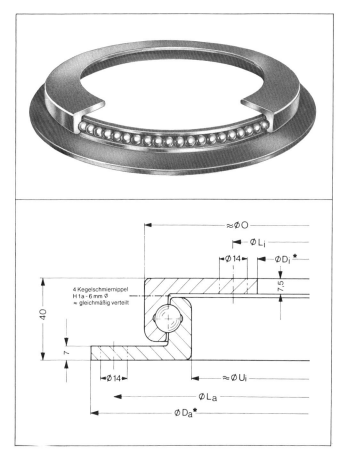

Abb. 59 Kugeldrehkranz als Traglager
Das Traglager verbindet den Mastkopf mit der Gondel; es muß spannungsfrei verschraubt werden. Wer hier ein altes Gebrauchtteil verwendet, kann sich viel Ärger einhandeln.

gen. Die für Krane und Krantragwerke vorgeschriebene Belastungsauslegung von Laufstegen und Treppen, die selten und ohne Traglast begangen werden, beträgt 150 kg. Davon gingen wir aus, als wir die Tritte dimensionierten. Wir schweißten sie einzeln wechselseitig mit Längsnähten an einen der drei Hauptstiele (Abb. 60), nachdem wir sie vorher aus 6 mm dicken Flachstahlstücken geformt hatten.

Abb. 60 Die Tritte für den Aufstieg
In der neuen Version biegen wir sie aus einem Stück und verschweißen sie mit kuzen Längsnähten am Mast. Bei verzinkten Rohren - wie hier auf dem Bild - sind besondere Schutzmaßnahmen erforderlich.

Damit man seitlich nicht abrutscht, kanteten wir die äußeren Enden 20 mm hoch.
Möchte ein Betreiber die Sicherheit beim Aufstieg erhöhen, schlage ich zwei Möglichkeiten vor, von denen die erste einfach und billig ist. Sie setzt allerdings mindestens zwei Personen voraus: eine, die aufsteigt und eine, die hilft. Die Vorrichtung ist einfach und überschaubar. Oben, über dem letzten Steigbügel wird ein kleines Augeisen festgeschweißt, in das eine Umlenkrolle geschäkelt wird. Normalerweise befindet sich oben, von unten aus festgezurrt, ein Karabinerhaken mit einem Gewicht, von dem aus über den Block (die Umlenkrolle) eine genügend starke Leine nach unten führt. Dort wird, wenn der Mast bestiegen werden soll, noch einmal eine Leine mit Mastlänge angesteckt. Aufgabe des Gewichts ist es, die angeknüpfte Leine heraufzuziehen. Darum muß es entsprechend schwer sein. Für den Aufstieg läßt man das Gewicht mit dem Karabinerhaken herab. Der Besteiger klinkt sich ein, und während des Aufstiegs holt der unten bleibende Helfer ständig die Leine über die Umlenkrolle dicht. Zur Sicherheit führt er sie über einen Sperrblock oder eine Curryklemme. Sollte etwas passieren, ist der Aufsteiger gesichert und kann nicht herabfallen. Im Extremfall kann man ihn unmittelbar abseilen.
Das Zubehör ist bei jedem Schiffsausrüster erhältlich und nicht teurer als DM 100,-. Ganz Ängstliche können das Seil auch mit Hilfe der später in Abschnitt 5.2.4 beschriebenen Winde sichern.
Die zweite Lösung erfordert nur eine Person, ist aber relativ zur ersten teuer: einige Firmen bieten Spezialschienen oder Seile mit besonderen Haken an, die sich im Ernstfall verklemmen und einen Absturz verhindern sollen. Unter 1000 DM ist keines der mir bekannten Systeme zu haben.

6. Montagekran

Oben angekommen, gibt es am Kopf der Anlage meist einiges zu erledigen. Manchmal müssen Teile hinabgelassen oder heraufgeholt werden. Dabei bildet der gesamte Rotor nebst Nabe, Stützsechseck und Welle mit ca. 100 kg die größte Masse, die auf einmal bewegt werden könnte. Will man eine Last direkt vom Boden lotrecht hinaufziehen, muß der Kranausleger für den 18 m hohen Masten mindestens 1,20 m, für den 12 m hohen mindestens 1 m lang sein. Dabei nehme ich als Bodennullpunkt einen Ort genau zwischen zwei Hauptstielen an. Damit die Teile sich beim Hochziehen nicht verdrehen und gegen den Mast schlagen, kann ein Helfer mit einer Sorgleine den nötigen Abstand halten.
Seinen Arbeitsort hat der Montagekran hinten an der Querfahneneicke des Gondelrahmens. Dort befinden sich zwei angeschweißte Hülsen, in denen das senkrechte Rohr des Kranes geführt wird. Eine Druckplatte unter der unteren Hülse nimmt die senkrecht wirkenden Kräfte des Rohres auf. Wenn ein Gegenstand entweder direkt, über einen Flaschenzug oder mit Hilfe einer Winde (vgl. Abb. 99) heraufgezogen wird, müssen er und der gesamte Gondelrahmen arretiert werden, damit das System nicht unkontrolliert verschwenken kann.
Der Montagekran selbst gleicht einem abgestrebten Galgen. Er wiegt nicht mehr als 150 N (ca. 15 kg) und muß, wenn er benötigt wird, vom Monteur zunächst »Hand über

Hand« heraufgezogen werden. Der Monteur ist dabei selbstverständlich oben an der Anlage mit einem Gurt gesichert. Wir umwickelten die Ecken des Galgens vorher mit Lumpen, um den Farbanstrich als Korrosionsschutz nicht unnötig zu verletzen. Steckt der Galgen, führt man eine Laufrolle über den Anschlag auf den waagerechten Ausleger. An ihr befindet sich unten das Auge für die Lastrolle. So können die Lasten an dem Arm bedarfsgerecht positioniert werden.

Kleinere Werkzeuge und die Fettpresse lassen sich leicht in einem Holzkorb oder einem Plastikbehälter hinaufziehen. Der Kran ist dafür nicht erforderlich. Wen es nicht stört, der kann den Galgen auch längere Zeit oben lassen. Es ist dann jedoch zweckmäßig, ihn parallel zum Regelgewichtsarm festzusetzen, damit er nicht unnötig herumpendelt.

Abb. 61
Eine der drei kleinen, aber ausreichend großen Trittflächen der Arbeitsbühne oben am Mastkopf. Hier ist die Trittfläche mit den Stielen verschraubt. Wenn keine großen Transport- oder Gewichtsprobleme entstehen, ist es einfacher, sie direkt anzuschweißen.

Abb. 62
Wenn es der Transport zuläßt, können die Plattformen der Arbeitsbühne direkt an die Maststiele geschweißt werden. Im Hintergrund ein kleineres Modell der KUKATER Anlage für wissenschaftliche Meßzwecke.

5. Das Windrad für Selbstbauer

7. Arbeitsbühne

So schön der Ausblick von der Spitze einer Windenergieanlage auch sein mag, meist wird sie bestiegen, um etwas zu montieren oder sie zu warten.

Aber selbst wenn man nur in die Ferne blickt, geschweige denn, wenn man oben arbeiten will, ist es erforderlich, die Füße sicher plazieren zu können. Ein sicherer Standpunkt allein reicht nicht aus: darüber hinaus muß der Besteiger seinen Gurt, der ihn möglicherweise schon sicherte, während er aufstieg, oben anschlagen. Selbstverständlich hat er zunächst mit Hilfe des oben beschriebenen Bolzens die Gondel arretiert. Anderenfalls besteht die Gefahr, unversehens bei einer Windrichtungsänderung vom Gondelrahmen mit herumgenommen zu werden, weil der Gurt an ihm eingehakt ist.

Die Arbeitsbühne besteht aus drei kleinen Trittflächen aus Winkel- und T-Stahl. Ihre Ränder sind jeweils hochgezogen, damit die Schuhe nicht über sie hinausrutschen können (Abb. 61). Nach unten werden die Trittflächen zu den Stielen hin abgestrebt. Entweder kann man sie an vorher an die Hauptstiele geschweißte Laschen anschrauben oder man verschweißt sie direkt mit dem Mastkopf. Letztes ist einfacher, macht den Mastkopf jedoch schwerer und sperriger für den Transport (Abb. 62).

Uns erschien als beste Installationshöhe für die Trittflächen ein Abstand von ca. 70 cm unterhalb des Lagerkranzes. Bei durchschnittlicher Körpergröße kann man von diesen Standpunkten aus gut am Kopf arbeiten. Die obersten Quer- und Diagonalstreben des Mastes beginnen bereits in 0,5 m Abstand, liegen also höher.

5.2.2 Die Gondel

Die Gondel ist das zentrale Bauteil eines Windkonverters der KUKATER Bauart. Hier befinden sich, unter einer Verkleidung geschützt, Getriebe, Generator und Feststellbremse. Nach vorn, in Richtung auf den Rotor zu, sind die beiden Stehlager für die Rotorwelle verschraubt (Abb. 63). Die Gondel selbst ist über 12 Schrauben am Traglager angeflanscht; an ihrer Seite sind einerseits die Querfahne und andererseits der Arm für das Regelgewicht montiert und hinten an der Gondel befinden sich die Scharniere für die große Steuerfahne (Abb. 64).

Nachdem ich nun vorne, hinten, rechts, links und unten aufgezählt habe, fehlt noch oben: oben, das heißt über der Gondel, befindet sich im Normalfall die Abdeckung. Bei der Endmontage und wenn etwas ausgewechselt werden muß, also möglichst selten, läßt sich der Montagekran über die Gondel schwenken. Er wird bei Bedarf von Hand den Mast heraufgezogen und oben in seine Halterung an der Gondel gesteckt.

Selbst abgespeckt, das heißt ohne jedes an ihr zu befestigende Bauteil, ist die Gondel das schwerste Einzelstück der Anlage. Aber über einen Tragbaum, der auf den Schultern von zwei oder vier Männer liegt, läßt sie sich auch auf unwegsamem Gelände transportieren.

Abb. 63
Wesentliche Bauteile, die in die Gondel gehören, sind hier auf einem Versuchsträger zu sehen: Getriebe, Dauermagnet-Generator, zwei Y-Stehlagereinheiten, die Welle mit dem Nabenkegel vorn und die beiden Kupplungen.

Zuerst möchte ich mich dem Gondelrahmen zuwenden. Er ist neben den Rotorflügeln zweifellos das komplexeste Bauteil der Anlage - ein Stück für Stahlbauer!

1. Gondelrahmen

Der Gondelrahmen muß die statischen, konstruktiv bedingten und die dynamischen, durch Wind verursachten Kräfte und Momente aufnehmen. Ein Teil der Energie wird dabei in elektrischen Strom verwandelt und ein anderer Kraftanteil über das Traglager in den Mastkopf eingeleitet. Um von der Festigkeit her möglichst sicher zu gehen, wählten wir - ohne dabei auf eine Gewichtsoptimierung zu achten - für den Grundrahmen und den Scharnierträger stabiles, handelsübliches U-Profil aus. Die dafür benötigte Länge bleibt unter 6 m, einer in Deutschland üblichen Lieferlänge. Darüber hinaus benötigten wir für den Aufbau nur noch verschiedene Flachstähle für die Diagonalstreben, den Bodenflansch, den Scharnierträger und die Seitenverstärkungsbleche für den Rahmen.

Das gesamte Bauteil »Gondelrahmen« besteht aus drei Einzelteilen: dem Grundrahmen und den beiden Scharnierträgern. Letztere können, wenn man die oberen Befestigungsschrauben wegnimmt und die beiden seitlichen löst, zur einfachen Montage der Steuerfahne nach hinten hinab an den Mast geklappt werden. Fest zusammengeschraubt bilden der untere Scharnierträger und der Gondelrahmen ein Bauteil mit hoher Verwindungssteifigkeit.

Hier wird ein weiterer Vorteil des KUKATER Prinzips deutlich: ob der Gondelrahmen Basis für einen Stromgenerator, einen Wasserpumpenexzenter oder für ein Z-Getriebe (Umlenkgetriebe) mit einer rotierenden Welle den Mast hinab ist, der Grundaufbau bleibt völlig gleich. Die obere Basis des U-Profils bietet zwischen dem Ende der Rotorwelle und dem Scharnierträger reichlich Platz, um alle erforderlichen Bauteile gut zu plazieren, zu montieren und zu befestigen.

Das eigentliche Scharnier für die Steuerfahne befindet sich hinten an den Scharnierträgern. An ihnen sind oben und unten jeweils zwei dicke Flacheisen als Scharniere mit Löchern für die Gleitlagerbuchsen geschweißt. In diesen

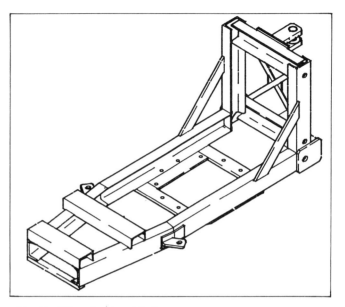

Abb. 64 Skizze des Gondelrahmens
Die beiden vorderen Quertraversen aus U-Profil nehmen die Traglager für die Rotorwelle auf, hinten werden die Steuerfahnen und der Regelgewichtsarm festgeschraubt.

Buchsen bewegen sich die stark dimensionierten Bolzen des Steuerfahnenarmes.

Der obere und der untere Augbolzen müssen genau fluchten. Wir haben deshalb beim Verschweißen der Teile einen langen Hilfsbolzen durch alle vier Scharnierlöcher gesteckt (vgl. Kap. 5.2.4). Wenn man die Steuerfahne montiert, kann man sie mit Hilfe der oberen Schrauben ggf. mit passenden Distanzscheiben genau waagerecht ausrichten und danach die beiden seitlich unten angeordneten festziehen. Nachdem wir die Einzelteile zugeschnitten hatten, hefteten, richteten und verschweißten wir sie ohne große Mühe miteinander. Wir benutzten dazu einen leistungsfähigen Schweißtransformator und umhüllte Stabelektroden. Schutzgasgeschweißte Nähte mit einem Elektrodendraht von nur 1 mm Stärke erwiesen sich als völlig unbrauchbar, um solche dicken Profile zu verschweißen. Die Wärme reichte bei diesem Verfahren nicht aus, um das Grundma-

5. Das Windrad für Selbstbauer

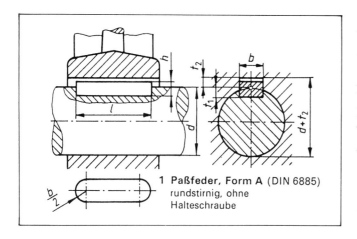

Abb. 65
Klassische Verbindung einer Kupplung oder Nabe mit einer Welle: die Paßfederverbindung nach DIN 6885 (Formschluß)

Abb. 66
Bei der Kegelpassung erzeugt eine verhältnismäßig kleine Spannkraft eine große Zusammenhaltekraft zwischen Welle und Nabe (Kraft- oder Reibschluß)

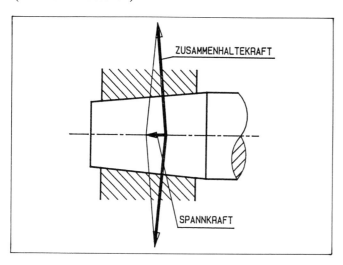

terial und den Walzzunder genügend aufzuschmelzen. Als wir mit dieser Methode geschweißte Proben in der Zerreißmaschine prüften, erzielten wir keine zufriedenstellenden Werte.

Auf eine Besonderheit möchte ich noch hinweisen: bei der Verschraubung des Gondelrahmens mit der oberen Flanschplatte und mit dem oberen Reifen des Kopflagers werden vier von den zwölf Schrauben durch das U-Profil geführt. Da die Innenseiten der Profilschenkel gegenüber der äußeren Kontur in der Regel eine Neigung von 8% haben, sind - um diese Neigung auszugleichen - entweder genormte oder selbstgefertigte Ausgleichselemente mit zu verschrauben.

2. Rotorwelle

Eine zu schwach dimensionierte Rotorwelle kann die Arbeit vieler Stunden jäh zunichte machen. Vielen Selbstbauern bereitet es Schwierigkeiten, einzusehen, warum z.B. eine Pkw-Hinterachse, die doch immerhin 50 kW Leistung vom Getriebe auf die Straße übertragen muß, bereits für ein 5 kW-Windrad viel zu schwach sein dürfte.

Das in der Regel recht große Massenträgheitsmoment des Rotors und die relativ geringe Drehzahl, bei der die Windleistung gewonnen wird, bringen hohe Drehmomente auf die Welle und geben Anlaß für derartige Fehleinschätzungen. Wird das normal drehende Windrad schnell abgebremst, müssen die Bauteile sogar ein Vielfaches der normalen Betriebsleistung aushalten. Wenn die Bremse direkt auf der Rotorwelle installiert ist, wird nur die Welle selbst stark belastet. Ist sie jedoch - vom Rotor aus gesehen - hinter dem Getriebe angeordnet, werden zusätzlich auch noch die Kupplung und die Zahnräder beansprucht. Wegen der höheren Drehzahl und des kleineren Drehmomentes an dieser Stelle befindet sich die Bremse aber trotzdem meist hinter dem Getriebe.

Weil sie so konstruiert sind, verstärken manche Bremsen während des Eingriffs die Bremskraft selbsttätig. Ich habe eine 80 mm dicke, durch Torsion abgewürgte Welle gesehen, deren Rotor durch eine solche Bandbremse unkontrolliert und zu schnell abgebremst wurde. Um nun den erforderlichen Wellendurchmesser einigermaßen angeben zu können, läßt sich für einen Mittelschnelläufer mit der Schnellaufzahl 3 folgendes sagen:

Der Wellendurchmesser sollte denjenigen Zahlenwert in mm haben, den der Rotor in Dezimetern hat. Dabei beziehe ich mich auf ein Material der Stahlsorte St 52-3.

Ein Material höherer Festigkeit oder größerer Schnellaufzahl gestattet einen kleineren, ein Werkstoff geringerer Festigkeit oder eine geringere Schnellaufzahl erfordern einen größeren Rotorwellendurchmesser; dabei dürfen nennenswerte Einstiche wegen der dann auftretenden Kerbwirkung das Material nicht erheblich schwächen.

Wegen unseres Anspruchs, beim Bau des KUKATER Windrades auf eine Fräsmaschine zu verzichten, kann es Festigkeitsprobleme bei der Drehmomentübertragung zwischen Kupplung und Welle geben. Üblicherweise wird das Moment mit einer Paßfeder (nach DIN 6885) übertragen. Dieses Bauteil - eine im Prinzip viereckige kleine Säule aus Stahl - liegt zur einen Hälfte in einer längs zur Wellenrichtung eingefrästen Nut der Welle und zur anderen Hälfte in einer entsprechenden Nut der Kupplungshälfte (Abb. 65). Besteht also keine Möglichkeit, in die Welle eine Nut zu fräsen, gibt es drei »fräsmaschinenfreie« Alternativen:

- Ebenso wie bei der Befestigung der Rotornabe kann die Verbindung mit der Welle *kraftschlüssig* mit Hilfe einer Kegelpassung (Abb. 66) erfolgen.
- Eine Variante dazu ist die Verbindung *mit Hilfe von Spannringen* (Abb.67).
- Die dritte Möglichkeit, die Kupplung auf einfache Weise mit der Welle zu verbinden, ist die *Verwendung von (Paß-) Zylinderstiften* (z.B. nach DIN 6325). Hierbei sollte man für die Welle jedoch möglichst Stahlmaterial der Qualität St 60 auswählen. Dann können z.B. 3 Stifte mit einem Durchmesser von max. 20% des Wellendurchmessers mit ihren Achsen um jeweils 60° gegeneinander versetzt, senkrecht durch den Kupplungszylinder und die Rotorwelle getrieben werden (Abb. 68).

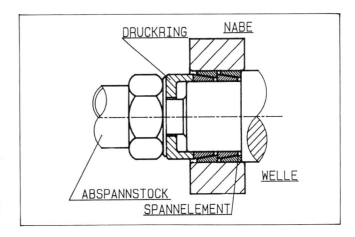

Abb. 67
Spannringpaare werden zwischen Nabe und Welle zusammengedrückt; so entsteht eine reibschlüssige Verbindung

Abb. 68
Verbindung einer selbstgefertigten Kupplungshälfte mit der Welle: wenn keine Fräsmaschine verfügbar ist, um eine Paßfedernut für die Verbindung zwischen Kupplung und Welle fräsen zu können, kann man diese Zylinderstift-Verbindung wählen.

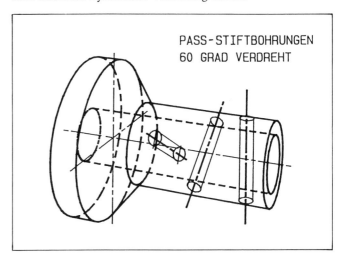

5. Das Windrad für Selbstbauer

Abb. 69
Rotorwelle mit Kegelsitz sowie Nabe mit Andruckteller und Schraube

Die Schraube wird später mit dem Abspannstock verbunden und in das Sacklochgewinde geschraubt; dadurch preßt sie die Nabe auf den Kegelsitz der Welle. Vor dem hinteren Lager ist der Andruckring sichtbar, der die Schubkräfte des Rotors auf den Gondelrahmen überträgt.

Die Auftriebskräfte des Rotors erzeugen auch Schubkräfte in axialer Richtung der Welle (vgl. Abb. 109). Diese Kräfte nimmt das hintere Stehlager über einen Druckring auf. Der Druckring muß der Lagerinnenringdicke und dem äußeren Durchmesser der Rotorwelle angepaßt werden. Gut ausgerichtet wird der Druckring dann vor dem hinteren Lager mit sechs, jeweils knapp 30° überstreichenden Kehlnähten auf die Welle aufgeschweißt, so daß sich alle Nähte auf der dem Lager abgewandten Seite des Ringes befinden. Um den Druck möglichst gleichmäßig in das Lager einzuleiten, empfehlen wir, den Druckring auf der entsprechenden Seite noch einmal planzudrehen.

Damit die Rotorwelle - aus welchem Ursachen auch immer - nicht nach vorn rutschen kann, sichert sie ein zweiter Druckring auf der Rotorwelle hinter dem vorderen Lager. Wegen der Kerbwirkungsgefahr verbanden wir diesen dort nur mit drei kleinen, kurzen Kehlschweißnähten mit der Welle, weil hier nie große Kräfte übertragen werden müssen.

Da wir eine gezogene Welle und direkt dafür geeignete Stehlager einsetzten, sind bei unserer Konstruktion diese Druckringe erforderlich. Wählt man von vornherein ein dickeres Wellenrohmaterial mit 10 - 15 mm größerem Durchmesser, braucht man nur von beiden Seiten aus die Lagersitze auf das erforderliche Paßmaß abzudrehen und läßt die Innenringe der Stehlager gegen das Übermaß drükken. Keinesfalls eignen sich Sicherungsringe, um die Druckkräfte aufnehmen zu können. Sie schwächen die Welle ganz erheblich. Wählt man allerdings die Welle auch hier im Durchmesser von vornherein 10 mm dicker als erforderlich, kann man auch die Sicherungsringe einbauen.

Nachdem ich nun die Verbindung der Welle nach hinten zur Kupplungshälfte sowie den Einbau in die beiden Stehlager in der Mitte beschrieben habe, fehlt noch das Wichtigste, nämlich ihre Befestigung mit der Nabe des Rotors. Um dem dort vorgesehenen Kegelsitz die nötige Anpreßkraft zu geben, schnitten wir in die Stirnseite des Wellenpaßkegels ein Sacklochgewinde. Der Abspannstock hat an einem Ende einen Andruckteller und einen Gewindebolzen. Dreht man nun den Abspannstock vorn in das Wellengewinde, so drückt der Andruckteller fest auf die Rotornabe und damit den Kegelsitz zusammen (Abb. 67).

Um die Rotornabe endgültig auf die Welle zu montieren, mußte letztere in geeigneter Weise festgesetzt werden, damit sie sich beim Anziehen nicht mitdrehen konnte. Wir verkeilten zu diesem Zweck die bereits aufmontierten Kupplungshälften.

Damit sich der Abspannstock nicht von selbst löst, bohrten wir mit einer Handbohrmaschine ein Loch schräg durch den Andruckteller in die Nabe und verstifteten beide Teile miteinander mit einem Zylinderkerbstift. Den Kegelsitz zwischen Rotor und Welle beschreibe ich noch näher im Abschnitt 5.2.3 (1. Die Nabe).

Meines Erachtens wird hier besonders deutlich, daß auch auf der Ebene mittlerer Technolgie grundlegende Fachkenntnisse erforderlich sind. Werkzeug, Material und Problemstellung erfordern ein solides Gerüst an Fähigkeiten und Fertigkeiten. Je mehr Erfahrungen wir im Laufe der Zeit sammelten, desto sicherer wurden auch unsere Entscheidungen.

3. Wellenlager

Die Lager für die Rotorwelle gehören zu den wichtigsten und am meisten beanspruchten Maschinenteilen der Anlage. Von der Belastung her müssen sie Gewichts- und Schubkräfte aufnehmen. Außerdem sollen sie lange halten. Muß doch, wenn sie ausgewechselt werden, der gesamte Rotor vom Mast herunter- und auseinandergenommen werden. Glücklicherweise entsprechen standardisierte Lager auch in den meisten Entwicklungsländern dem heutigen Stand der Technik. Wir haben für das KUKATER Anlagekonzept robuste, im Landmaschinenbau übliche Stehlager ausgesucht.

Stehlager bestehen in der Regel aus dem eigentlichen Lager und einem dazu passenden Gehäuse. Oft gehören noch entsprechende Dichtungen, evtl. Festringe und Schmiermöglichkeiten zum Gesamtbauteil. Stehlager können meist nicht sehr gut ausgerichtet werden, und da auch die Rotorwelle selbst bei Belastungen nicht ganz starr sein wird, wählten wir für einige Anlagen *Pendelrollenlager* in zweigeteilten Stehlagergehäusen (Abb. 70) und für andere komplette Y-Stehlagereinheiten. In Y-Stehlagereinheiten ist der äußere Lagerring eines *Rillenkugellagers* kugelballig in einem meist einteiligen Gehäuse untergebracht. Auch sie können deshalb problemlos einige Winkelgrade aus der Fluchtrichtung abweichen und werden bei geringen Wellendurchbiegungen nicht überlastet (Abb. 71).

Während bei Rillenkugel- und Kegelrollenlagern die Last linienförmig auf die Wälzkörper übertragen wird, werden die Kugeln und Laufflächen in *Pendelkugellagern* gewissermaßen punktförmig beansprucht. Wegen der daraus resultierenden geringeren Lebenszeit empfehle ich, sie für die Lagerung der Rotorwelle möglichst nicht zu verwenden.

Je nach Lagertyp haben wir inzwischen verschiedene Möglichkeiten erprobt, die Lager auf der Welle zu plazieren. Meist haben wir sie auf der Heizplatte oder im Ölbad auf ca. 100° C erwärmt und dann aufgeschrumpft. Eine höhere Temperatur ist dafür nicht statthaft, weil sie die Lebensdauer der Lager negativ beeinflussen würde. Andere Lagertypen haben Spannhülsen oder Stellringe in der Bohrung. Diese sind zwar teurer, lassen sich dafür aber problemloser einbauen und stellen an die Wellenabmessungen keine so hohen Anforderungen wie aufzuschrumpfende Lager.

Für die Endmontage befinden sich die beiden Stehlager bereits auf der Welle. Es sind dann nur noch die vier Schraubverbindungen der Lagergehäuse mit den Lagertraversen des Gondelrahmens nötig und die gesamte Rotorwelle ist fertig montiert.

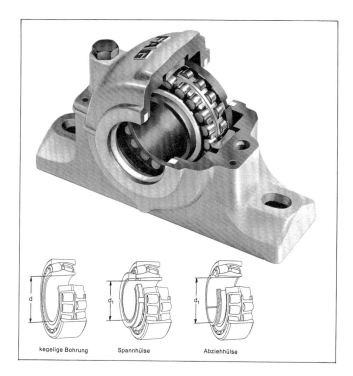

Abb. 70
Zweigeteiltes Stehlagergehäuse mit doppelreihigem Pendelrollenlager: besondere Abdichtungen an den Wellenaustritten sind notwendig. Hat der Innenring eine kegelige Bohrung, ist die Montage mit Hilfe einer passenden Spann- oder Abziehhülse auf der Welle besonders einfach. Eine hochwertige Wellenpassung ist dann nicht erforderlich.

4. Getriebe

Der Rotor des 7 m-KUKATER-Windrades muß sich ungefähr 100 mal pro Minute drehen, wenn die Anlage 5.000 W liefern soll. Gäbe es preiswerte, technisch vernünftige Generatoren, die 3 kW elektrische Leistung bei 100 U/min mit gutem Wirkungsgrad erzeugen können, bräuchte man kein Getriebe. Die meisten zur Zeit in Massen gefertigten Generatoren zwischen 500 W und 500 kW sind jedoch für Antriebsdrehzahlen zwischen 900 und 1800 U/min ausgelegt.

Deshalb muß ein Getriebe zwischen Repeller und Generator den Drehzahl- und Kraftmomentunterschied ausgleichen. Als wir zu Beginn unserer Arbeiten in »Fachbüchern« über das Getriebe von Windgeneratoren lasen, half uns das nicht viel weiter. In der Regel werden dort - mehr oder weniger ausführlich kommentiert - alle Möglichkeiten aufgezählt, die im Maschinenbau üblich sind: Keilriemen, Flachriemen, Kettengetriebe und auch Zahnradgetriebe. Um es gleich vorwegzunehmen: nachdem wir unseren Anforderungskatalog aufgestellt hatten, kam praktisch nur ein Zahnradgetriebe infrage.

Den Anforderungskatalog teilten wir zum einen in die technischen und zum anderen in die übergreifenden Kriterien auf. Zunächst die technischen Erfordernisse:
- erforderliche Übersetzung
- maximal zu übertragendes Drehmoment
- Art und Häufigkeit der Belastung
- Anforderungen an die Laufruhe
- hoher Wirkungsgrad

Und nun die übergreifenden Kriterien:
- lange Lebensdauer
- wetterfest
- wartungsfreundlich
- vernünftiges Preis/Leistungsverhältnis

Zahnradgetriebe sind als Standardausführungen in praktisch allen infrage kommenden Leistungsklassen und Übersetzungsverhältnissen verfügbar. Wirkungsgrade von 98% und besser bei Nennleistung (!) sind nicht selten. Meistens laufen die Antriebs- und Abtriebswellenenden parallel und befinden sich - je nach Blickrichtung - z.B. vorne und hinten am Getriebegehäuse.

Demzufolge ist die Montagelinie Rotor - Getriebe - Welle hintereinander festgelegt. Eine Ausnahme bilden Getriebe mit Kegelzahnrädern, bei denen die Wellenenden senkrecht zueinander stehen. Sind bei ihnen die Wellenenden am

Gehäuse öldicht herausgeführt, kann man ein Wellenende nach unten richten und mit diesem Getriebetyp auch eine Transmissionswelle zum Mastfuß antreiben. Ein zweites Kegelradgetriebe - das gleichzeitig als zweite Übersetzungsstufe dienen kann - ermöglicht dort wieder einen horizontalen Abtrieb. Mit Hilfe eines Schwungrades als Energiespeicher ließen sich dann z.B. auch einige land- und forstwirtschaftliche Maschinen direkt antreiben.

Einige Selbstbauer haben gebrauchte LkW-Hinterachs-Differentialgetriebe zu solchen Z-Getrieben umfunktioniert und können mit diesem Verfahren brauchbare Ergebnisse vorweisen. Bei dieser Anordnung ist es ratsam, um die nach unten heraustretende Welle eine zusätzliche Fettasche zu montieren, damit das Getriebeöl nicht aus dem Differentialgetriebe herauslaufen kann.

Wie bereits erwähnt, ist im allgemeinen eine zweistufige Getriebeübersetzung nötig, um für ein Windrad mit einer Schnellaufzahl von 3 auf die erforderliche Generatordrehzahl zu kommen. Bei den meisten serienmäßig gebauten Getrieben befindet sich der Antriebsmotor auf der Seite der hohen Drehzahl, das angetriebene Gerät auf der langsamen Seite. Schrägverzahnte Getriebe - und die meisten sind wegen der höheren Laufruhe schrägverzahnt - erzeugen aber nicht nur eine Kraft in radialer (Umfassungs-) Richtung, sondern auch eine in axialer, längs zur Getriebewelle. Nun haben aber Getriebe oft auf der Welle ein Los- und ein Festlager, deren Anordnung abhängig von der Antriebsrichtung ist. Betreibt man ein solches Getriebe nun »verkehrt« herum, kann es zu Problemen bei der Lagerung und der Zahnflankenbelastung kommen.

Wer ganz sicher ein Malheur aus dieser Richtung ausschalten möchte, muß sich genauer darüber informieren, wie das von ihm vorgesehene Getriebe innen aufgebaut ist und ob es sich für einen Antrieb von der langsamen zur schnelleren Seite hin einsetzen läßt.

Unabhängig vom Einzelfall, der die originellsten Besonderheiten zuläßt, eignet sich für den Windgeneratorantrieb neben einem schrägverzahnten Zahnradgetriebe eventuell noch ein im Ölbad laufendes, gut gekapseltes Kettenradgetriebe, besonders für die erste Übersetzungsstufe. Auf ein kleines, aber nicht unerhebliches Problem, das einigen Är-

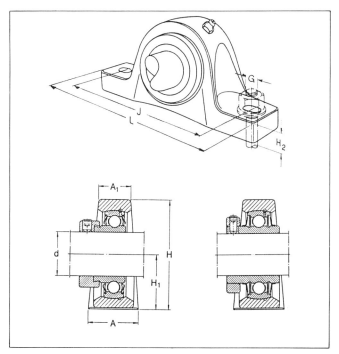

Abb. 71
Komplette Y-Stehlagereinheiten haben einen balligen Aussenring, der beweglich (und geschmiert) im Stehlagergehäuse sitzt. Das Lager selbst ist meist dauerhaft abgedichtet. Der verbreiterte Innenring nimmt die Welle ohne hochwertige Passung auf.

ger bereiten kann, möchte ich an dieser Stelle hinweisen: die Anordnung der Ölablaßschraube und der Ölstandskontrollanzeige des Getriebes. Wer hier rechtzeitig aufpaßt, hat es später bei Inspektions- und Wartungsarbeiten leichter!

Wie ist nun ein Getriebe zu dimensionieren, das sehr lange, möglicherweise 20 Jahre, halten soll? In diesem Zeitraum können über 100.000 Betriebsstunden zusammenkommen. Auf jeden Fall sollte es einerseits Spitzenleistungen mühelos übertragen können, die um etwa 50% über der Generatornennleistung liegen. Andererseits sollte die Nennleistung möglichst nicht größer sein als das Dreifache der durchschnittlichen Leistung bei dem am häufigsten vorkommen-

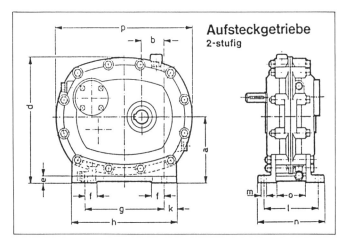

Abb. 72
Ein passend gewähltes Aufsteckgetriebe läßt sich ohne besondere Kupplung direkt auf die Rotorwelle schieben. Das spart Platz, Gewicht, eine besondere Kupplung zwischen Getriebe und Welle und im allgemeinen auch Kosten. Einige Bauarten stecken »freitragend« auf der Welle und brauchen deshalb nicht extra mit dem Rahmen verschraubt werden.

Abb. 73
Komplettlösung einer Einheit aus Getriebe und Generator: wenn man eine passende Einheit aus der Serienproduktion findet, kann das eine günstige Lösung sein.

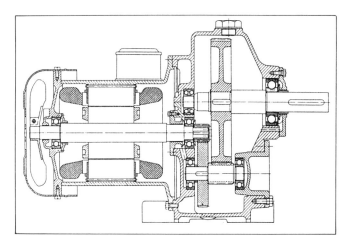

den »Betriebswind«. Anderenfalls würde der Übertragungswirkungsgrad zu gering werden; denn ein zu groß ausgelegtes Getriebe setzt viel Energie in Wärme um.
Leider liegen uns nur wenig praktische Erfahrungen vor hinsichtlich der besten Auswahl. Ich plädiere für robuste, großzügig dimensionierte Maschinenbaugetriebe, die mit leichtlaufendem Öl gefüllt sind. Als eine günstige Lösung bieten sich sogenannte »Steckgetriebe« an; bei diesen wird mindestens eine Welle - meist die dickere - direkt in die Paßbohrung eines Getrieberades eingesteckt. Eine Paßfeder überträgt dabei das Drehmoment. Ein solches Getriebe spart nicht nur eine Kupplung, sondern auch Baulänge, Gewicht, Montageaufwand und meines Wissens sogar Kosten (Abb. 72).
Alternativ dazu sind Komplettlösungen als Montageeinheiten aus Getriebe und Generator verfügbar. Soll die Anlage mit einer besonderen Bremse gestoppt werden können, müßte diese dann auf die Rotorwelle direkt wirken. Die Baugruppe aus Getriebe und Generator wird nur vorn über eine elastische Kupplung mit der Rotorwelle verbunden (Abb. 73). Mit Hilfe von vier Schrauben auf dem Gondelrahmen befestigt, entfällt einiges an Mehrarbeit, die erforderlich wäre, wenn Getriebe und Generator über eine weitere Kupplung verbunden, getrennt voneinander justiert und montiert werden müßten (Abb. 74).
Auf dem Gondelrahmen ist Platz genug für alle drei Lösungen, die mit Steckgetriebe, die kompakte, und diejenige, bei der Getriebe und Generator voneinander getrennt sind. Denn hinsichtlich der Improvisier-, Experimentier- und Beschaffungsmöglichkeiten kann es durchaus vorteilhaft sein, Getriebe und Generator zu trennen.
In diesem Fall ist sogar wegen des elastischen Kunststoffübertragungselementes zwischen den Kupplungshälften ein mehr oder weniger stark wirksamer Blitzschutz des Generators vorhanden. Die gleiche Wirkung hat eine Riementriebstufe. Wir haben jedoch besonders mit Keilriemen schlechte Erfahrungen gemacht. Wegen ihrer hohen Reibung lief die Anlage erst bei einer deutlich höheren Windgeschwindigkeit an als mit dem Stirnradgetriebe, das wir versuchsweise anstelle der Riementriebstufe erprobten (Abb. 75).

Abb. 74
Eine Kompakteinheit aus zweistufigem Stirnradgetriebe und kondensatorerregtem Asynchronmotor

Mit nur 4 Befestigungsschrauben und einer Kupplung mit der Rotorwelle kommt man bei dieser Lösung aus. Das Foto zeigt den Generator im Prüfstand; er wird dort von einer leistungsstarken Drehmaschine angetrieben, um Kennlinien bei bestimmten Drehzahlen und ohmschen Belastungen aufnehmen zu können.

5. Generator

Für einen Maschinenbauer, der ein Windrad zusammenwerkelt, ist der Generator selbst oft solange ein kleines Problem, solange es nur darum geht, ihn anzukuppeln und festzuschrauben. Hat er ein hinsichtlich Leistung und Übersetzung passendes Getriebe gefunden und montiert, gibt es selten Schwierigkeiten. Der Gondelrahmen ist im allgemeinen groß und stabil genug, um Generator und Getriebe auf jeden Fall unterzubringen.

Will man das Getriebe für einen zum Generator umfunktionierten Asynchronmotor auswählen, ist bei der Berechnung der erforderlichen Übersetzung folgendes zu beachten: auf dem Typenschild des Motors wird die Nenndrehzahl angegeben, bei der dieser Motor, wenn die richtige Spannung angeschlossen ist, seine Nennleistung abgibt (Abb. 76). Das an das Drehstromnetz angeschlossene Erregermagnetfeld des Stators läuft beim Asynchronmotor um die »Schlupfdrehzahl« schneller um als der Läufer auf der Antriebswelle. Soll der Motor als Generator laufen, muß er um diese Schlupfdrehzahl schneller angetrieben werden, als das Erregermagnetfeld umläuft, damit er Leistung abgeben kann.

Steht z.B. auf dem Typenschild n_N = 1.460 U/min und die Erregung rotiert mit n_E = 1.500 (was häufig der Fall ist), so beträgt die Schlupfdrehzahl n_s = 40 U/min. Als Generator muß dieser Motor mit 1540 U/min angetrieben werden, damit er seine Nennleistung abgeben kann. Letzteres gilt auch dann, wenn der Generator, ohne an ein äußeres Netz gekoppelt zu sein, mit Hilfe von Blindleistungskondensatoren sein eigenes Erregermagnetfeld induziert. Mehr zum Thema findet sich in Kapitel 5.3 »Der elektrische Bereich«.

Je nach Klimazone und Gondelverkleidung muß der Generator geschützt sein. Die Schutzart wird in der BRD nach DIN 40050 und international nach der IEC-Publikation 144 angegeben (IEC = International Electronical Commission). Die beiden Anfangsbuchstaben der Abkürzung für die Schutzart »IP« stehen dabei für International Protection. Danach folgen zwei Ziffern, wobei sich die erste auf den

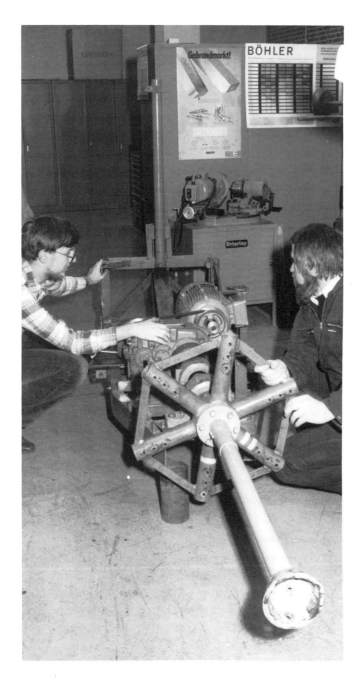

Schutz gegen Berühren unter Spannung stehender Teile sowie auf den Fremdkörperschutz bezieht und die zweite den Schutzgrad gegenüber Einwirkung von Wasser angibt. Verhältnismäßig gängig im landwirtschaftlichen Bereich ist die Schutzart IP 44 (Abb. 77). Wenngleich wir mit ihr in den meisten Anwendungsfällen zufrieden sind, können andere Anwender von ihr durchaus nach oben und unten abweichen. Standorte in der Wüste mit Sandstürmen oder in Gebieten »ewigen« Schnees erfordern natürlich verschiedene Schutzklassen und Installationen.

Aber nicht nur vom Wetter, sondern auch von der Art der Gondelverkleidung hängt es ab, welche Schutzart für den Generator notwendig ist. So gut und robust wir es gerne hätten: alles hat seinen Preis!

6. Feststellbremse

Ein großer Vorteil der KUKATER Anlage ist ihre große *Eigensicherheit*. Nicht umsonst haben die meisten der hunderttausendfach gebauten »amerikanischen Windrosen«, auch Windturbinen genannt, überhaupt keine Bremse. Die Regelung aus einer Kombination von Steuer- und Seitenfahne ohne jede weitere »Sicherheitskomponente« reicht völlig aus, um Mensch und Gerät nicht unnötig zu gefährden.

Soll die Anlage zeitweise nicht betrieben werden, schwenkt man die Steuerfahne auf die Seitenfahne zu. Wie im Sturm wird der Rotor dann vom Wind sehr schräg von der Seite angeblasen und kann so kein nenneswertes Drehmoment entwickeln. In diese Stellung schwenkt die Anlage automatisch auch dann, wenn einmal, was unwahrscheinlich sein sollte, das Regelgewicht herabfiele, oder die an Stelle des Gewichtes auch mögliche Regelfeder reißen würde.

Bei starkem Wind - und nur der ist relevant für die Sicherheitsüberlegungen - entwickelt der Winddruck auf die an

Abb. 75
Die hier einem Stirnradgetriebe nachgeschaltete Doppelriemen-Getriebestufe bei einer 7 m-Anlage hatte gegenüber einer Stirnradgetriebestufe größere Anlaufschwierigkeiten.

den Armen montierten Fahnenflächen große Kraftmomente. Diese dürften auch in Zukunft ausreichen, ebenso wie sie in der Vergangenheit gereicht haben, um Schlimmes zu verhüten. Selbst versuchsweise absichtlich von Hand dick aufgetragener und nachträglich gefrorener Schneematsch auf den Scharnieren wurde von den Windkräften mühelos geknackt.

Eine zweite, von der ersten unabhängige Sicherheitskomponente ist der Rotor selbst. Die kleine Schnellaufzahl von 3 verhindert gefährlich hohe Tourenzahlen. Sollte der Strom einmal nicht abgenommen werden können und das Windrad dann »durchdrehen«, kreist es höchstens doppelt so schnell, wie unter Last. Bei dieser Drehzahl reißt die Strömung ab; der Rotor und auch die bislang von uns eingebauten Getriebe und Generatoren halten das aus. Trotzdem empfehle ich, eine Feststellbremse in die Gondel einzubauen.

Installiert man die Bremse hinter dem Getriebe, findet man dort um den Übersetzungsfaktor kleinere Drehmomente als direkt an der Rotorwelle. Bei den mir bisher bekannten Nachbauten und bei unseren Anlagen auf dem Testfeld wurde die Bremse fast immer auf der Welle selbst - zwischen den beiden Lagern - installiert. Nützlich ist eine solche Bremse bei Wartungs- und Montagearbeiten. Da man diese jedoch zweckmäßigerweise und in der Regel bei Windstille oder schwachem Wind durchführt, ist sie nicht zwingend erforderlich. Man kann dann den Rotor auch am Mast festbinden. Das ist natürlich nicht ratsam, wenn die Anlage länger und unbeaufsichtigt stillgelegt werden soll. Dann empfiehlt es sich jedenfalls, den Rotor oben in der Gondel selbst abzubremsen und zu arretieren und das Regelgewicht abzunehmen und/oder Steuer und Seitenfahne zusamenzubinden (Sturmstellung).

Eine einfache, mechanisch wirkende Trommel- oder Scheibenbremse, die unten vom Mastfuß aus bedient werden kann, erscheint mir als Feststellbremse völlig ausreichend.

Werden der Rotor und die anderen drehenden Teile bei laufender Anlage zu schnell abgebremst, treten dabei erheblich größere Drehmomente als im Normalbetrieb auf: immerhin steckt im drehenden Rotor eine bestimmte Rotationsenergie, die dividiert durch das Bremszeitintervall die

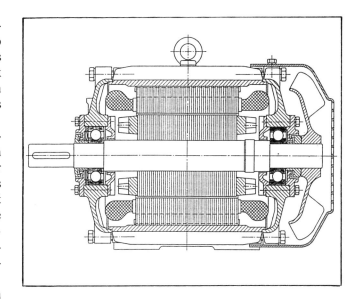

Abb. 76
Schnittbild durch einen schleifringlosen Asynchrongenerator

Bremsleistung ergibt. Um die drehmomentübertragenden Bauteile nicht zu überlasten, sollte die rein rechnerisch ermittelte Bremszeit aus der Nenndrehzahl heraus nicht kürzer als 30 Sekunden sein. Bei einer Bandbremse muß das Bremsband gegen den Drehsinn angezogen werden, damit sie sich freibremst. Anderenfalls, wenn das Bremsband von der Umfangsreibkraft mitgenommen wird, verstärkt sich die Bremskraft und »würgt« möglicherweise die Anlage ab. Eine unkontrollierte Überlastung wäre die Folge.

Wer die Bremse vom Mastfuß aus bedienen möchte, muß das Bremsseil zusammen mit dem Stromkabel vom Mittelloch der Gondel nach unten herabführen. Um sich unnötig viele Umlenkrollen für das Seil im Gondelbereich zu ersparen, kann man den infrage kommenden oberen Teil des Zuges als Gliederkette in einem geeigneten, an keiner Stelle zu scharf gekrümmten Rohr bis zum Mittelloch führen. Dabei sind die Ein- und die Austrittsöffnung trompetenartig zu erweitern, damit kein Glied der Kette versehentlich hängenbleibt.

5. Das Windrad für Selbstbauer

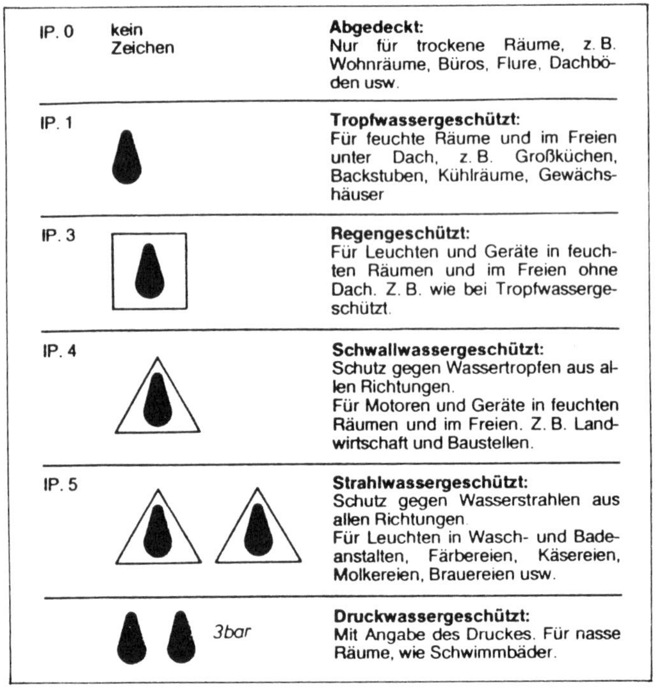

IP. 0	kein Zeichen		**Abgedeckt:** Nur für trockene Räume, z. B. Wohnräume, Büros, Flure, Dachböden usw.
IP. 1		▮	**Tropfwassergeschützt:** Für feuchte Räume und im Freien unter Dach, z. B. Großküchen, Backstuben, Kühlräume, Gewächshäuser
IP. 3		▮	**Regengeschützt:** Für Leuchten und Geräte in feuchten Räumen und im Freien ohne Dach. Z. B. wie bei Tropfwassergeschützt.
IP. 4		△▮	**Schwallwassergeschützt:** Schutz gegen Wassertropfen aus allen Richtungen. Für Motoren und Geräte in feuchten Räumen und im Freien. Z. B. Landwirtschaft und Baustellen.
IP. 5		△▮ △▮	**Strahlwassergeschützt:** Schutz gegen Wasserstrahlen aus allen Richtungen. Für Leuchten in Wasch- und Badeanstalten, Färbereien, Käsereien, Molkereien, Brauereien usw.
		▮▮ 3bar	**Druckwassergeschützt:** Mit Angabe des Druckes. Für nasse Räume, wie Schwimmbäder.

Abb. 77
Symbolische Kennzeichnung der Schutzart bei elektrotechnischen Geräten

Zum Schluß dieses Abschnittes möchte ich noch auf eine, neben der Feststellbremse ebenfalls nützliche Vorrichtung hinweisen: an drei Stellen läßt sich, um je 120° versetzt, die Gondel arretieren, und zwar jeweils in einer Position, die ein bequemes Warten der Aggregate auf dem Gondelrahmen ermöglicht, wenn man auf einer der drei kleinen Arbeitsbühnen oben am Mast steht. Wir erreichen das, indem wir einen Bolzen durch die Sicherheitsknagge des Gondelrahmens und eine Bohrung des um die obere Platte geschweißten Reifens stecken. Auf diese Weise schützen wir uns, wenn uns der Wind bei Arbeiten oben am Aggregat unliebsam überraschen und dauernd reagieren lassen will. Bevor wir die Anlage verlassen, muß das Traglager natürlich wieder freigegeben werden, da sich sonst der Rotor nicht in den Wind drehen kann.

7. Verkleidung

Neben der Möglichkeit, auf der Schutzabdeckung seine Hausnummer, ein politisches Symbol, den Durchmesser des Rotors und die Leistung des Generators oder ähnliches weithin sichtbar zu machen, soll die Verkleidung die wertvollen Komponenten auf dem Gondelrahmen schützen. Sie sollte so groß wie nötig und so klein wie möglich sein und Regen, Hagel, Schnee und groben Staub aus ihrem Innern fernhalten. Da der Wind immer aus definierten Richtungen kommt, läßt sich gut abschätzen, wie sie zu gestalten ist, um ihre Aufgaben erfüllen zu können.

Bei der Konstruktion der Haube sind zwei Dinge von »innen« heraus wichtig:
1. Sie soll nicht wie eine Lautsprechermembran wirken und Laufgeräusche abstrahlen.
2. Sie darf nicht so eng anliegen, daß der Generator zu wenig Kühlluft bekommt.

Von »außen« betrachtet sollte sie leicht zu öffnen, hochzuklappen und zu arretieren sein.

Ich schlage für Einsatzgebiete mit ausgesprochenem Schlechtwetter eine dreiteilige Verkleidung vor: und zwar einen ersten, halbkegelförmigen Mantel, der die beiden Lager und die Rotorwelle schützt, zweitens einen halbzylindrischen Mantel über Generator und Getriebe und eventuell drittens eine sichelförmige Schürze über dem Steuerfahnengelenk hinten am Scharnierträger (Abb. 78).
Der Niederschlag auf die Anlage wird fast immer schräg von der Luvseite her kommen, die dann gegenüber derjenigen Seite liegt, an der die Querfahne montiert wurde. Soll auch noch das Traglager geschützt werden, empfiehlt es sich, entweder die Seiten der Verkleidung über die U-Profile des Gondelrahmens herabzuziehen, oder aber besondere Abtropfschürzen am Rahmenprofil anzubringen.
Nur in Gebieten mit extremer Witterung und tiefen Aussentemperaturen ist wegen der Gefahr eines möglichen Festfrierens auch die Umlenkrolle durch eine geeignete Haube besonders zu schützen. In 99% aller Fälle wird es ausreichen, Kette und Rolle gut gefettet zu halten.

Als Befestigungselemente für die Verkleidung haben sich durch den Rahmen durchgesteckte und mit einer Mutter festgeschraubte verzinkte Schauben als »Gewindestehbolzen« gut bewährt. Um die Schwingungen zu dämpfen, stecken wir außen eine dicke Gummischeibe über, dann das durchbohrte Verkleidungsblech und darüber eine Kunststoffunterlegscheibe. Eine Flügelmutter ganz außen hält am Ende alles zusammen.

Wer ganz sicher gehen und die Flügelmuttern bei der Montage nicht verlieren will, klebt oben an geeigneter Stelle einen flachen Magneten fest, der die losgeschraubten Muttern zusammenhält. Bevor mir noch weitere Spitzfindigkeiten einfallen, möchte ich dieses Kapitel beenden und den kreativen Spielraum, der beim Thema »Verkleidung« bleibt, nicht weiter schmälern.

Mit den Ausführungen über den Rotor wende ich mich im nächsten Kapitel dem äußerlich besonders charakteristischen Teil einer Windenergieanlage zu.

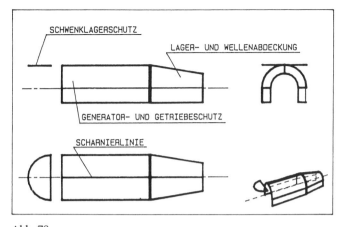

Abb. 78
Die Verkleidung schützt alles, was auf der Gondel montiert ist. Sie muß leicht zu öffnen sein, damit man problemlos an den »Innereien« arbeiten kann. Ihr Windwiderstand ist so klein wie möglich zu halten, da sie im Sturmfall voll von der Seite angeströmt wird.

Abb. 79
Die äußere Erscheinung des Kukater Windrades wird sehr stark durch Dreiecksflächen und -konturen bestimmt. Eine solche Struktur ist in weiten Bereichen »kristallin« fest.

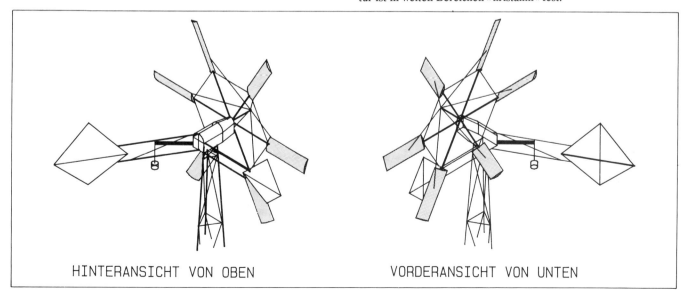

5. Das Windrad für Selbstbauer

5.2.3 Der Rotor

Den äußeren Charakter eines Windrades bestimmt in erster Linie der Rotor, in zweiter die Form des Mastes und in dritter - falls vorhanden - die sichtbaren Steuerungselemente wie z.B. Steuer- und Seitenfahne. Beim Windrad vom KUKATER Typ spielen gleichseitige Dreiecke eine fundamentale Rolle für die Konstruktion und Ästhetik, was schon beim Grundriß des Mastes deutlich wurde. Auch die Rohrholme der sechs »Halbflügel« bilden mit den zugehörigen Strebverbindungen sechs weithin sichtbare, gleichseitige Dreiecke, die dem Rotor sein typisches Aussehen verleihen.

Auf der sechseckigen Grundfläche der Rotorverstrebung wurde ein Pyramidengitter errichtet, bestehend aus dem Abspannstock als Verlängerung der Rotorwelle, die die Druckkräfte aufnimmt, und den sechs Zugstangen zu den einzelnen Flügeln hin (Abb. 79). Durch dieses Konstruktionsprinzip auf der Basis von räumlichen Dreiecken lassen sich die statischen Berechnungen relativ leicht durchführen. Darüberhinaus verleihen sie dem Rotor eine große Eigensteifigkeit und er kann aus den einzelnen Komponenten leicht zusammengebaut und justiert werden.

Neben der konstruktiv-ästhetischen Erscheinung eines Windkonverters spielt die farbliche Gestaltung eine - im wahrsten Sinne des Wortes - unübersehbare Rolle. Zweifellos wird eine weitgehend verzinkte, farblich ansonsten unbehandelte Anlage anders aussehen, als eine von der Farbgebung her gestalterisch durchdachte und ausgeführte Anlage.

Während die meisten Teile des Rotors sechsmal vorkommen, möchte ich zunächst mit dem »Herzstück« des Rotors beginnen, der Nabe, die nur einmal gefertigt werden muß.

1. Nabe

Die Nabe ist nicht nur das zentrale Bauteil des Rotors, sondern gleichzeitig Verbindungs- und Kraftübertragungs-

Abb. 80
Die Rotornabe besteht aus dem Zentralzylinder mit dem eingearbeiteten Innenkegel, den 6 Rohrstutzen, die später die Flügelhauptholme aufnehmen, und einer umlaufenden Verstärkung aus Flacheisen. Sind später die Hauptholme eingeführt und befestigt, müssen die Ringspalte zwischen den Holmen und den Rohrstutzen sorgfältig abgedichtet werden.

stück zur Rotorwelle. Gewissermaßen bilden die Nabe am einen Ende der Rotorwelle, die Welle selbst und die Kupplungshälfte zum Getriebe am anderen Wellenende zusammen eine fest miteinander verbundene Baugruppe.

Diese muß z.B. bei 105 U/min und 5 kW Generatornennleistung ein Drehmoment von ungefähr 550 Nm übertragen. Die aerodynamischen Kräfte in axialer Richtung betragen bei diesem Betriebszustand etwa 1.000 N. Der bereits in Kapitel 5.2.2 begründete Wellendurchmesser von wenigstens 60 mm muß im Innern der Nabe untergebracht werden; außerdem müssen die 6 Holme für die Aufnahme der Flügel an ihrem Umfang angebracht und der Andruckteller des Abspannstocks als Preßvorrichtung an ihrer vorderen Stirnseite plan aufgedrückt werden können.

Das Material des Rohlings muß ein Zylinder aus einwandfrei schweißbarem Baustahl ab St 42 (DIN 17100) sein, mit einem Durchmesser von 120 mm und einer Länge von 80 mm.

Behandeln wir zunächst einmal die Mitte des Rotors. Bereits der chinesische Philosoph Konfuzius dachte über das Zentrum der Nabe eines Rades nach und unterschied das dort vorhandene Nichts sorgfältig von einem anderswo vorhandenen; er maß der Gestaltung von »Nichtsein« an bestimmten Stellen besondere Bedeutung zu.

Wir haben, einfach und unphilosophisch kurz ausgedrückt, das Nichts im Zentrum des Rotors kegelförmig gestaltet. Hier - und fast nur hier - ist also eine Drehbank erforderlich. Nach DIN 254 ist ein Kegelverhältnis von 1 : 15 für Propellernaben besonders geeignet. Der Einstellwinkel dafür beträgt 1° 54' 30". Da aber der Kegelsitz von Wellenende und Nabenmitte ohnehin mit derselben Einstellung gedreht werden muß, ist also 2° ein vernünftiger Richtwert für den Einstellwinkel (vgl. Abb. 66). Es reicht eine geschlichtete Oberfläche (DIN 3141) aus, um Welle und Nabe hinreichend fest zu verbinden. Es ist kein weiteres Befestigungselement vorgesehen, weil der Reibschluß groß genug ist, um das gesamte Drehmoment von der Nabe auf die Welle zu übertragen! (Abb. 80)

Ist keine Drehbank verfügbar, kann man die Nabe ohne weiteres mit Hilfe von Spannringen (Spannsätzen) auf die Welle pressen. Diese Verbindungselemente sind zwar etwas kostspielig, aber zuverlässig und gut geeignet (Hersteller z.B.: Ringfeder GmbH, D-4150 Krefeld-Uerdingen, Duisburger Str. 145) (vgl. Abb. 67).

Wer gewillt und technisch in der Lage ist, kann die Nabe außen sechseckig hobeln oder fräsen, wenn der Kegelsitz fertig gedreht ist. Er erhält dann plane Ausgangsflächen zum Aufschweißen der Nabenrohre. Es geht aber auch anders; auf jeden Fall müssen die sechs Rohrstutzen für die Flügelholme gleichmäßig und mittig am Umfang angeschmiegt, ausgerichtet und verschweißt werden.

Die zwischen den einzelnen Stutzen angebrachten Flacheisen stabilisieren die Nabenrohre zusätzlich untereinander. Erst viel später, bei der Montage, werden die Rohrholme der Flügel mit der Nabe verbunden.

2. Holme

Beim KUKATER Windrad werden praktisch die gesamten Kräfte, die sich an den Rotorflügeln entfalten, durch die Hauptholme der Flügels und ihre Abspannstangen aufgenommen und an die Nabe weitergeleitet. Statisch gesehen - und hiermit wird ein Vorteil der mittleren Technologie deutlich - spielt die aerodynamisch ausgeformte Kontur des Flügels keine Rolle; sie kann daher aus sehr unterschiedlichen Materialien hergestellt werden: aus Holz, Metall, Kunststoff, aus Verbundkonstruktionen dieser Materialien - eventuell kann sie sogar mit Tuch bespannt werden.

Ich möchte hier eine von uns mehrfach durchgeführte, klassische Flügelbauweise beschreiben, die jeder Flugzeugmodellbauer kennt: einen Aufbau aus Spanten (Rippen), Nasen-, Haupt- und Endholm, der vorn und hinten beplankt wird (Abb. 81 und 82). Der unter Punkt 3 »Spanten« beschriebene Riß zeigt die äußere Kontur des Flügels. Während der Hauptholm aus Stahlrohr und der Endholm von der Beplankung verdeckt sind, liegt der Nasenholm außen und bildet den vorderen Abschluß des Flügels.

Wenn es im Betriebsfall hagelt, treffen die Hagelkörner mit einer relativen Geschwindigkeit von ca. 50 m/s auf die von unten nach oben drehenden Nasenholme. Ein Nasenholm aus Weichholz (z.B. Kiefer) ist diesen Belastungen ohne weiteren Schutz mechanisch nicht gewachsen. Er müßte zu-

Abb. 81
Fertig gehobelter Nasen- und Endholm mit ausgeklinkten Aussparungen für die Rippen.

holms absolut maß- und konturgenau gefertigt werden. Eine entsprechende Schablone aus Blech ist notwendig für diese Arbeit.

Wer fertige Nasen- und Endholme beziehen möchte, kann sich mit Herrn Hubertus Schmidt, Sudweyer Straße 136, D-2803 Weyhe-Jeebel, in Verbindung setzen.

Immer, wenn unterschiedliche Werkstoffe miteinander verbunden werden sollen, können Probleme auftreten. Bei unserem Ausführungsbeispiel sind Nasen- und Endholme, die Spanten und die Beplankung aus artgleichem Holz, die Hauptholme jedoch aus Stahlrohr gefertigt. Trotzdem müssen beide Werkstoffe fest miteinander verbunden werden, damit der »Holzflügel« sich gegenüber dem Hauptholm aus Metallrohr nicht verschieben und verdrehen kann. Abb. 82 zeigt, wie wir dieses Problem gelöst haben: jeweils an zwei Stellen sind in der Mitte zwischen Haupt- und Endholm zwei Rippen mit Hilfe von Gewindestangen spannungsfrei und zwischen großen Unterlegscheiben miteinander verschraubt. Aufgepaßt! Die Löcher für die Gewindestangen müssen *vor* der Montage gebohrt werden, sonst braucht man eine Winkelbohrmaschine mit verkürztem Bohrer.

Bevor nun die Beplankung aufgeleimt wird, schweißt man jeweils ein 5-6 mm dickes Blech mit Längsnähten zwischen die Gewindestangen und den Hauptholm. Ebenso verfährt man mit der trapezförmigen Zuglasche für die Abspannung. Sie dringt auf der Luvseite durch die Beplankung und muß (entsprechend dem Anstellwinkel des Flügels ca. 15° aus der Senkrechten auf der Luvbeplankungsebene) zur Nasenholmseite hin abgewinkelt angebracht werden.

Insgesamt entsteht auf diese Weise ein unlösbarer Konstruktionsverbund zwischen Stahl und Holz. Der verbleibende Spielraum für die einzelnen Werkstoffeigenarten erwies sich in der Praxis als groß genug.

Die Möglichkeiten für den Bau der Rotorflügel sind recht groß. Im Prinzip ist viererlei zu bachten:

1. Der Hauptholm und die Abspannung müssen wegen der Statik unangetastet bleiben.
2. Der eigentliche Flügel darf sich auf dem Holm nicht verdrehen oder verschieben lassen.
3. Der Flügel muß wetterfest sein.

sätzlich mit dünnem Blech oder einer auftapezierten GFK-Haut verstärkt werden. Das ist jedoch aufwendig und gibt zusätzliche Probleme.

Deshalb wählten wir Hartholz als Werkstoff für Nasen- und Endholm. Entsprechende Schlitze im Nasenholm nehmen die Rippen auf. Darüberhinaus wird im hinteren Bereich des Nasenholms Platz für Leimflächen und einen nahtlosen Übergang in die Beplankung ausgespart. Aus strömungstechnischen Gründen muß die vordere Kontur des Nasen-

4. Die Kontur muß genau eingehalten werden.

Mit der Kontur ist einer der größten Problempunkte für den Windkonverterbauer angesprochen: welches Profil eignet sich für die Windenergienutzung und woher bekommt man es? Der nächste Abschnitt dieses Kapitels kann da weiterhelfen.

3. Spanten

Aus der Liste der aerodynamischen Profile eignen sich für Selbstbauer besonders jene, die auf der Druckseite weitgehend eben sind. Die Flügel lassen sich dann besonders leicht bauen.

Da der Wind meist unstet und oft böig weht, soll das Profil darüberhinaus sehr gutmütig reagieren und in weiten Bereichen brauchbare Auftriebskräfte liefern. Das Göttinger Profil Gö 624 vereinigt beide Anforderungen. Beim Windrad liegt die Druckseite vorn (auf luv), die Sogseite hinten (auf lee).

Tabelle 8 liefert die Zahlenwerte für die Konstruktion des Profils »Gö 624«. Wir haben sie einem aerodynamischen Standardwerk entnommen. Die Werte beziehen sich auf die Darstellung der Profilkontur im »rechtwinklig-kartesischen Koordinatensystem«. Dabei wird die x-Achse wie gewöhnlich von links nach rechts - also hier von 0 bis 100 mm gezeichnet und stellt die Flügeltiefe dar. Die y-Achse steht senkrecht auf der x-Achse mit Werten von 0 bis maximal 16 mm beim Profil Gö 624. Dieser dickste Punkt des Profils (bei einer Tiefe von 100 mm) wird bei den Werten $X = 30$ mm, $Y_o = 16$ mm erreicht.

In der Tabelle stehen in der 2. Spalte die Werte Y_o (o = oben) und in der 3. Spalte Y_u (u = unten). Im Staupunkt des Flügelprofils ($X = 0$, $Y_{o/u} = 4$ mm) beginnen die Werte in einem Punkt und trennen sich dann. Wer sie aufzeichnet, wird sofort sehen, was die Werte bedeuten: Die Y_o-Werte liefern Punkte der oberen, die Y_u-Werte Punkte der unteren Profillinie.

Da die X-Achse in 100 Längeneinheiten aufgeteilt ist, läßt sich das Profil leicht auf jede andere Flügeltiefe »aufblasen«, indem man alle Tabellenwerte für X und Y mit die-

Abb. 82
Damit der Hauptholm (Stahlrohr) und der Holzflügel nicht zu starr miteinander verbunden sind, haben wir bei jedem Flügel an zwei Stellen jeweils zwischen den Spanten Gewindestangen verschraubt; vor dem Beplanken verschweißten wir die Stangen mit entsprechenden Blechlaschen am Holm.

sem »Aufblasfaktor« multipliziert.

Wenn unsere Flügeltiefe 375 mm sein soll, ist der Faktor 375 mm/100 mm = 3,75. In der vierten und fünften Spalte stehen die Y_o- und Y_u-Werte, die wir auf die Flügeltiefe von

375 mm umgerechnet haben. In der letzten Spalte sind die zugehörigen X-Werte von 0 mm bis 375 mm aufgeführt. 375 mm ist die berechnete Flügeltiefe bei einem Auslegungsradius von 0,85 * R und einer Flügellänge von 3,5 m.

Nun kann man mit Hilfe der letzten drei Spalten den Spantenriß exakt aufzeichnen. Ein DIN A3-Blatt Kästchen- oder Millimeterpapier eignet sich besonders gut. Als wir den Spantenriß zeichneten, paßten im hinteren oberen Bereich des Profils die Punkte nicht ganz genau. Wir haben diese Unregelmäßigkeit zeichnerisch ausgeglichen. Die Bauplanzeichnung in Abb. 83 zeigt die Außenkontur.

Der Riß veranschaulicht selbstverständlich die äußere Kontur des Flügels. Alle Nasen- und Endholmkonturen sowie die Beplankung müssen nach innen in diesen Umriß hineinkonstruiert werden (Abb. 84). Sehr wichtig ist das vordere Viertel, und am wichtigsten ist die richtige Lage des Staupunktes für den Einzelspant bzw. die richtige Lage der Staulinie für den Gesamtflügel, wenn die Aerodynamik später einwandfrei sein soll.

Zur Erinnerung: Die Staupunkte bilden in ihrer Summe die Staulinie. Bei einem Anstellwinkel von 0° ist der Staupunkt der vorderste Punkt des Spantes. Er trennt gewissermaßen den vor und hinter dem Flügel vorbeistreichenden Luftstrom. Ich empfehle, seine Lage beim vorliegenden Flügel auf ± 0,5 mm einzuhalten.

Tiefe = 100 mm			Tiefe = 375 mm		
X	Y_o	Y_u	Y_o	Y_u	X'
0	4	4	15	15	0
1,25	7,15	2,25	26,81	8,44	4,69
2,5	8,5	1,65	31,88	6,19	9,38
5	10,4	0,95	39	3,56	18,75
7,5	11,75	0,6	44,06	2,25	28,13
10	12,85	0,4	48,19	1,5	37,5
15	14,35	0,15	53,81	0,56	56,25
20	15,3	0,05	57,387	0,19	75
30	16	0	60	0	112,5
40	15,4	0	57,75	0	150
50	14,05	0	52,69	0	187,5
60	12	0	45	0	225
70	9,5	0	35,63	0	262,5
80	6,6	0	24,75	0	300
90	3,55	0	13,31	0	337,5
95	2	0	7,5	0	356,25
100	0,5	0	1,88	0	375

Tabelle 8: Wertetabelle für die Berechnung der Flügel-Spanten

Abb. 83
Die Flügelkontur entspricht dem Standardprofil »Gö 624«. Die Maße sind für den Auslegungsspant des 5 m-Windrades berechnet. Wird nach dem »Flügelrezept« im 6. Schritt eine andere Profiltiefe für einen anderen Durchmesser errechnet, kann man die Kontur leicht mit Hilfe der ersten 3 Spalten in Tabelle 8 ermitteln.

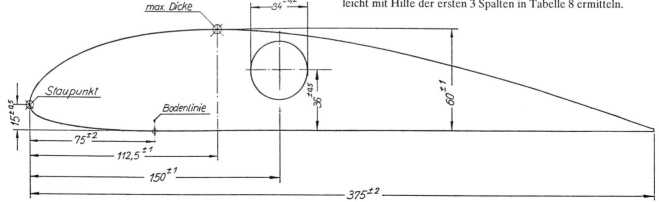

Abb. 84 Das Innenleben des Holzflügels
Deutlich sind die Spanten mit ihren Bohrungen für den Hauptholm sowie die Nasen- und Endholme sichtbar.

Abb. 85
Nachdem zuerst die gewölbte Sogseite naßfest aufgeleimt wurde, verschlossen wir den Flügel mit der glatten Druckseite. Für die Beplankung der Rotorblätter verwendeten wir wasserfestes Bootsbausperrholz.

4. Beplankung

Der Flügel kann erst beplankt werden,
- wenn er bis auf die Deckflächen fertiggestellt ist,
- wenn Nasen-, Endholm und Spanten miteinander verleimt sind,
- wenn die Spantenanker und die Zuglasche für die Abspannstange mit dem Rohrhauptholm verschweißt sind
- und wenn letztere innerhalb des Flügelbereiches hinreichend gegen Korrosion geschützt sind.

Beim Holzflügel wählten wir für die Beplankung 4 mm dickes, wasserfest verleimtes Sperrholz. Handelsübliches Bootssperrholz erfüllt diese Anforderungen. Um die Rückfederkräfte klein zu halten, sollte die Maserung der Deckflächen längs, d.h. in Flügelrichtung verlaufen.

Mit naßfestem Leim verbanden wir zuerst die (gewölbten) Platten auf der Sogseite mit Spanten und Holmen. Um die Verbindung zu fixieren und zu festigen, tackerten wir zusätzlich viele Klammern in Holme und Spanten.
Am hinteren Ende des Profils kann man die Luv- und die Leeseitenbeplankung etwas gegeneinander schmiegen. Dünner als 4 mm sollte die Hinterkante aus Stabilitätsgründen aber nicht sein. Am besten fängt man am Nasenholm an und »zieht« die Fläche nach hinten zum Endholm. Da der Flügel auf der Druckseite noch offen ist, läßt sich die Qualität der Verleimung gut überprüfen und ggf. korrigieren. In die Luvflächen müssen zunächst mit ca. ± 2 mm Toleranz Öffnungen für die Zuglaschen der Abspannstangen geschnitten werden. Danach werden auch diese aufgeleimt (Abb. 85).

5. Das Windrad für Selbstbauer

Vor dem Anstrich müssen noch mit einem geeigneten elastischen Dichtungsmittel die Spalten zwischen Zuglasche und Beplankung sowie der Ringspalt zwischen dem ersten Spant und dem Hauptholm abgedichtet werden.

5. Anstrich

Der Anstrich des Flügels erfüllt dreierlei Funktionen: erstens schützt er das Holz vor Einwirkungen des Wetters und vor aggressiven Luftschadstoffen, zweitens glättet er die Oberfläche dauerhaft und drittens verleiht er den Flügeln ein bestimmtes Aussehen.

Soll der Anstrich 5 Jahre lang halten - eine durchaus realistische Zeitspanne - so ist der Anstrich ungefähr 2000 mal einem Tag- und Nachtwechsel ausgesetzt und ca. 44.000 Stunden in Betrieb. Während man vom Mast aus die Leeseite der Flügel einigermaßen erreichen kann, bereitet es doch erhebliche Schwierigkeiten, die Luvseite zu überarbeiten. Für Arbeiten auf dieser Seite müssen entweder der ganze Rotor oder die Flügel einzeln heruntergenommen werden. Will man das vermeiden, bedarf es eines besonderen Gerüstes im Mast, um die Flügel neu streichen zu können.

Wir haben die Möglichkeiten der Chemie voll ausgeschöpft und einen guten Schiffslack aufgetragen. Zuerst verspachtelten wir die kleinen Unebenheiten, danach wurde grundiert, geschliffen, vorlackiert, geschliffen und schließlich endlackiert (Abb. 86). Eine »spiegelglatte« Oberfläche ist die beste; die Rauhigkeit sollte kleiner als 1/100 mm sein.

Die Metallteile, bestehend aus Hauptholmen, Zuglaschen, Ringanker, Abspannstock und Nabe wurden entrostet, zweimal mit kunstharzgebundener Bleimennige und zweimal mit farbigem Kunstharzlack überstrichen. Dabei achteten wir darauf, daß alle Rohre vorher innen gasdicht verschlossen waren.

Die Ringspalte zwischen den Rohren des Nabensterns und den Hauptholmen dichteten wir mit einer dauerelastischen Dichtmasse sorgfältig ab, ebenso wie die Spannstiftverbindungen von Hauptholmen und Nabenstern.

Die Kegelverbindung zwischen Nabenstern und Welle darf

Abb. 86
Eine sorgfältig grundierte und geglättete Oberfläche ist notwendig, bevor die letzte Lackierung aufgebracht werden kann.

zwar vor der Montage mit etwas Fett gegen Korrosion geschützt werden, verbindet man sie, *muß* das Fett zunächst gründlich entfernt werden. Ein Fettfilm würde den Reibschluß zwischen den Kegeloberflächen erheblich vermindern.

6. Abspannung

Die Abspannung des Rotors besteht aus den Ringankerelementen - sie verbinden die einzelnen Flügel an der Wurzel untereinander - und den Abspannstangen zwischen der vorderen Spitze des Abspannstockes und den Zuglaschen an den einzelnen Flügeln (Abb. 87).

Die sechs Ringankerelemente sind aus dem gleichen Rohrmaterial wie die Hauptholme der Rotorblätter gefertigt. Ein Ringankerelement und zwei Hauptholme bilden jeweils ein gleichschenkeliges Dreieck in der Rotorebene. Sie werden wie die Streben für den Mast an den Enden plattgeschmiedet, abgedichtet und mit einer Bohrung für

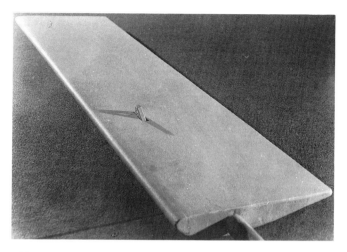

Abb. 87
Aus der Flügeldruckseite in Luv ragt die für die Statik wichtige Zuglasche heraus. Sie wird mit 2 Längsnähten auf den Rohrholm geschweißt, wenn dieser seine feste Position in den Spanten eingenommen hat. Die Spalte zwischen der Beplankung und der Zuglasche müssen sorgfältig abgedichtet werden.

die M12 er Verschraubung versehen. Der Anschluß an die Hauptholme erfolgt mit aus Flacheisen geschmiedeten Schellen, die die Hauptholme an den Flügelwurzeln fest umschließen. Fest angezogen werden sie jedoch erst, wenn Anstellwinkel und Drehebene der Flügel endgültig justiert sind.

Für die Abspannstangen wählten wir einen rostfreien Edelstahl aus V2A. Ist dieser zu teuer oder nicht beschaffbar, eignet sich auch ein schweißbarer Baustahl ab St 42. Auf der einen Seite der Abspannstangen schweißten wir nur mit Längsnähten (!) passend für die Zuglaschenverschraubung (M12) ein durchbohrtes Flacheisen an, auf der anderen Seite - ebenfalls mit Längsnähten zwischen zwei Rundeisenstücke - ein Stück Gewindestange M12 als Verbindungselement (Abb. 88).

Grundsätzlich empfehlen wir, keine Seile sondern Stangenmaterial zu verwenden, auch wenn nur Zugkräfte aufgenommen werden müssen (Abb. 89). Ganz deutlich wird das, wenn man eine Kosten-, Aufwands- und Risikokalkulation aufstellt. Ich möchte hier nur einmal die Einzelelemente einer einzigen spannbaren Seilverbindung mit Hilfe von Drahtseilklemmen aufzählen: ein Schäkel, eine Kausche, ein Drahtseil; nach DIN 4129 (Trag- und Abspannseile von Kranen) auf jeder Seite 5 Drahtseilklemmen, von denen jede einzelne aus Klemmbügel, Klemmbacke, zwei Muttern und zwei Sicherungsringen besteht, dann wieder eine Kausche, ein Schäkel, ein Spanner, bestehend aus einem Bügel mit Rechts- und Linksgewindeauge sowie einem Sicherungsdraht gegen Losdrehen - wieder einem Schäkel aus Bügel und Bolzen, der letztendlich den Schluß bildet. Insgesamt besteht diese eine Abspannung aus 73 Einzelelementen! Damit wird hoffentlich deutlich, warum wir sowohl bei den Fahnen für die Steuerung als auch bei der Rotorabspannung Flacheisen bzw. Stangenmaterial vorsehen, um Zugkräfte aufzunehmen.

In den allermeisten Fällen lassen sie die benötigten Längen recht genau vorherbestimmen. Ist das nicht der Fall, helfen fachgerecht angeschweißte Gewindestangen bei der Feinjustierung. Damit der tragende Querschnitt möglichst konstant bleibt, verlängerten wir z.B. Stangen mit 10 mm Durchmesser mit M12-Gewindebolzen. Ich habe von anderen Windradbauern gehört, die über Schwingungsprobleme bei Seilabspannungen berichten. Solche Schwingungen verursachten großen Schaden, indem sich Schraubverbindungen lockerten oder die Seile übermäßig längten.

7. Justierung und Montage

Wenn die Gondel mit den beiden Wellenlagern und der Welle ausgerüstet ist und alle Rotoreinzelteile gut vorbereitet sind, kann man den Rotor zusammenbauen.

In unserem Fall haben wir die Gondel mit einer Hilfskonstruktion auf einem großen Platz - er muß ja den Rotor wie ein Jahrmarktskarussel aufnehmen - aufgebaut, und zwar mit der Welle senkrecht nach oben. Als nächstes steckten wir den Nabenstern auf den Wellenkegel und verpreßten den Kegelsitz mit Hilfe des Abspannstockes. Wegen der Balance schoben wir nun die Flügel sorgfältig in die Nabe und schraubten alles zusammen, was zusammengehört: die Schellen für den Ringanker, die Ankerelemente und die

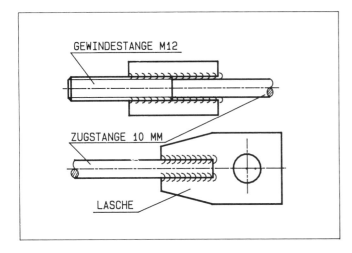

Abb. 88
An Stelle teurer und aufwendiger Seilabspannungen verwenden wir Zugstangen aus korrosionsbeständigem Stahl. Bei den Abspannungen für die Rotorblätter ist an einer Seite die Lasche mit Öse und an der anderen Seite ein Stück Gewindestange angeschweißt.

Abb. 89
Steht die Rotorachse bei der Vormontage senkrecht, steckt man die Flügelhauptholme einfach in die Aufnahmerohre des Nabensterns, richtet sie mit Hilfe der abgebildeten Vorrichtung, bestehend aus einer Wasserwaage und dem passend zurechtgesägten Holzkeil (Keilwinkel = Anstellwinkel), aus und verbohrt sie.

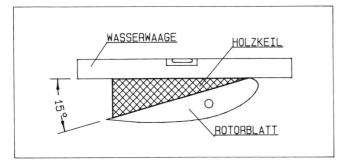

Abspannstangen.
Danach richteten wir einen »Meßplatz« an einer Stelle des von den Flügeln überstrichenen Kreisumfangs ein, drehten jeden Flügel an seine Stelle und richteten ihn mit Hilfe der Abspannstangen auf die gleiche Höhe senkrecht zur Achse aus.
Anschließend wurde der Anstellwinkel von ca. 15° zur Rotorebene mit Hilfe einer Keilschablone und einer Wasserwaage eingestellt (Abb. 90). Stimmte er, zogen wir die Schrauben fest (Drehmomentenschlüssel!), bohrten mit einer Handbohrmaschine pro Flügel drei Löcher durch die Rohrstutzen des Nabensterns und die Hauptflügelholme und trieben Spannhülsen in die Löcher.
Zuletzt besserten wir die Verletzungen des Anstrichs sorgfältig nach und sicherten die Schraubverbindungen, damit sie sich nicht von selbst lösen können.

Der Rotor ist nun fertig zur Endmontage auf dem Mast. Da er wetterfest ist, kann er bis zur Endmontage gestützt auf drei Böcke im Freien lagern. Wir lösten dazu nur die vier Schrauben der Wellenstehlager von der Gondel. Will man den Rotor vor der Montage noch einmal demontieren, darf man nicht vergessen, die Position der Flügel zur Nabe zu kennzeichnen.

5.2.4. Die Steuerfahnen

Neben dem Rotor prägen unübersehbar die Steuerfahnen des KUKATER Windradtyps sein äußeres Erscheinungsbild.
Beim zuerst von uns gebauten 7 m-Typ, der auf dem Werkhof Kukate als Prototyp errichtet wurde, war die Steuerfahne trapezförmig und die Querfahne dreieckig (vgl. Abb. 47). Die Fläche der Steuerfahne betrug 4 m², die der Querfahne 2 m². Mit einer Länge des Steuerfahnenarmes von 7 m, welche dem Rotordurchmesser entsprach, und einer Querfahnenarmlänge von über 4 m erwiesen sich in der Praxis alle Flächen und Längen als unnötig groß. Das Kopflager war extrem leichtgängig, darum drehte sich die Anlage schon bei kleinen Windrichtungsänderungen und schwa-

Abb. 90
Die aus Rohren bestehenden Ringankerelemente werden jeweils an der Flügelwurzel mit Schellen zwischen die Hauptholme geschraubt und bilden zusammen mit den Holmen gleichseitige Sechsecke. Vom Abspannstock aus führen sechs Zugstangen aus nichtrostendem Stahl zu den Zuglaschen an den einzelnen Flügeln.

5. Das Windrad für Selbstbauer

chen Luftströmungen.
Die Richtlinie für die Auslegung der Fahnenflächen und und Armlängen hatten wir alten, bewährten Anlagen entnommen, deren Lager sicherlich schwergängiger gewesen sind. Da die von uns eingesetzten, neuen Lagerkränze sehr leicht laufen, wichen wir bei der Dimensionierung der Steuer- und Seitenarmflächen vom Althergebrachten ab und verringerten die Flächen. Ebenso veränderten wir bei der neuen Version die Form der Flächen. Wir verwenden jetzt auf die Spitze gestellte Quadrate, die sinnträchtig dem Straßenverkehrsschild für allgemeine Vorfahrt gleichen (Abb. 91).

Bereits bei der ersten KUKATER Anlage gab es für den ankommenden Wind kaum eine senkrechte Prallkante. Auch bei der neuen Version sind die Steuerflächen so angeordnet, daß der Wind auf schräg nach hinten stetig größer und dann wieder kleiner werdende Flächen trifft. Eine solche Fahnensteuerung nennt man sanft. Eine harte Steuerung, die bei Böen sehr ruckelig wirken würde, erreicht man dagegen durch lange, senkrechte Kanten, wie sie z.B. eine senkrecht installierte Türfläche darstellt. Solche Flächen liefern dem Wind »harte« Anström- und Abrißkanten. Grundsätzlich kann man sagen: je länger und schräger die Fahnenflächen längs zur Anströmung ausgerichtet, desto weicher, je kürzer und steiler sie geformt sind, desto härter reagiert die Fahnensteuerung.

Zweck der Steuerfahne ist es, zusammen mit dem Fahnenarm ein Drehmoment zu entwickeln. Da dieses abhängig ist vom Produkt aus Flächengröße und Armlänge, gilt es, diese beiden Werte so aufeinander abzustimmen, daß ein technisch vernünftiges Bauteil dabei herauskommt. Ein Hauptgesichtspunkt für eine zweckmäßige Dimensionierung ist das benötigte Gesamtgewicht und damit der erforderliche Materialaufwand, um ein bestimmtes Drehmoment sicherzustellen.

Die Scharniere der Steuerfahne verbinden diese mit dem Gondelrahmen. Da der Schwenkwinkel der Fahne etwa 100° beträgt, werden die Lagerschalen nur einseitig und damit stellenweise belastet. Beim oberen Scharnier treten vorrangig Zug-, beim unteren Druckkräfte auf. Diese werden vom Scharniertrager, der zusammen mit dem Gondelfundamentrahmen eine sehr biegesteife Einheit bildet, praktisch verwindungsfrei aufgenomen.

Während die Querfahne stets genau senkrecht zur Rotorachse steht, müssen die Grenzen des Arbeitsbereiches der Steuerfahne durch Anschläge festgelegt werden. Der Arm wird normalerweise durch das Gegengewicht in die eine und im Sturmfall durch den Winddruck in die andere Grenzposition gezogen.

Bei den amerikanischen Windturbinen wurde und wird als Rückstellkraft für die Steuerfahne häufig eine oft mehrere Meter lange Zugfeder eingesetzt. Wenn man diese selbst wickeln kann, ist sie relativ preiswert. Als Selbstbauer und in Entwicklungsländern ist man jedoch unabhängiger, wenn das Rückstellmoment über ein Gegengewicht erzeugt wird. Indem man das Gewicht verändert, läßt sich der Arbeitsbereich für den Generator einstellen. Wenn der zunehmende Wind anfängt, das Gewicht zu heben und damit der Rotor nicht mehr exakt von vorn angeströmt wird, ist er trotzdem noch in der Lage, über einen gewissen Schwenkbereich hinweg ein für die Generatornennleistung ausreichendes Drehmoment zu erzeugen. Zwar wird dann nicht mehr die theoretisch mögliche, optimale Windleistung umgesetzt, aber genau das soll ja auch nicht sein, weil sonst der Generator überlastet würde. Neben dem Vorzug, leicht veränderbar zu sein, hat das Gegengewicht einen weiteren, zugegebenermaßen etwas zweitrangigen Vorteil: sein Gewicht, multipliziert mit der Armlänge für die Umlenkrolle, bildet ein gewisses Ausgleichsmoment für das Moment der Querfahne auf der anderen Seite des Gondelrahmens. Auf diese Weise wird das Aufbruchmoment auf das Traglager kleiner gehalten, wenn bei Sturm beide Fahnen gleichseitig liegen. In der seit 1988 ausgeführten neuen Steuerung hängt das Gewicht praktisch hinter der Anlage. Um das Aufbruchmoment am Kopflager auch bei diesen Ausführungen zu entlasten, kann man am Ende des Regelarmes ein Eisengewicht anbringen.

Obwohl nicht immer bis ins Detail möglich, möchte ich nachfolgend die einzelnen Baugruppen der Steuerung beschreiben.

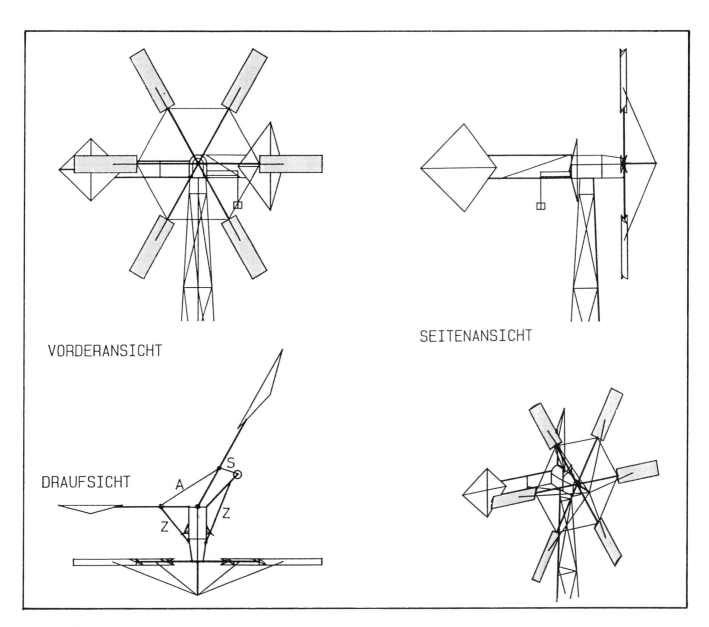

Abb. 91 Die Anordnung der Steuerfahnen
In der Draufsicht bedeuten »Z« jeweils starre Zugstangen von der Gondel zur Seitenfahne bzw. zum Regelgewichtsarm; »A« ist ein Seil (oder eine Kette), welches den maximalen Spreizwinkel zwischen den Fahnen festlegt; »S« ist das Steuerseil von der Umlenkrolle des Regelgewichtsarms zum Holepunkt am Steuerfahnenarm.

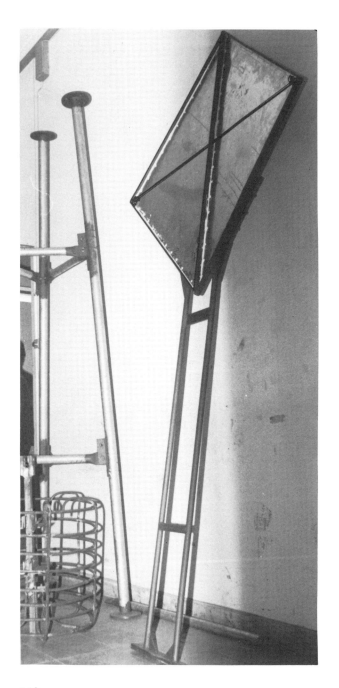

1. Arme

Bei den Armen für die Steuerfahnen ließ sich das Prinzip mittlerer Technologie besonders gut verwirklichen. Einfaches Stahlrohr und Flacheisen genügen, um sie aufzubauen. Nur wenn man den Abknickwinkel für die Rohrstücke, an denen die Rahmen der Fahnenflächen verschraubt werden, bestimmen will, muß man etwas tüfteln: die Rohrenden sind um 15° aus der Senkrechten gegen Luv geneigt und gleichzeitig um 45° nach hinten in Richtung der Fahnenkanten. Der Theorie kann man jedoch ganz einfach aus dem Weg gehen, indem man die Flächen zuerst baut und die Kanten der Flächen, mit denen die Rohrstücke verschraubt werden sollen, direkt als Anlegeschablone nimmt (Abb. 92). Wie überall, sind aus Korrosionsschutzgründen auch hier die Rohrenden der Arme dicht zu verschließen.

Wenn jeweils nur ein Windrad gebaut werden soll, also keine Serie, kann man die Löcher, die die Befestigungsschrauben zwischen den Armen und den Flächenrahmen aufnehmen sollen, frei mit einer Handbohrmaschine bohren, nachdem vorher beide Teile mit Hilfe von Schraubzwingen fixiert wurden. Das spart viel Anreißarbeit, und die Schrauben lassen sich problemlos durchstecken! Wer hier individuell-handwerklich arbeitet und während seiner Ausbildung nicht allzu sehr auf den in Industriebetrieben üblichen Austauschbau getrimmt worden ist, kann viel Zeit und Ärger sparen. Wenn er Teile, die zusammengehören, auch zusammen verbohrt, passen sie garantiert. Für unsere Ansprüche reicht es in der Regel, eine Zeichnung richtig lesen zu können, d.h. die Funktion und den Sinn der dort enthaltenen Informationen zu verstehen. Wer sich danach richtet, ist engstirnigen Zeichnungsfetischisten weit überlegen. Nur bei einer Serie ab 10 Stück ist es möglicherweise sinnvoll, sich Anreiß- oder Bohrschablonen zu bauen. Das könnte

Abb. 92
Die Arme der Steuer- und Seitenfahne werden aus einfachen Rohren und Flacheisen gefertigt. Zum Fahnenende hin sind jeweils zwei Rohrstücke passend zu den Vorderkanten der Flächen abgewinkelt und mit Knotenblechen verstärkt.

dann bedeutsam werden, wenn verschiedene Produktionsstätten und Standorte voneinander entfernt liegen und Einzelteile der Anlage mühelos ausgetauscht werden sollen. Ich selbst kann mir einen echten Grund für diese Austauschbarkeit kaum vorstellen, da die Anlage ohnehin mindestens zwanzig Jahre halten soll - und hoffentlich noch viel länger hält. Soll vor Ort etwas repariert oder ausgetauscht werden, kann das handwerklich genauso gemacht werden, wie wenn man eine alte Gartentür auswechselt: man nimmt die alte als Vorlage für die neue.

2. Flächen

Die Windfahnenflächen sollen zwar einerseits stabil und groß genug sein, aber andererseits auch nicht zu schwer werden.

Wir lösten diese Aufgabe, indem wir eine einfache, aber dennoch wirksame Verbundkonstruktion entwarfen. Sie besteht aus Winkeleisen und T-Profilen für den Rahmen, einem Flacheisen für die Verstrebung und verzinktem, dünnen Blech für die eigentlichen Flächen. Da die meisten Bleche zumindest in Europa standardisiert geliefert werden, teilten wir 2 Platten gemäß Abb. 93 auf. Die einfach schraffierten Dreieckflächen bleiben übrig. Man kann sie beispielsweise für die Gondelverkleidung oder den Bau eines Sicherungs- und Schaltkastens für die elektrische Anlage benutzen. Wie man der Abbildung entnehmen kann, ist die quadratische Fläche der Steuerfahne doppelt so groß wie die der Seitenfahne. Es ist ratsam, zunächst die Flächen auszuschneiden und dann erst die Rahmen um sie herum anzupassen, weil die T- und Winkelprofile nämlich unterschiedliche Radien haben. Um Gewicht zu sparen, wählten wir für die hinteren Winkeleisen der Steuerfahne ein kleineres Profil als für die vorderen, die mit dem Fahnenarm verschraubt werden müssen.

Der beiderseits um 15° aus der Ebene heraussteigende Falzwinkel längs der von uns aus einem T-Profil gefertigten Diagonale des Quadrats versteift die Konstruktion besonders (Abb. 94). Wer das T-Profil nicht beschaffen will oder kann, nimmt einfach zwei Winkeleisen mit den gleichen Abmessungen, wie sie auch bei den hinteren Rahmenteile

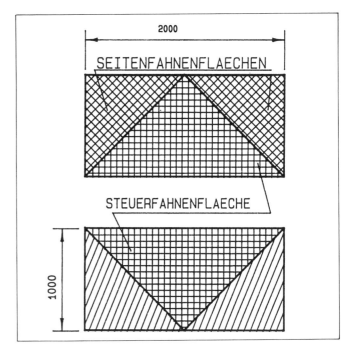

Abb. 93
Schnittmuster für die Steuer- und Seitenfahnenflächen aus handelsüblichen Blechen. Die einfach schraffierten Bleche sind anderweitig zu verwenden. Verzinkt sind sie gut gegen Korrosion geschützt.

der Steuerfahne verwendet wurden, und schweißt sie stellenweise zusammen. Die Flächen selbst haben wir entweder mit dem Rahmen vernietet, punktverschweißt, verschraubt oder mit einem Zweikomponenten-Kunststoff verklebt. Je nachdem, wie im einzelnen verfahren wird, müssen die entsprechenden Arbeitsregeln eingehalten werden.

Um die sehr dünnen und damit korrosionsempfindlichen Flächen auf lange Zeit hinreichend zu schützen, müssen die Spalte zwischen Flächen und Rahmen und auch die einzelnen Verbindungselemente hundertprozentig geschützt sein. Was wir in einzelnen darunter verstehen, will ich exemplarisch an einem Beispiel beschreiben. In unserem Fall vernieteten wir mit Hilfe von Blindnieten (»Popnieten«) ein verzinktes Blech mit einem vorher mit Zinkgrundierung ge-

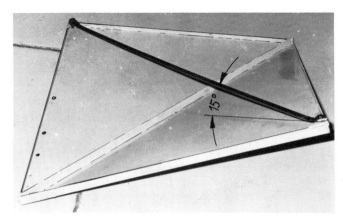

Abb. 94
Die Fahnenflächen werden mit einem Rahmen aus T-Profil, Winkeleisen und verzinktem Blech zusammengebaut.

Abb. 95
Bis auf das Regelgewicht und die Abdeckhaube ist die Anlage fertig montiert. Die Steuerfahne ist heruntergeklappt.

strichenen Rahmen. Auf keinen Fall darf ein Zinkblech mit einem Bleimennigevoranstrich in Berührung kommen. Diese Kombination ist elektrochemisch unverträglich. Wir spannten zunächst Bleche und Rahmen zusammen. Nachdem wir die Löcher für die Niete gebohrt hatten, lösten wir die Teile voneinander, reinigten sie von Spänen und entgrateten die Löcher sorgfältig, damit die Spalte zwischen Flächen und Rahmen so klein wie möglich werden. Bevor wir danach die Teile wieder übereinander legten, drückten wir einen Strang Silicondichtmasse aus der Kartusche längs über die Lochreihe. Diese Dichtmasse wird beim Vernieten beidseitig aus dem Spalt herausgequetscht und füllt damit Spalte und Lücken zwischen den Bohrungen und Nieten vollständig aus.

Obwohl wir verzinkte Blindniete verwendeten, ist doch der Dorn oder zumindest seine Abrißfläche ungeschützt. Deshalb versahen wir jede einzelne Vernietung beidseitig mit einem Farbtropfen, damit im Prinzip überall dort, wo Wasser einziehen könnte, bereits Farbe oder ein anderes Schutzmittel ist.

Wenn kein Silicon oder ein vergleichbares pastöses Schutzmittel verfügbar ist, kann man auch ganz einfach Farbe so lange eintrocknen lassen, bis sie für diesen Zweck die richtige Konsistenz hat. Vor dem Nachstreichen ist vor allem an den unteren Steuerfahnenecken darauf zu achten, daß keine Wassertaschen entstehen können, in denen sich Niederschläge sammeln. Kleine Abflußbohrungen müssen das gegebenenfalls verhindern.

3. Scharniere

Das Steuerfahnenscharnier besteht aus zwei einzelnen Teilen (Scharnieren), die in einem bestimmten Abstand senkrecht übereinander hinten an der Gondel angeschweißt sind, und zwar an speziell dafür konstruierten Scharnierträgern einerseits und am Steuerfahnenarm andererseits. Die beiden Bolzen, die in den Gleitlagerhülsen der festgeschweißten Laschen stecken, verbinden die Steuerfahne beweglich mit dem Scharnierträger (Abb. 96).

Der robust aus U-Stahl gefertigte untere Scharnierträger

wird mit zwei Schrauben hinten seitlich an der Gondel verschraubt. Den oberen Scharnierträger halten zwei Schrauben an der oberen Quertraverse aus U-Profil. Mit diesen läßt sich der Neigungswinkel der Steuerfahne zur Horizontalen justieren, in dem man vollflächige Distanzbleche dazwischenlegt. Löst man diese Schrauben ganz und lockert die unteren beiden seitlichen, kann man den gesamten Träger mitsamt den Scharnieren und der Steuerfahne an den Mast herunterschwenken - bei Montage-, Inspektions- und Wartungsarbeiten eine wertvolle Hilfe.

Damit das Scharnier lange hält, entschieden wir uns aus praktischer Erfahrung für eine sehr robuste Konstruktion. Denn bei der ersten KUKATER 7 m-Anlage hatten wir uns stark verschätzt: bereits nach einhalb Jahren war das Lagermetall aus den Bohrungen der Scharnierlaschen in den stark belasteten Bereichen herausgequetscht. Obwohl bei unserer neuen 7 m-Anlage das Belastungsmoment der Steuerfahne nicht so groß ist wie bei der ersten Anlage, vergrößerten wir den Abstand zwischen dem oberen und dem unteren Scharnier, um das Moment zu verringern, und verdreifachten darüberhinaus die belasteten Lagerflächen.

Die beiden dicken Stahlbolzen stecken mittig fest in den Bohrungen der Scharnierlaschen am Steuerfahnenarm. Die Bolzen drehen sich also in den vier Hülsen, die in den Lagerbohrungen der festgeschweißten Laschen am U-Profil-Scharnierträger stecken. Zwischen jedem Paar befindet sich die entsprechende Lasche vom Steuerfahnenarm.

Notwendigerweise müssen alle vier Löcher der Laschen, in denen jeweils die Gleitlagerhülsen stecken, genau fluchten. Das war zunächst eine schwierig zu bewerkstelligende Aufgabe, da wir jeweils zwei Scharnierstücke auf die beiden Scharnierträger schweißen müssen und Schweißverzüge sich nie ganz vermeiden lassen.

Eine Möglichkeit, dieses Problem zu lösen, fanden wir darin, die Lagerlöcher vorher zu bohren und zunächst eine passend gedrehte Hilfsachse provisorisch durch die beiden Laschenbohrungen zu stecken. Aber das allein reicht erfahrungsgemäß noch nicht aus, um den Schweißverzug klein zu halten. Also hefteten wir die beiden Scharnierpaare im richtigen Abstand zueinander an deren hinteren Kanten - auf der Bohrungsseite - fest an ein Hilfswinkeleisen. Dann legten wir alles - die Scharnierlaschen mitsamt der hineingestreckten Hilfswelle und dem angeschweißten Winkel - auf das untere Scharnierträger-U-Profil und schweißten die beiden Bauteile mit den Bohrungen abwechselnd stückweise fest auf den Träger, um die Schweißspannungsver-

Abb. 96
Prinzip des inzwischen verbesserten Steuerfahnenscharniers: hier sind noch das obere und untere Scharnier auf einem gemeinsamen Träger sichtbar; viel einfacher ist die neue Lösung: wir trennen beide voneinander; sie werden nunmehr einzeln gefertigt und verschraubt.

5. Das Windrad für Selbstbauer

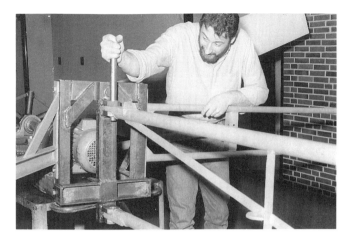

Abb. 97
Prüfung, ob die beiden Scharniere auch genau »fluchten«; inzwischen bestehen sie aus zwei getrennten Teilen.

züge klein zu halten. Entsprechend verfuhren wir mit dem anderen Scharnierpaar, welches, auf eine Platte geschweißt, mit der oberen Quertraverse verschraubt wird. Hinterher trennten wir das Hilfswinkeleisen ab und zogen die Justierachse heraus.

Eine andere Möglichkeit besteht darin, die beiden Scharnierlaschen zunächst ungebohrt festzuschweißen. Mit Hilfe geeigneter Zwischenstücke werden sie dabei parallel und im richtigen Abstand zueinander gehalten. Erst danach spannt man sie genau und bohrt sie paarweise.

Zugegebenermaßen sind beide - besonders das erste Verfahren - recht aufwendig. Trotzdem bestehen wir darauf, da sich die Steuerfahne anderenfalls später nur klemmend und entsprechend mühsam schwenken ließe.

Bei der Montage werden die Scharnierbolzen durch die jeweiligen Bohrungen in den Scharnierlaschen und den Laschen der Steuerfahnenarme gesteckt. Dabei werden die stählernen Scharnierbolzen in der Mitte im Bereich der Fahnenarmlasche festgesetzt und gleiten oben und unten in jeweils zwei Lagerhülsen, die in die vier genau fluchtenden Bohrlöcher eingepaßt wurden (Abb. 97).

Die oberen Scharnierlaschen werden auf Zug, die unteren auf Druck beansprucht. Das Gewicht der gesamten Steuerfahne drückt außerdem auf die unteren Flächen der Fahnenarmlaschen und auf die oberen Flächen der auf dem Scharnierträger festgeschweißten beiden unteren Scharnierlaschen. An diesen beiden Stellen müssen Scheiben eingefügt werden. Eine Schmierung dieser Lagerscheiben und auch der -hülsen für die Bolzen ist nur bedingt wirksam. Da der Schwenkbereich höchstens etwa 110° beträgt und die Winkelgeschwindigkeit nicht nennenswert ist, gleiten die Materialien der Scharnierteile im wesentlichen direkt aufeinander.

Trotzdem dürfen die aufeinandergleitenden Metalle nicht »fressen«, das heißt, wenn diese Metalle belastet aufeinander reiben, dürfen losgebrochene Kristallite des einen Materials sich auf keinen Fall in das Gefüge des anderen hineindrücken. Wählt man z.B. ein Lagermetall aus Bleibronze, müssen die belasteten Stahlflächen an der Oberfläche gehärtet sein, da sonst die Kristallite des Lagermetalls Riefen in die Stahloberfläche fressen können.

Wählt man dagegen z.B. ein Lagermaterial aus der Blei-Zinn-Legierung Lg-Sn 80, so »frißt« dieses Material sich normalerweise nicht in Stahl, auch wenn seine Oberfläche ungehärtet ist. Die Firma SFK entwickelte fertige Gleitlagerhülsen und -flächen unter dem Handelsnamen GLYKODUR, die sich unseres Erachtens und nach fachlicher Firmenauskunft gut für unseren Anwendungsfall eignen. Ergebnisse aus Langzeitversuchen liegen verständlicherweise noch nicht vor. Die Oberfläche der Scharnierbolzen und auch die Stahloberflächen der auf den Lagerscheiben gleitenden Scharnierteile sollten verständlicherweise möglichst glatt sein, am besten poliert oder »blank«.

Bei der Montage haben wir zweckmäßigerweise das Scharnier bereits am Boden zusammengebaut. Die Fahne und den Scharnierträger hievten wir gemeinsam den Mast hinauf und brauchten oben nur noch die vier Schrauben mit der Gondel zu verbinden. Das ging verhältnismäßig einfach, weil sie im Vergleich zu den Scharnierpassungen mehr Spiel haben. Damit die Fahne waagerecht justiert ist, haben wir die Distanzbleche, welche den Abstand des oberen Scharnierteils mit der Quertraverse festlegt, bereits bei ei-

Abb. 98
Die Anschlagseile zwischen Seiten- und Steuerfahne bzw. zwischen Regelgewichtsarm und Steuerfahne legen den Schwenkbereich der Steuerfahne fest.

ner Vormontage am Boden ermittelt. Die großdimensionierten Schrauben müssen fest am Gondelrahmen angezogen werden. Ist der Abstand unten zwischen den seitlichen Laschen des Scharnierträgers zu groß, müssen gegebenenfalls großflächige Bleche die Distanz überbrücken.
Erst diese Verbindung versteift den hinteren Teil der Gondel. Die hohe Steifigkeit ist erforderlich, wenn der Sturm die Steuerfahne auf die Seite gegen den Anschlag drückt. Dann befinden sich beide Fahnen auf einer Seite, und die Verwindungskräfte sind maximal.

4. Anschläge

Wie die Steuerung funktioniert, habe ich bereits in Kapitel 4.2 beschrieben. Während die Querfahne fest mit der Gondel verbunden ist, schwenkt die Steuerfahne um einen Winkel von ca. 110°, gelagert in den Bolzen des eben behandelten Scharnieres.
Entscheidend für die beiden Grenzpositionen des Schwenkbereiches der Steuerfahne sind die Anschläge. Die eine Position, die von der Fahne eingenommen wird, wenn die Anlage normal arbeitet, befindet sich ca. 20° rechts von der Rotorwelle (vgl. Abb. 48). Die andere Grenzposition nimmt sie bei Sturm ein. Sie schwenkt dann auf die andere Seite und bildet mit der Welle einen Winkel von etwa 80°.

Betrachten wir zunächst einmal den *Normalbetrieb*: hier zieht das Regelgewicht die Steuerfahne an den Anschlag, der durch ein Seil gebildet wird; dieses Seil von genau abgestimmter Länge ist mit Schäkeln in zwei Augen befestigt, von denen eines im hinteren Bereich an dem Querfahnenarm und das andere hinten am Steuerfahnenarm selbst angeschweißt wird (vgl. auch Abb. 91).

Nimmt der *Sturm* zu, wird die Steuerfahne solange auf die Querfahne geschwenkt, bis sie zusammen einen Winkel von etwa 10° bilden. Diese Stellung kann nicht überschritten werden, weil dann ein zweites Distanzseil - zwischen dem Regelgewichtsarm und dem Steuerfahnenarm selbst - straff gespannt ist (Abb. 98). Da die Seile lange halten sollen, müssen sie wetterfest und unempfindlich gegen UV-Strahlung sein. An ihren Enden müssen korrosionsbeständige

5. Das Windrad für Selbstbauer

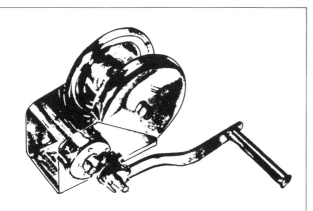

Bootsanhängerwinden
GS-geprüft. Von der Berufsgenossenschaft zugelassen!
Gekapseltes Gehäuse und Untersetzungsgetriebe.
Extrem belastbare Winden, vielseitig einsetzbar: automatischer Bremsmechanismus, selbstbremsend mit Rückschlagsicherung, verzinktem Gehäuse und verzinkter Trommel.

Typ		1	2	3	4
Zugkraft	daN	240	420	540	720
Bodenplatte	ca. mm	130 x 80	150 x 80	180 x 90	180 x 90
Drahtseil-⌀	mm	4	4	5	6
Trommelkapazität	m	16	39	23	15
Untersetzung		2:1	3:1	4,5:1	6:1
Gewicht (ohne Seil)	kg	3	4	5	6

Typ 1 – Art. Nr. 5001 2541   DM 131,–
Typ 2 – Art. Nr. 5001 2558   DM 169,–
Typ 3 – Art. Nr. 5001 2565   DM 237,–
Typ 4 – Art. Nr. 5001 2572   DM 307,–

Abb. 99
Bootsanhängerwinden sind sicher, preiswert und im Bereich des Windkonverter-Selbstbaus vielseitig einsetzbar: als Aufstiegssicherung (vgl. Kap. 5.2.1), als Montage- und Aufstellhilfe und um gegebenenfalls die Anlage abzubremsen bzw. aus dem Wind zu drehen. Besonders die hier gezeigte Winde mit 5.400 N Zugkraft und einem 5 mm starken Seil ist gut geeignet.

Kauschen eingespleißt werden.
Grundsätzlich kann man anstelle der beiden Distanzseile auch entsprechend dimensionierte Ketten verwenden. Weil diese jedoch härter anschlagen, empfiehlt es sich, die bei den Festmachern von Sportbooten oft benutzten Federdruckdämpfer mit einzubauen.

Wer die Anlage unten - vom Mastfuß aus - aus dem Wind drehen will, kann dafür ein spezielles Seil am Steuerfahnenarm festlaschen. Über eine Umlenkrolle am Querfahnenarm muß er es dann durch ein gekrümmtes Rohr mit Trompetenenden neben dem Stromkabel und dem Bremsseil für die Schreibenbremse den Mast herabführen. Die trompetenförmigen Aufweitungen sind nötig, damit das Seil an den Rohrenden nicht durchscheuert. Mit Hilfe einer kleinen Winde kann er so in jedem Fall die Anlage aus dem Wind drehen. Dabei wird das Regelgewicht in dieselbe Position gezogen, in der es sich auch bei Sturm befindet. Eine solche Winde ist im Fachhandel z.B. als von der Berufsgenossenschaft zugelassene Bootsanhängerwinde mit ca. 250 daN Zugkraft für ungefähr 150 DM erhältlich (1 daN entspricht 10 N und damit der Gewichtskraft von 1 kg Masse). Sie besitzen einen automatischen Bremsmechanismus, haben eine Rückschlagsicherung und sind darüberhinaus wetterfest verzinkt (vgl. Abb. 99).

Mit einer solchen Winde kann der Betreiber wahlweise oder nacheinander sowohl die Anlage aus dem Wind drehen als auch die Bremse anziehen. Auch, wenn er die Anlage montiert oder Teile auswechselt, ist diese kleine Winde bestimmt sehr hilfreich.

5. Gewichtsumlenkrollen

Am Ende des Armes für das Regelgewicht hängt die eine Rolle, die das Seil oder die Kette umlenkt. Dieses Steuerseil ist an einem Ende mit dem Arm der Steuerfahne verbunden und an sein anderes Ende ist am Querfahnenarm befestigt. Dazwischen hängt das Regelgewicht ebenfalls an einer Rolle. Es wird bei Starkwind durch den Staudruck auf die Steuerfahne angehoben. Der Haltebügel für die Umlenkrolle wird zweckmäßigerweise lose mit Hilfe eines großzügig dimensionierten Schäkels in das am unteren Ende des Armes angeschweißte Auge eingehängt. Ich möchte hier auf die DIN 15062 (Seilrollenabmessungen) verweisen, die empfiehlt, den Durchmesser der Seilrolle ca. 30 mal größer zu wählen als das Seil; für ein 10 mm dickes Seil ist also eine Seilrolle mit wenigstens 300 mm Durchmesser erforderlich. Das gleiche gilt für Ketten: auch hier soll der Durchmesser des Kettenrades das 25- bis 30 fache der Nenngliedicke der Kette betragen. Lediglich Umlenkrollen mit genau passend ausgeführten Kettennüssen kommen mit kleineren Durchmessern aus.

Auch eine Rollenkette läßt sich verwenden, um das Regelgewicht umzulenken. Wegen der genau passenden Kettenräder und der gut schmierbaren Gelenke, reichen dabei - relativ zu den Umlenkrollen für Seile - kleine Durchmesser aus. Denkbar und an geeigneten Aufstellungsorten ausführbar sind auch moderne Textilflachgurte mit entsprechenden Rollen.

Unabhängig davon, wie im einzelnen umgelenkt wird, bin ich dafür, das Seil, die Kette oder den Gurt nur mit einem Zehntel der Bruchlast zu beanspruchen. Ist der Aufstellungsplatz schneematsch- und frostgefährdet, ist es zweckmäßig, um die Umlenkrolle herum eine Schutzhaube zu bauen, die den gefährdeten Umschlingungsbereich abschirmt. In diesem Fall ist ein gut gefettetes Stahlseil die beste Lösung. Bei den von uns durchgeführten, extremen Vereisungsversuchen versagte es nie. An Gewicht braucht an dieser Stelle nicht gespart zu werden. Im Gegenteil: es entlastet im Sturmfall das Traglager, da sich dann beide Fahnen auf der anderen Seite befinden und ein gewisser Momentenausgleich durchaus wünschenswert ist.

6. Regelgewicht

Nachdem vorhergehend die Funktion des Regelgewichtes hinreichend beschrieben wurde, kann ich mich hier kurz fassen und mich auf das Faktum selbst beschränken. Je nach Generator- oder Pumpenleistung kommt bei zunehmender Windgeschwindigkeit irgendwann der Augenblick, in dem es angehoben wird.

Dieser Augenblick läßt sich durchaus experimentell bestimmen, indem man die Masse so lange verändert, bis das gewünschte Verhalten eintritt und Steuer- und Seitenfahne gegeneinander schwenken. Ist die erforderliche Masse einmal ermittelt, bleibt nur noch ihre Art beziehungsweise ihr Aussehen als Thema übrig. Ich meine, ein gedrungener zylindrischer Körper ist am zweckmäßigsten. Er bietet dem Wind relativ zu anderen Formen den geringsten Widerstand. Um das schwere Regelgewicht einfach an seinen Platz befördern zu können, machten wir am Schäkel der Umlenkrolle eine zweite Hilfsrolle fest, die wir gewöhnlich am Montagekran brauchen. Vom Boden aus wurde das Gewicht dann mit Hilfe der kleinen Brems- und Abstellwinde (vgl. Abb. 99) in die gewünschte Position gezogen und dort an das Regelgewichtsseil umgehängt. Trifft das Lot am Holepunkt der Umlenkrolle unten auf die Maststruktur, muß ein Helfer mit einer Beileine das Gewicht beim Hochziehen vom Mast freihalten.

5.3 Der elektrische Bereich

Wenn ein Mechanikus sein Windrad fast fertiggebaut hat, eröffnet sich ihm nach meiner Erfahrung ein bis dahin oft unterschätztes Problemfeld: ich will es einmal »den elektrischen Bereich« nennen.

Da der Wind ein recht unstetes Element ist, fordert er den Windmüller entsprechend, wenn dieser mit dem Strom aus dem windigen Angebot etwas Nützliches anfangen und die Verluste so klein wie möglich halten möchte. Von wenigen zehn bis hin zu Tausenden von Watt elektrischer Leistung reicht die Ausbeute, die es zu verwerten gilt. Vom klug dimensionierten Generator über eine angepaßte Belastungsregelung bis hin zur sinnvollen Energiespeicherung und Energienutzung reicht die Kette. Wenn man bedenkt, daß allein schon beim Laden und Entladen eines Bleiakkumulators rund 20% Speicherverluste entstehen, kann man durch praktische Fehler in der übrigen Übertragungskette schnell eine Menge Energie nutzlos vergeuden.

Aber schon auf der Baustelle unseres Windkonverters beginnt der »elektrische Bereich«, gilt es doch z.B. den richtigen Generator auszusuchen und anzuschließen oder auch den Schaden eines Blitzeinschlages möglichst klein zu halten und für die Verbindungsleitung zwischen Generator und den Abnehmern den richtigen Querschnitt zu wählen.

Obwohl es gerade auf der elektrischen Seite viele Möglichkeiten gibt, möchte ich konkret bleiben und zunächst mit dem Generator fortfahren.

Der Generator

Der ideale Generator eines Windkonverters sähe meines Erachtens folgendermaßen aus: ohne jede Regelung müßte bei gleicher äußerer Belastung seine Drehzahl-Leistungs-Kennlinie die Form der Kennlinie: »Windleistung als Funktion der Windgeschwindigkeit« haben. Dann bliebe nämlich die Schnellaufzahl für alle Windgeschwindigkeiten konstant, und es würde immer die optimale Energiemenge umgesetzt. Darüberhinaus müßte der Wirkungsgrad des idealen Generators über den gesamten Abgabebereich bis hin zur Nennleistung immer gleich hoch bleiben, und, wie traumhaft, sein Drehzahlbereich müßte genau dem des Rotors entsprechen. Ein Getriebe wäre überflüssig. Ferner lieferte er - was für eine Netzkopplung besonders vorteilhaft wäre - einen Wechselstrom konstanter Frequenz bei gleichbleibender Spannung, regelte die Leistung nur über die Abgabe der Stromstärke.

Die realen Möglichkeiten der elektrischen Energieerzeugung aus Wind sind im Gegensatz zu den oben geschilderten Traumvorstellungen ernüchternd. Keiner der dort erwähnten Vorzüge ist in der Praxis ohne Kompromisse in anderen Punkten zu erlangen.

Je nachdem, welche Leistung und welchen Zweck der Windkonverter jeweils hat und welcher finanzielle und technologische Aufwand betrieben wird, sehen die Lösungen sehr unterschiedlich aus. Die meisten Teilnehmer, die mir auf Windenergieseminaren über erste gesammelte Erfahrungen berichteten, waren weniger wegen der Probleme mit dem Rotor selbst frustriert, sondern eher wegen ihrer zahllosen gescheiterten Versuche, irgendwelchen (Schrott-)Kfz-Lichtmaschinen nennenswerte Energiebeträge zu entlocken. In einigen Bauanleitungen von »Kle-Wi-An'en« (kleinen Windenergie-Anlagen), die sich dem Thema widmen, wie man handelsübliche Lichtmaschinen zu Windgeneratoren umfunktioniert, verstrickte ich mich bereits beim Lesen hoffnungslos zwischen den Zeilen und Skizzen der Autoren, mit deren Hilfe sie sich bislang vergeblich bemühten, mich zum Spulenwickler von Generatoren umzuschulen. Wenn jemand geschickt und erfahren genug ist, kann er den sonst schlechten Wirkungsgrad von Lichtmaschinen - ca. 30% - durchaus etwas anheben, indem er an einzelnen Bauteilen manipuliert. Insgesamt gesehen gibt es jedoch nach meiner Erfahrung gerade im Leistungsbereich bis 500 W hinsichtlich Betriebsdrehzahl und Wirkungsgrad kaum optimal geeignete Generatoren.

Die Generatorauswahl ist nie unabhängig davon zu sehen, auf welche Weise die gewonnene elektrische Energie eingesetzt werden soll. In der Leistungsklasse bis 10 kW beabsichtigen die meisten Betreiber, die Leistung über rein ohmsche Heizwiderstände in Wärmeenergie zu verwandeln und eventuell mit einem bestimmten Anteil über ein ge-

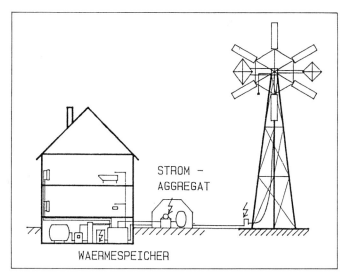

Abb. 100
Im Inselbetrieb sind die Benutzer in der Regel auf ein komplexes Energieversorgungssystem eingestellt. Hier kommt es dann nicht so sehr darauf an, daß die elektrische Energie eine genau konstante Frequenz und Spannung aufweist. Dafür müssen aber Akkumulatoren und Wärmespeicher für die gewonnene Sonnen- und Windenergie vorhanden sein; ein eigenes Stromaggregat überbrückt Versorgungsengpässe.

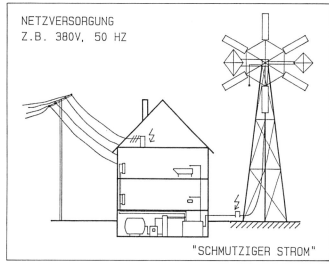

Abb. 101
Im »Dualbetrieb« ist es üblich, die Energie des Windkonverters für Heizung und Warmwasserbereitung zu verheizen. Für diese Zwecke reicht sogenannter »schmutziger« Strom aus: Spannung, Strom und Frequenz brauchen nicht stabil gehalten werden.

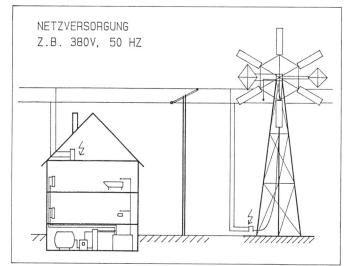

Abb. 102
Im netzparallelen Betrieb, der sich wegen des erforderlichen Regelungs- und Sicherheitaufwandes im allgemeinen erst bei Anlagen größerer Leistung lohnt, liefert die Windenergieanlage den Strom direkt ins »öffentliche« Netz. Standort der Anlage und Betreiber können geografisch weit entfernt voneinander sein, wenn sie nur über das Netz miteinander verbunden sind.

5. Das Windrad für Selbstbauer

eignetes Ladegerät elektrische Akkumulatoren aufzuladen. Sollen mit der Ausgangsleistung des Windgenerators direkt sogenannte »induktive Verbraucher«, wie z.B. Elektromotoren angetrieben werden, so sind deren induktive Rückwirkungen zu berücksichtigen.

Beim *Inselbetrieb*, bei dem der Generator unabhängig vom öffentlichen Netz arbeitet und mit anderen Aggregaten zusammen eine Verbrauchereinheit versorgt, kommt es meist nicht auf eine konstante Erzeugerfrequenz, -spannung und elektrische Stromstärke an. Oft ergänzen Solarzellen und ein verbrennungsmotorgetriebenes Notstromaggregat das Gesamtsystem (Abb. 100).

Auch im *bivalenten Betrieb*, bei dem zwar die Verbrauchereinheit ans öffentliche Netz angeschlossen ist, wo jedoch zusätzlich »schmutziger« Strom - ohne stabile Spannung und Frequenz - z.B. für Heizzwecke verwendet wird, können die Betreiber es sich ersparen, aufwendige regelungstechnische Schaltungen für die Stromerzeugung einzusetzen (Abb. 101). Wegen des Rotordurchmessers zwischen 5 m bis etwa 8 m treiben unsere Anlagen vom KUKATER Typ Generatoren von 2 kW bis maximal 10 kW Leistung an.

Wir verwenden dafür zwei Generatortypen: zum einen Dauermagnetgeneratoren bis 3 kW elektrischer Leistung und zum anderen Asynchrongeneratoren (Wechsel-/Drehstromgeneratoren), die über eine Kondensatorbeschaltung die Blindleistung für die Erregung selbst erzeugen (Abb. 76). Beide Generatortypen sind weit davon entfernt, dem eingangs erträumten Idealgenerator zu gleichen. Trotzdem werden sie in diesem Leistungsbereich am häufigsten eingesetzt. Der weniger komplizierte von beiden ist der Dauermagnetgenerator (Abb. 103). Wird er wie ein Fahrraddynamo direkt an den Verbraucher angeschlossen, entspricht die über der Antriebsdrehzahl aufgetragene Leistungskennlinie einer quadratischen Funktion. Damit ähnelt die Charakteristik des Dauermagnetgenerators in gewisser Hinsicht der des Windrades, bei dem die Leistungskennlinie als Funktion der Drehzahl eine kubische Funktion darstellt. Da die theoretische Kennlinie jedoch nur bei genau eingehaltener Schnellaufzahl über den gesamten Drehzahlbereich exakt gilt, fällt in der Praxis die Differenz zwischen quadratischer und kubischer Funktion der Leistungskennlinien glücklicherweise recht klein aus. Leider fanden wir die Dauermagnetgeneratoren im Vergleich zu anderen - insbesondere zu den Asynchrongeneratoren gleicher Leistung - sehr teuer. Immerhin sollten wir für den 3 kW Generator dieser Bauart bei einer bekannten deutschen Firma 1982 noch 3.280,- DM bezahlen.

Möglicherweise gibt es aber noch andere Hersteller mit preiswerteren Angeboten, die mir leider nicht näher bekannt sind.

Der am häufigsten verbreitete Generatortyp für kleinere und große Windkraftanlagen ist der Asynchrongenerator, nicht zuletzt, weil er sehr robust, preiswert und leicht zu beschaffen ist. So konnte ich im Jahr 1986 mehrmals den Verkauf eines fabrikneuen 3 kW-Asynchrongenerators mit angeflanschtem, zweistufigem Getriebe und angepaßten Kondensatoren für einen Preis von weit unter DM 3.000 vermitteln. Dabei gibt die als seriös geltende Firma einen Wirkungsgrad von 95% an.

Wie der Name schon sagt, laufen Asynchronmaschinen nicht synchron zur Frequenz des Erregermagnetfeldes. Im Generatorbetrieb dreht der Anker schneller als das dazugehörige Erregermagnetfeld im Stator, das bei Anlagen am öffentlichen Netz mit der Netzspannung (50 Hz) erzeugt wird. Der Drehzahlunterschied zwischen dem Drehfeld des Ständers und dem von außen angetriebenen Anker (Rotor) wird »Schlupf« genannt. Das äußere elektromagnetische Drehfeld des Stators induziert nun in den dicken, kurzgeschlossenen Windungen des Rotors ein »Gegenmagnetfeld«. Wird der Rotor des Generators durch die Windkraftanlage schneller gedreht als das erregende Feld des Ständers, kann den Wicklungen des Ständers eine elektrische Leistung entnommen werden. In gewissen Grenzen gilt: je höher der Schlupf, desto größer die Leistungsabgabe. Wird der Stator durch ein von außen angelegtes Drehstrommagnetfeld mit z.B. 1.500 U/min erregt, so gibt der Generator seine Nennleistung ab, wenn sein Rotor mit 1.530 U/min angetrieben wird.

Oft ist jedoch für die Erregung des Ständermagnetfeldes kein äußerer Wechselstrom (z.B. Anschluß an das öffentliche Netz) verfügbar. Der Asynchrongenerator muß dann allein arbeiten. Mit Hilfe des fast immer vorhandenen

Restmagnetismus im Eisen und der zu den Wicklungen des Stators parallel geschalteten Kondensatoren läßt sich ein für die Selbsterregung und Leistungsabgabe hinreichend großer Blindstrom in den äußeren Feldspulen erzeugen (Abb. 104).

Die richtige Größe der Kondensatoren für die Selbsterregung muß im allgemeinen durch Versuche ermittelt werden; bei uns liegt sie z.B. für unseren 3 kW-Generator in der Größenordnung von 50 Mikrofarad. Natürlich muß die Spannung, die die Kondensatoren vertragen, über der zu erwartenden Höchstspannung liegen. Als Prüfstand für unsere Versuche benutzten wir eine große, leistungsstarke Drehmaschine (Abb. 105).

Mit dieser treiben wir den Generator an, nachdem wir versuchsweise einen Satz von 3 gleichen Kondensatoren zu den Erregerspulen parallel geschaltet haben. Die Spannung wird an einer Phase mit einem Voltmeter kontrolliert; steigt sie sprunghaft an, schalten wir die Heizwiderstände auf, deren Größe wir der Nennleistung entsprechend gewählt haben.

Wird bei der Nenndrehzahl des Generators ungefähr die Nennspannung erreicht, stimmt die Kapazität der Kondensatoren. Wird die Nennspannung bereits bei kleineren Drehzahlen erreicht, ist es notwendig, die Kapazität der

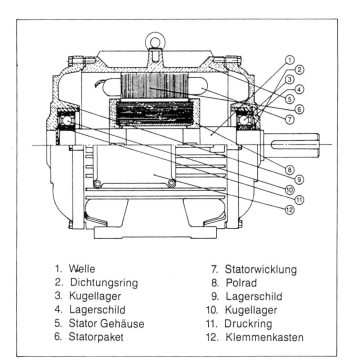

1. Welle
2. Dichtungsring
3. Kugellager
4. Lagerschild
5. Stator Gehäuse
6. Statorpaket
7. Statorwicklung
8. Polrad
9. Lagerschild
10. Kugellager
11. Druckring
12. Klemmenkasten

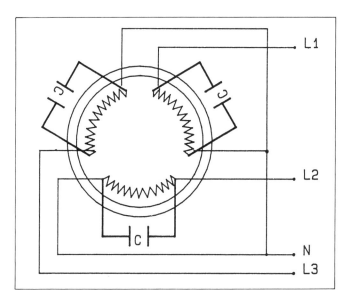

Abb. 103
Der abgesehen vom Preis problemloseste Generator für Windkraftanlagen bis zu einer Leistung von etwa 3 kW ist meines Erachtens der Dauermagnetgenerator. Seine Kennlinie ist dem Drehmomentenverlauf des Windrotors gut angepaßt, er ist robust und unkompliziert aufgebaut und braucht weder Schleifringe noch Kollektoren.

Abb. 104
Kann beim Asynchrongenerator die Blindleistung für die Erregung nicht aus dem Netz bezogen werden, muß man für Selbsterregung sorgen, indem man optimal dimensionierte Kondensatoren parallel zu den 3 Ständerwicklungen schaltet. Die Größe der Kondensatoren richtet sich nach der Generatorleistung, seiner Drehzahl und dem Widerstand des Verbrauchers.

5. Das Windrad für Selbstbauer

Kondensatoren zu erhöhen. Anderenfalls würden die Verluste zu groß.

Zuletzt - aber trotzdem wichtig - bleibt noch folgendes zu erwähnen: nahezu jeder Asynchronmotor kann auch als Generator betrieben werden! Wie das gemacht wird, hat mir ein Fachmann berichtet. Ich gebe es gern weiter:

Das Asynchronmotor-Generator-Umwandlungsrezept

Voraussetzung ist ein Prüfstand, an dem der Motor, der »generatorisiert« werden soll, mit verschiedenen Drehzahlen angetrieben werden kann. Dabei muß der antreibende Motor im Prüfstand deutlich mehr leisten können als der spätere Generator. Wir nehmen dafür eine starke Drehmaschine (Abb. 105). Darüber hinaus sind ein oder besser zwei Universalmeßgeräte nötig, um Spannungen und Ströme zu messen. Die Drehzahl muß ebenfalls einwandfrei gemessen werden können.

Versuchsdurchführung:

1. Hinsichtlich der Kapazität abgeschätzte Kondensatoren parallel zu den Motorwicklungen schalten; als grober Richtwert für die Kapazität kann man von etwa 20 Mikrofarad pro kW Generatorleistung bei Sternschaltung ausgehen.
2. Spannungsmeßgerät anschließen und den erwarteten Betriebsspannungsbereich einstellen.
3. Die Antriebsmaschine »hochdrehen«: meist steigt bei Drehzahlen über 1/3 der Nenndrehzahl des Motor-Generators die Klemmenspannung sprunghaft auf über 100 V (Spannungsdurchbruch).
4. Erst jetzt die Belastungswiderstände (»Verbraucher«) zuschalten.
5. Drehzahl erhöhen, bis die Nennspannung an der Nennlast anliegt.

Abb. 105
Der Versuchsaufbau, mit dem wir die Kapazitätswerte für die Erreger-Kondensatoren ermittelten: die Drehmaschine treibt den Generator mit verschiedenen Drehzahlen an; im Vordergrund die Kondensatoren und die einstellbaren Belastungswiderstände.

Versuchsauswertung:
Drei Fälle sind möglich:
1. Die Nennspannung wird bereits unterhalb der Nenndrehzahl erreicht. Abhilfe: Entweder die Belastung vergrößern (bis max. zur Nennleistung des Generators) oder die Kapazität des Kondensators verringern. Wichtig: die Verluste des Generators hängen vom Quotienten aus Spannung und Drehzahl ab. Deshalb sollte die Nenndrehzahl nicht unterschritten werden, selbst wenn bei Unterdrehzahlen der Spulenstrom den Nennwert nicht überschreitet. Der Wirkungsgrad ist in diesem Bereich nicht optimal.
2. Die Nennspannung wird in einem gewissen Toleranzbereich (± 10%) der Nenndrehzahl erreicht. In diesem Fall ist für den Generator und die angeschlossene Last die richtige Kondensatorkapazität ermittelt. So kann es bleiben. Auch die Frequenz stimmt.
3. Die Nennspannung wird erst oberhalb der Nenndrehzahl erreicht. Der Kondensatorwert muß erhöht werden, die Durchbruchsspannung liegt sonst relativ hoch. Wie bereits in der Versuchsdurchführung beschrieben, soll die Last erst zugeschaltet werden, nachdem der Spannungsdurchbruch erfolgte. Bei permanent aufgeschalteter Last liegt die Durchbruchsdrehzahl nämlich relativ hoch. Es ist also besser, zunächst ohne Last den Spannungsdurchbruch bei niedriger Drehzahl zu erzielen und dann erst die Last aufzuschalten. Mit Hilfe von Triacs ist das automatisch möglich.

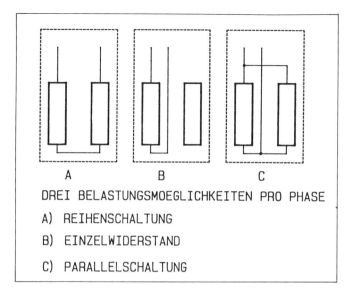

Abb. 106
Mit Hilfe von 2 gleichen Widerständen R pro Phase läßt sich eine einfache Stufenschaltung mit 3 Lastzuständen aufbauen:
A) die Reihenschaltung der beiden Widerstände ergibt den höchsten Lastwiderstand (R + R = 2 R) und damit die kleinste Laststufe;
B) ein Widerstand allein bringt gegenüber A den halben Lastwiderstand (nämlich R) und entsprechend eine mittlere Belastung;
C) für die höchste Laststufe sind beide Heizwiderstände parallel geschaltet, der Lastwiderstand beträgt jetzt 0,5 R.
Mit geeigneten Regelelementen (vgl. Kap. 5.3.3 und 9.1) läßt sich die Umschaltung der Laststufen z.B. entsprechend der Generatorspannung automatisieren.

Die Lastabnahme

Der vom Generator erzeugte Strom wird auf der einen Seite des elektrischen Verbindungskabels zwischen Windrad und »Verbraucher« eingespeist. Was aber passiert mit der elektrischen Energie am anderen Ende des Kabels? Fest steht nur: wenn der Windkonverter effizient arbeiten soll, muß möglichst die gesamte vom Generator erzeugte Energie entweder gespeichert oder verbraucht werden.

Elektrische Energie ist immer nur Mittel zum Zweck, nie der Zweck selbst - sie ist gewissermaßen Vehikel. Vom Alltag her sind wir es als Bewohner von Industriestaaten gewohnt, mit Hilfe von Schaltern über den frequenz- und spannungsstabil angebotenen Strom beliebig zu verfügen, ihn in die »Nutzenergien« Licht, Wärme, mechanische Leistung umzusetzen und Elektronik aller Art mit ihm zu betreiben.

5. Das Windrad für Selbstbauer

Würden wir den Windgenerator auch einfach abschalten und somit keine Leistung mehr entnehmen, würde das Windrad durchdrehen. Bei einem Schnelläufer könnte das - wenn keine besonderen Sicherheitsvorkehrungen getroffen werden - die Flügel überlasten und zerstören. Beim Windrad vom KUKATER Typ kann das, wie bereits in 4.2 und 5.2.2 beschrieben, nicht passieren. Der Rotor dreht dann ca. zweimal schneller als bei Abnahme der Leistung, bliebe aber unversehrt. Dasselbe gilt, sofern richtig bemessen, auch für Getriebe und Generator. Ein solches »Durchdrehen«, ohne daß wertvolle Energie entnommen wird, sollte trotzdem aus verständlichen Gründen nicht oder möglichst selten vorkommen.

Meistens wird der Betreiber den Windstrom auf zweierlei Weise verwenden wollen: entweder, um direkt Wärme zu erzeugen, oder, um ihn zunächst zwischenzuspeichern. Will man lediglich Wärme erzeugen, reicht es, wenn immer ausreichend ohmsche Heizwiderstände angeschlossen sind. Wir benutzten für einen 3 kW-Drehstromgenerator z.B. 6 Heizpatronen mit je 500 Watt. So konnten wir je Phase drei Kombinationen schalten: entweder zwei Widerstände hintereinander, einen allein oder beide parallel. Mit diesen drei Belastungsstufen kamen wir gut zurecht, auch wenn sie nicht ganz ideal waren (vgl. Abb. 106).

Wer Wasser erwärmen will, muß einen Trocken- und Überhitzungsschutz einbauen. Siedet das Wasser bei normalem äußeren Luftdruck, muß kurz vorher auf andere Betriebslasten umgeschaltet werden, um ein Verkochen oder eine Dampfexplosion zu verhindern. Uns genügten als »Ersatzlast« einfache Glühstrahler, sogenannte »Frostschutzwächter«. Sie sind sicherer als Heizlüfter mit ihrem störanfälligen Ventilator (Abb. 107).

Als zweite Möglichkeit kann der Betreiber die vom Windgenerator erzeugte elektrische Energie zunächst in Akkumulatoren speichern. Damit verfügt er über hochwertigen Gleichstrom bei 12 V oder 24 V Spannung, womit er Beleuchtung, Elektronik, einen Kühlschrank und ähnliches betreiben kann.

Als Stromspeicher ist der Bleiakkumulator weit verbreitet. Seine mittlere Zellenspannung beträgt 2 V, die beim Laden bis 2,4 V ansteigt; ist er entladen, sinkt sie auf 1,8 V ab. Die Betriebsspannung für einen sechszelligen Akku beträgt somit maximal 14,4 V und minimal 10,8 V. Sofern die angeschlossenen Geräte den Spannungsunterschied nicht verkraften, muß eine Spannungsregelung vorgesehen werden.

Die elektrische Regelung

Zunächst möchte ich einige Anregungen geben, wie man Akkumulatoren laden kann. Gerade in Entwicklungsländern wird eine stets verfügbare Gleichstromquelle immer wichtiger, damit die Bewohner private Funkgeräte und andere Informationselektronik betreiben können. Zwar kommen dafür schon zunehmend Solarzellen-Generatoren zum Einsatz; dennoch sollten auch die Betreiber eines Windrades meines Erachtens zumindest einen Teil der aus dem Wind gewonnenen Elektrizität für Akkumulatoren abzweigen.

Nach wie vor ist der Bleiakkumulator der wichtigste und am häufigsten angewendete Akkutyp. Sinngemäß gilt das folgende aber auch für alle anderen Akkutypen. Ist die Ladespannung von 2,4 V pro Einzelzelle erreicht, beginnt der Akku zu gasen; er hat dann etwa 87% seiner maximalen Speicherkapazität aufgenommen. Um die letzten 13% der Ladung einzubringen, müssen die Akkuspannung und ggf. auch der Ladestrom sorgfältig überwacht werden, da der Ladestrom oberhalb der Gasungsspannung gewisse, vom Akkuhersteller vorgegebene Grenzen nicht überschreiten darf. Übrigens ist das beim Gasen entstehende Knallgas explosiv - daher für gute Belüftung der Akkus sorgen!

Beim Entladen sollte die Akkuspannung nicht unter 1,8 V pro Zelle absinken. An den Platten bildet sich sonst weißes Bleisulfat, das nicht mehr in Lösung geht und die Kapazität des Akkus nachhaltig verschlechtert (vgl. Abb. 108).

Um die Einhaltung der oberen und unteren Spannungsgrenzen beim Laden und Entladen zu gewährleisten, werden in der Regel sogenannte »Spannungswächter« eingesetzt. Dafür gibt es fertige oder auch als Bausatz angebotene Spannungs-Diskriminatorschaltungen. Sie zeigen z.B. mit 3 Leuchtdioden an, ob sich die Batteriespannung innerhalb, oberhalb oder unterhalb des eingestellten »Spannungs-Fensters« befindet; über separate Ausgänge lassen sich gleichzeitig mitgelieferte Relais ansteuern, die je nach gemessener Akkuspannung den Ladestrom bzw. den Stromverbrauch unterbrechen oder zuschalten. Sollte die Schaltleistung der eingebauten Relais nicht ausreichen, sind entsprechende Schütze nachzuschalten. Die obere und untere Schaltschwelle des Diskriminators ist im allgemeinen einstellbar und sollte den Erfordernissen des Akkus (Herstellerangaben) angepaßt werden.

Wir haben unseren Bleiakkumulator folgendermaßen in die Anlage integriert:

Die nötige Ladespannung für den 12 V Akku wird über ein normales Gleichstromnetzgerät erzeugt, das wir parallel zum Heizregister an eine Phase des Asynchrongenerators angeklemmt haben und das eine stabilisierte Ausgangsspannung liefert. Allerdings beeinflußt die Trafoinduktivität des Netzgerätes vor allem bei großen Trafos den Selbsterregungskreis des Asynchrongenerators. Die Größe dieses Einflusses muß von Fall zu Fall ausgemessen und - wenn sinnvoll - mit Hilfe der Kondensatoren kompensiert werden.

Die Batteriespannung überwachen wir, wie oben bereits erwähnt, mit einer Diskriminatorschaltung, die den Ladezustand des Akkus mit Leuchtdioden anzeigt. Elektronik-

Abb. 107
Diese Glühstrahler eignen sich nicht nur gut als Last für Experimentierzwecke, sondern auch als Ersatzlast, wenn z.B. ein Warmwasserspeicher keine zusätzliche Energie mehr aufnehmen kann. Die Thermostatschalter müssen vorher überbrückt werden, da ihre Funktion hier nicht erwünscht ist. Selbstverständlich kann man mit einem solchen System auch direkt z.B. ein Gewächshaus heizen.
Wir benutzten es als vielseitig einsetzbare Versuchslast. Rechts unten im Steuergerät sind drei kleine Glühlampen zur Überwachung der Phasen installiert, mit den Schaltern kann man die Lastwiderstände kombinieren.

Abb. 108
Der Bleiakkumulator speichert Strom in Form von elektrochemischer Energie. Die Spannung pro Zelle sollte nicht unter 1,8 Volt sinken; oberhalb von 2,4 Volt pro Zelle gast der Elektrolyt. Im Interesse einer langen Lebensdauer des Akkus ist es unbedingt sinnvoll, die Spannung zwischen diesen beiden Werten zu halten (rechte Ordinate). Auf der linken Ordinate wird die Säuredichte als Funktion des Ladezustands bzw. der Ladekapazität angezeigt. Mit Hilfe eines Aerometers (geeichte Senkspindel) läßt sich die Säuredichte leicht messen.

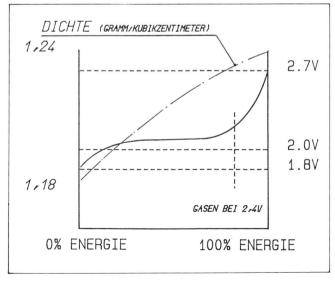

5. Das Windrad für Selbstbauer

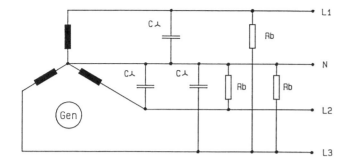

Abb. 109
Beschaltung eines Asynchron-Drehstromgenerators mit Kondensatoren und Lastwiderständen

bastelläden oder Fachversandfirmen - wie z.B. Conrad-Electronic (Adresse am Ende des Buches) - bieten solche Schaltung recht preiswert an. Drei Leuchtdioden, von denen jeweils nur eine brennt, geben Aufschluß über die am Akku gemessene Spannung: Unterschreiten der Mindestspannung von 11,5 V, - normale Akkuspannung im Betriebsbereich zwischen 11,5 V und 14,5 V, und - Überschreiten der Gasungsspannung von 14,4 V. Liegt die Spannung unter 11,5 V, schaltet eine vor die entsprechende Leuchtdiode gesetzte Fotozelle mit Relais alle »Verbraucher« ab, bis der Akku wieder hinreichend aufgeladen ist. Es gibt auch andere Schaltungen mit Schaltausgängen für direkten Relaisanschluß. Überschreitet die Klemmenspannung des Akkus 14,5 V, wird nicht mehr weiter geladen. Ein an die dritte Leuchtdiode gekoppeltes Relais unterbricht dann den Ladestrom und schaltet ihn ggf. auf andere »Verbraucher« (Heizungen) um. Zwischen 11,6 V und 14,5 V leuchtet die »mittlere« Diode und signalisiert den normalen Betriebszustand. Der Akkumulator wirkt dann als Puffer: sowohl der Ladestrom als auch der Laststrom sind gleichzeitig angeschlossen.
Für die Heizung im 220 V-Kreis bauen wir eine einfache automatische »Dreistufenregelung« nur mit Hilfe von zwei zufällig aus einem Elektronik-Katalog ermittelten Allerwelt-Relais: eines zog laut Handbuch bei 180 V an und fiel bei 60 V wieder ab, das andere entsprechend bei 200 V und 80 V. Dabei wird die kleinste Heizstufe zunächst direkt an den Generator geschaltet. Erreicht die Spannung 180 V, schaltete das parallel liegende Relais um auf die mittlere Laststufe und aktiviert das zweite Relais, welches bei über 200 V auf die dritte Stufe umschaltet und diese bei 80 V wieder abwirft. Sinkt die Spannung sogar unter 60 V, fällt auch das erste Relais ab, so daß wieder nur die kleinste Laststufe aufgeschaltet ist.
Wie aus diesen Beispielen deutlich wird, ist der Spielraum für Regelungen sehr groß. Er reicht von einfachen, überschaubaren Schaltungen auf der Ebene mittlerer Technologie bis hin zu den »schwarzen Kästchen« moderner Mikroprozessortechnik. Je nach Anwendungsfall, Geldbeutel, Fachwissen und verfügbaren technischen Einrichtungen stehen dem Betreiber damit viele Möglichkeiten offen, auf die ich hier nicht umfassend eingehen kann.
Wir haben in den letzten zwei Jahren intensiv an verschiedenen Möglichkeiten der elektronischen Regelung gearbeitet. Je nach Anwendungsfall zeichnen sich zur Zeit brauchbare und erprobte Lösungen ab. Bitte schreiben Sie uns, wenn Sie Probleme damit haben. Fügen Sie einen Umschlag mit Ihrer Adresse und Rückporto bei.

Spannungsregelung für Drehstrom-Asynchrongeneratoren im Inselbetrieb

Folgende Schaltung wurde uns für eine Heizungsregelung empfohlen:
Eine mit Kondensatoren ausgerüstete Drehstrommaschine setzt zum Heizen ihre Leistung an den Widerständen frei. (Abb.109) Entspricht die vom Generator abgegebene Leistung ungefähr der Nennleistung, für die die Heizwiderstände bemessen sind, so ist der Betrieb des Generators optimal angepaßt. Sinkt dagegen die Antriebsleistung, so geht bei gleichbleibender Belastung die erzeugte Spannung zurück und der Kondensator kann irgendwann den für die Selbsterregung erforderlichen Blindstrom nicht mehr liefern. Ohne Selbsterregung bringt der Generator jedoch auch keine Leistung mehr. Diesen Nachteil vermeidet die folgende Regelschaltung, die die Größe der Lastwiderstän-

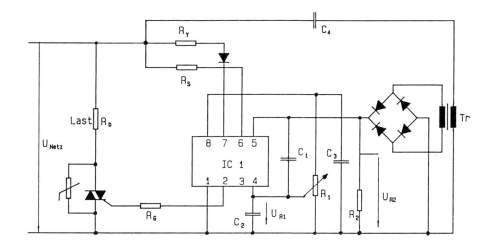

Abb. 110
Schaltung der TRIAC-Regeleinheit zur automatischen Anpassung der Belastungswiderstände

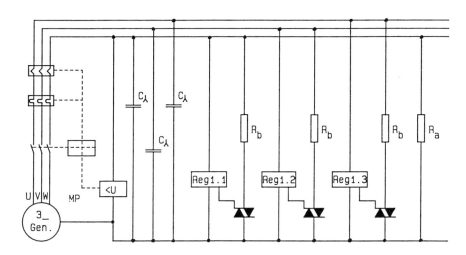

Abb. 111
Für eine dreiphasige Regelung sind 3 TRIAC-Regeleinheiten erforderlich.

de jeweils der momentanen Windleistung anpaßt. Damit wird die Generatorspannung konstant gehalten und gleichzeitig die Windleistung optimal genutzt.

Die Regelung ist im Prinzip eine Zweipunktregelung, die, sobald die Antriebsleistung und damit die Generatorspannung steigt, über eine Triac-Regeleinheit die Belastungswiderstände R_b zuschaltet. Entsprechend werden bei einem Rückgang der Antriebsleistung mit fallender Spannung die Belastungswiderstände abgeschaltet. Die Regeleinheit (Abb. 110) ist aufgebaut aus einem Nulldurchgangsschalter, der als integrierter Baustein TDA 1024 im Handel ist, und einem für die Last bemessenen Triac. Der Nulldurchgangsschalter liefert bei jedem Nulldurchgang der Wechselspannung Zündimpulse an den Triac, wenn die Eingänge 4 und 5 (IC1) entsprechend angesteuert werden. Am Eingang 4 wird die Sollspannung U_{R1} durch den Regelwiderstand R1

5. *Das Windrad für Selbstbauer*

vorgegeben.
Die Istspannung U_{R_2} liegt am Eingang 5 (IC1) und ist über den Kondensator C4 um 90 Grad phasenverschoben, weil IC1 nur im Nulldurchgang der Wechselspannung Zündimpulse liefert. Trafo, Gleichrichter und Brückenschaltung bewirken, daß der Triac sowohl in der postiven als auch in der negativen Halbwelle zündet. Auf diese Weise lassen sich kurze Regelzeiten erreichen. Die Regeleinheit erhält ihre Spannungsversorgung über den Widerstand R_v aus dem eigenen Netz und kommt auf diese Weise ohne zusätzliche Hilfsenergie aus.
Mit Hilfe dieser Triac-Regeleinheit entsteht ein spannungskonstant geregeltes Netz, das von der Antriebsseite her ohne jede zusätzliche Regelung auskommt, wenn man die Belastungswiderstände so bemißt, daß sie die gesamte Antriebsleistung als Heizlast aufnehmen können. Das spannungskonstant geregelte Netz ist dann zwischen 0 und 100% der angebotenen Windleistung belastbar, wobei die mögliche Netzbelastung natürlich durch die verfügbare Windleistung vorgegeben ist. In diesem Rahmen kann man das Netz auch außerhalb der Widerstände der Regeleinheit R_b zusätzlich mit z.B. R_a belasten. Man muß nur dafür sorgen, daß R_b ständig betriebs- und leistungsaufnahmebereit ist.
Will man den vollen Leistungsbereich nutzen, so ist eine dreiphasige Regelung erforderlich (Abb. 111). Induktive Verbraucher lassen sich nur anschließen, wenn sie kompensiert sind. Es empfiehlt sich, die Anlage mit einem Motorschutzschalter mit Überstrom- und Unterspannungsauslösung auszurüsten.
Leider haben wir bisher (1989) noch kaum Erfahrungen mit dieser Schaltung sammeln können, hoffen aber, daß sie brauchbar ist und sind dankbar für jeden Erfahrungshinweis.
Ich möchte an dieser Stelle nicht versäumen, noch einmal dringend auf die nötige Fachkompetenz im Elektrotechnischen hinzuweisen, sind es doch meist Allroundtechniker aus dem mechanischen Bereich, die sich als Selbstbauer an ein Windrad heranwagen. Mit elektrischen Spannungen von 220/380 V und deren Regelung können sie leicht überfordert sein. Hier ist es ratsam, sich im Bekanntenkreis, bei Fachstudenten, VHS-, Gewerbe-, oder Hochschullehrern umzusehen und sie um Hilfe zu bitten.

Der Blitzschutz

Je besser und exponierter der Standort einer Windenergieanlage ist, desto größer ist folgerichtig auch die Wahrscheinlichkeit von Blitzeinschlägen bei Gewittern.
Da beim KUKATER Typ in jedem Rotorblatt bis zur Spitze hin ein Stahlrohr als Hauptholm eingelassen ist, wird der Blitz dort einschlagen und bei Blechflügeln außen weiterlaufen. Bei Holzflügeln ist der weitere Weg des Blitzes unklar, wenn die Flügeloberfläche schlecht leitet und für den Blitz nicht eindeutige Verhältnisse vorliegen. Wer die Flügel besonders schützen will, kann vor dem Anstrich auf beiden Seiten des Flügels an der dicksten Stelle des Profils in Höhe des Holmes weiche Kupferbandstreifen anbringen. Wir selbst haben bisher jedoch darauf verzichtet und noch keine schlechten Erfahrungen gemacht.
Da wegen des Faradayeffektes der Blitz in Leitern immer deren Oberfläche bevorzugt, wird er hoffentlich über die Welle auf das Gehäuse überspringen und die Wellenlager und den Generator in Ruhe lassen. Da das Gehäuse vorn über das erste Lager reicht, kann man auch hier leitend nachhelfen und ein breites Kupfererdungsband von der Abdeckung aus lose auf der Welle schleifen lassen.
Je enger der Spalt zwischen Gehäuse und Welle ist, umso leichter wird der Blitz ins Gehäuse abgeleitet. Von dort muß er seinen Weg über den Lagerkranz in den Mast nehmen. Um die Kugeln des Kranzes zu schützen, helfen ebenfalls kurze, lose mitschleifende Kupferbandgeflechte zwischen oberem und unterem Lagerreif.
Wahrscheinlich verteilt sich der Einschlag nun hauptsächlich auf die drei Maststiele. Solange das Stromkabel vom Generator mitten in der Maststruktur hängt, dürfte es ungeschoren davonkommen. Auf jeden Fall aber ist das metallene (!) Verteilergehäuse unten im Mast gut leitend mit der Blitzerde zu verbinden. Für die Blitzerdung des Mastes schlage ich entweder drei verzinkte Staberder von je 3 m Länge an jedem Stiel vor oder einen ringförmig unter dem

Fundament ausreichend tief (ca. 1 m unter der Oberfläche) verlegten, verzinkten Bandstahlring. Er muß einen Querschnitt von 100 mm² haben und mindestens 3 mm dick sein. Wenn man jeden Stiel über ein verzinktes Leitungsseil von 35 mm² mit ihm verbindet, dürfte der Blitzschutz ausreichen. Wegen der Kontaktkorrosion sind Erder und Verbinder unbedingt aus gleichem Material zu wählen. Wer billig an Kupfer(schrott) kommt, kann für den Ring auch ein Kupferband von 50 mm² Querschnitt und einer Mindestdicke von 2 mm vergraben. Die nicht feindrähtige Verbindung zwischen Ring und Mast muß dann einen Querschnitt von mindestens 35 mm² haben. Im Zweifelsfalle ist es angebracht, sich bei einem Blitzschutzunternehmen oder der Fachabteilung örtlicher Elektrizitätswerke beraten zu lassen.

5.4 Die Windpumpe

Lange bevor Windenergie in elektrische Energie umgewandelt wurde, trieben die Flügel bereits Mühlen und Wasserpumpen an. Während windgetriebene Mühlen zur Zeit kaum ernsthaft eingesetzt werden, eignen sich Windpumpen nach wie vor, um in landwirtschaftlichen Betrieben zu be- und entwässern.

Dabei gibt es prinzipiell zwei Möglichkeiten:
1. Liegen Aufstellungsort der Pumpe und Standort der Windenergieanlage zusammen, treibt man über einen Exzenter oder eine Welle die Pumpe direkt an.
2. Liegen die Standorte - zum Beispiel, weil der Aufstellungsort der Pumpe nicht windgünstig liegt - auseinander, empfiehlt sich doch wieder die Erzeugung von elektrischem Strom, da sich elektrische Energie relativ verlustarm über größere Entfernungen transportieren läßt. Soll darüberhinaus auch bei Flauten gepumpt werden können, wird man nicht ohne Akkumulatoren als Zwischenspeicher auskommen. In vielen Fällen ist es jedoch einfacher und billiger, anstelle des Stroms gepumptes Wasser zu speichern.

Wie man es auch einrichtet, die zweite Möglichkeit ist sehr verlustreich und teuer. Denn so sieht die Kette dann aus: Rotor, Getriebe, Generator, Kabel, Batterie, Kabel, Motor, Getriebe, Pumpe. Der Nutzungsgrad, d.h. das Verhältnis von nutzbarer Pumpleistung zur Windleistung, dürfte unter 5% liegen.

Im ersten Fall, wo der Standort von Windenergieanlage und Pumpe übereinstimmen, kann man beim Windrad vom KUKATER Typ sogar das Getriebe weglassen. Direkt am Ende der Welle läuft ein geschmierter Exzenter. Er ist mit einem Ausgleichsgewicht versehen, welches das Gewicht des mindestens 12 m bzw. 18 m langen Pumpengestänges samt Kolben kompensiert. Durch die im Vergleich zu »Vollflüglern« mit gleicher »Ernteflächer« langen Hebelarme und die günstige Schnellaufzahl entwickelt die Anlage genügend Kraft, um die Anfangsreibung der Pumpe gut zu überwinden.

Wie ich schon mehrmals beschrieben habe, ist es nicht sinnvoll, die Anlage leer (d.h. ohne Last) laufen zu lassen. Dieser Fall kann beim Pumpenbetrieb eintreten, wenn der Wasserstand unter den Ansaugstutzen der Pumpe sinkt. Entweder muß das Windrad vorher aus dem Wind gedreht werden, indem man die Steuer- und Querfahne zusammenzieht, oder der Wasserstand wird immer hoch genug gehalten. Soll nur die Pumplast weiterwirken, kann man das Wasser auch durch entsprechende Ventilstellungen im Leitungssystem umpumpen, ohne echt zu fördern und damit ein Hochdrehen des Rotors verhindern.

Das Gebiet »Windpumpen« ist vielfältig. Wir haben gute Erfahrungen auf diesem Gebiet mit einer direkt über einen Exzenter angetriebenen Membranpumpe gemacht, die seit 1987 mit Erfolg in Nicaragua läuft. Sie versorgt dort einen landwirtschaftlichen Betrieb.

Auf dem Testfeld in Bremen werden in nächster Zeit mindestens zwei weitere Wasserpumpsysteme getestet werden. Darüberhinaus soll auch eine mit Preßluft betriebene Pumpe getestet werden, wobei die Preßluft vom Windrad erzeugt wird. Schließlich ließen sich mit Preßluft auch noch allerlei andere Geräte antreiben. Aber das ist noch Zukunftsmusik.

6. Die Statik

Eines der heikelsten Themen für Selbstbauer in der BRD ist die Statik. Ohne sie wird kaum noch ein Bauamt einen Windkonverter genehmigen, es sei denn, der Mast ist niedrig und der Rotordurchmesser klein. Ich würde - zunächst pauschal - bei Masthöhen unter 10 m und Durchmessern unter 4 m auf differenzierte Statikunterlagen verzichten, wenn der Erbauer verwertbare Skizzen und Zeichnungen einreicht, die nach menschlichem Ermessen und technischem Verständnis keine gravierenden Schwachpunkte aufweisen.

Erstens liegt es höchstwahrscheinlich im Interesse des Betreibers selbst, eine haltbare Anlage zu bauen, und zweitens liegt der Leistungsbereich solcher Anlagen in dem von Mofas, die ja bekanntlich auch ohne Führerschein sogar im öffentlichen Verkehr bewegt werden dürfen, obwohl mit ihnen viel Unheil angerichtet werden kann. Demgegenüber ist das »Windrädchen« in der Regel fest auf privatem Grund verankert.

Bei größeren Anlagen jedoch kann eine verantwortliche Behörde, die ja grundsätzlich öffentliches Interesse vertritt, wohl kaum ohne vorzeigbare Statik eine Anlage genehmigen. Ich glaube, ein Rollentausch macht das deutlich: selbst ein liberal eingestellter Leser bekäme Schwierigkeiten, wenn er mit seiner Unterschrift eine Anlage verantworten müßte, deren 24 m hoher Mast unbekannter Vergangenheit, Statik und unbekannten Alters mit einer ca. 2.000 kg schweren Gondel und einem aus Maschendraht, alten Rohren und Polyester selbstgebauten Rotor von 18 m Durchmesser versehen werden soll. Ich habe dieses Beispiel nicht ausgedacht, sondern den Bauantrag mit eigenen Augen gesehen.

Mir schwebt bei Selbstbauanlagen für die im Bauantrag geforderte Statik eine Dreierstaffelung vor:

1. Gruppe: kleine Anlagen bis 10 m Masthöhe und 4 m Rotordurchmesser ohne differenziert gerechnete Statik. Hier sollte lediglich die Standfestigkeit abgeschätzt werden.

2. Gruppe: Anlagen von 10 bis 20 m Masthöhe, einem Rotordurchmesser zwischen 4 und 8 m mit gerechneter Statik für den Masten und gerechneter Standfestigkeit für das Fundament. Es sollte mindestens ein Sicherheitssystem vorhanden sein. Außerdem sollte die Festigkeit des Rotors abgeschätzt werden.

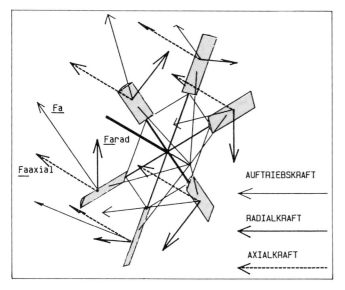

Abb. 112
Der Vektor der Auftriebskraft, die sich an jedem Flügel bildet, ist in dieser Grafik in zwei Komponenten zerlegt:

$F_{a\,axial}$ für die Kraft, die längs der Rotorachse wirkt, und
$F_{a\,radial}$ für die Kraft, die in der Rotorebene das Drehmoment am Flügel erzeugt. Die in den Abspannstangen wirkenden Zugkräfte drücken den Abspannstock auf den Nabenstern.

3. Gruppe: Anlagen mit über 20 m Masthöhe und 8 m Rotordurchmesser mit einer gerechneten Statik für Mast, Fundament und Rotor; darüber hinaus zwei unabhängig voneinander wirkende Sicherheitssysteme (z.B. Flügelklappen und Feststellbremse).

Die *Lastannahmen* geben in Fachkreisen immer wieder Anlaß zur Diskussion. Es hat sich inzwischen eingebürgert, u.a. Richtlinien aus der DIN 1055 (Lastannahmen für Bauten) und der DIN 4131 (Antennentragwerke aus Stahl) heranzuziehen. Darüberhinaus ist es sinnvoll - vor allem bei größeren Anlagen - die *Richtlinien des Germanischen Lloyd* zu berücksichtigen. Bei der KUKATER Anlage haben wir das jedenfalls getan.

Im mittel- und nordeuropäischen Bereich sowie in exponierten Höhenlagen könnte bei entsprechenden meteorologischen Gegebenheiten der Eisansatz an Teilen der Anlage eine Rolle spielen. Ob und gegebenenfalls in welchem Maße Eisansatz eine Rolle spielt, ist bereits bei der Planung zu berücksichtigen. In der Norm steht: »Dazu sind die Dienststellen des Deutschen Wetterdienstes, ggf. auch Forstämter, zu befragen und - soweit vorhanden - die Erfahrungen bei ähnlichen, benachbarten Bauten auszuwerten.« Nur wenn solche Angaben für die Gegend des Aufstellungsortes nicht gemacht werden können, ist vereinfachend ein allseitiger Eisansatz von 3 cm in deutschen Gebirgen bis 600 m Höhe anzusetzen.

Meine Recherchen im norddeutschen Küstenbereich zwischen Wilhelmshaven, Bremerhaven und Cuxhaven ergaben im Extremfall einseitige Eisansätze von 2 cm. Einen stärkeren Eispanzer hätte wohl kaum ein Laub- oder Nadelbaum in der betroffenen Gegend überlebt.

Bezogen auf die Lastannahmen für den Rotor werden meist zwei Zustände betrachtet. Der eine tritt auf, wenn im Betrieb die maximale Generatorleistung erzeugt wird. In diesem Fall erzeugt der Rotor seine höchste Schubkraft in Richtung der Achse. Für die Maststatik ist dieser Wert bei einer Anlage vom KUKATER Typ nicht sehr bedeutsam. Er ergibt sich, weil man ihn braucht, um die Kraft in den Abspannstangen der Rotorblätter und den Axialdruck für die Wellenlager zu ermitteln.

Weit kräftiger wirkt der zweite Belastungsfall, nämlich derjenige im Sturm, wenn der Rotor aus dem Wind gedreht ist und die Steuerfahnen den engsten Winkel miteinander bilden. Die dann über das Traglager der Gondel auf den Mast wirkende Kraft ist relevant für seine Festigkeitsberechnung und Standfestigkeit.

6.1 Die Lastannahmen für die Flügel

Wie bereits Abb. 37 zeigt, stellt sich am korrekt umströmten Flügel eine Auftriebskraft F_a ein. Da der Flügel von der anströmenden Luft auch nach hinten weggedrückt wird, kommt noch eine Widerstandskraft-Komponente F_w hinzu, die senkrecht zur Auftriebskraft wirkt. Da diese Kraft nur rund $1/10$ der Auftriebskraft ausmacht, erwähne ich sie zwar an dieser Stelle der Vollständigkeit halber, kann sie aber in der folgenden Berechnung vernachlässigen. Um die Axialkraft zu ermitteln, wird die Auftriebskraft in zwei Komponenten zerlegt: in eine ($F_{a\,radial}$), die zusammen mit dem »Hebelarm« des Rotorblattes das Drehmoment für den Generatorantrieb ergibt, und in eine ($F_{a\,axial}$), die nach hinten in Achsrichtung wirkt und die den Masten längs der Rotorachse belastet (Abb. 112).

In der Regel rechnet man diese Kraft F_a zunächst für einen Flügel und multipliziert sie dann mit sechs, um sie für den ganzen Rotor zu erhalten. Die Abb. 113 zeigt die Größe der Axialkraft und die Rotorwellenleistung als Funktion der Windgeschwindigkeit für einen 5 m-Kukater-Rotor. Auf einen Flügel bezogen, verbiegt die Auftriebskraft jeden einzelnen schräg nach hinten. Verhindert, beziehungsweise in Grenzen gehalten wird das rein konstruktiv durch die nach vorn zum Abspannstock geführte Abspannstange und durch das Rohrsechseck, welches die Flügel auf halber Länge miteinander verbindet. Wenn der Rotor sich dreht, entsteht auch eine Fliehkraft. Sie äußert sich auf zweierlei Weise: zum einen zieht sie jeden Flügel nach außen und zum anderen versucht sie ihn geradezustrecken, was entgegen der »Biegekraft« F_a wirkt. Aufgefangen wird die Fliehkraft durch die Verankerung der Rohrholme im Nabenstern, das Rohrsechseck und die Abspannstangen.

Diese Konstruktion der KUKATER-Anlage macht sie mehrfach sicher, selbst wenn der Rotor hochdreht. In diesem Fall nimmt die Fliehkraft zwar zu, jedoch geht die Auftriebskraft aber wegen des dadurch ungünstigen Anstellwinkels rapide zurück.

Unabhängig vom Aufstellungsort muß der Wind die Anlage stets immer dann selbsttätig aus der Strömungsrichtung drehen, wenn die Generatornennleistung überschritten wird. Im Sturmfall wird der gesamte Generatorkopf am stärksten belastet. Die hierbei zu Rate zu ziehende DIN 4131 - Antennentragwerke aus Stahl - geht im norddeutschen Küstenbereich von einem Grundstaudruck von $q_0 = 1080$ N/m² (entsprechend 110 kp/m²) aus, dem noch ein gewisser Höhenfaktor beigefügt werden muß.

Geht man von einem Staudruck von 1134 N/m² aus, so entspricht das nach DIN 1055 (Lastannahmen für Bauten, Bl. 4) einer Windgeschwindigkeit von mehr als 42 m/s und damit Windstärke 14. Nach DIN 1055 sind solche Windgeschwindigkeiten für Bauwerke zwischen 20 und 100 m Höhe anzusetzen und für solche, die »... auf einer das umgebende Gelände steil und hoch überragenden Erhebung dem Windangriff besonders ausgesetzt sind ...«. Das ist für Windkraftanlagen hoffentlich der Fall, haben sie doch dann einen besonders guten Standort.

42 m/s Windgeschwindigkeit entsprechen über 150 km/h. Dies ist ein hoher Wert, der nur selten erreicht wird. Um ganz sicher zu gehen, legten wir für unsere Statik einen noch höheren Bodenstaudruck von ca. 1900 N/m² (entsprechend 190 kp/m²) zugrunde. Das entspricht einer Windgeschwindigkeit von 55 m/s oder 200 km/h!

Unsere Annahme eines so hohen Staudrucks für die Statik verspricht, mit den daraus errechneten, resultierenden Windlasten für die allermeisten Fälle auf der sicheren Seite zu liegen.

Wütet ein solcher Orkan, befindet sich die Anlage in der Sturmstellung. Wie die Abb. 48 zeigt, sind dann Steuer- und Querfahne bis auf einen Winkel von ca. 10° gegeneinander geklappt. In dieser Stellung steht die Gondel praktisch quer zur Luftströmung. Drehpunkt ist das Traglager. Von oben gesehen bilden der Rotorwiderstand und derjenige der Gondelverkleidung, die schwerpuktmäßig in Richtung des Rotors liegt, multipliziert mit ihren Abständen zum Drehpunkt, die Schwenkmomente »rechtsdrehend«. Von oben gesehen »linksdrehend« wirken die Widerstandsmomente von Seiten-, Steuerfahne und Regelgewichtsarm. Bei der Kukater-Anlage haben wir für den Orkanfall einen Anstellwinkel der Steuerfahne von 10° gewählt. Unter dieser Voraussetzung stellt sich ein Schwenkmomentgleichgewicht ein, bei dem der Rotor praktisch seitlich, die Gondel quer,

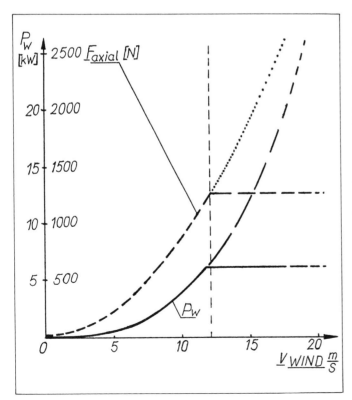

Abb. 113
Mit Hilfe eines Computer-Programms ermittelten wir die Axialkraft F_{axial} und die Wellenleistung P_w (ohne Getriebe- und Generatorverluste) als Funktion der Windgeschwindigkeit für unseren 5 m-KUKATER Rotor. Ab 12 m/s setzt die Regelung, deshalb gelten die Werte rechts von der gestrichelten Senkrechten nicht mehr.

die Querfahne parallel und die Steuerfahne unter einem Winkel von 10° angeströmt werden. Mit Hilfe der DIN 1055 und 4131 errechneten wir für die gesamte Anlage im Orkanfall eine Widerstandskraft von knapp 4 kN. Mit dieser maximalen »Horizontalbelastung« wird der Mast also an seinem oberen Ende äußerst selten - möglicherweise nie - beansprucht.

Vertikal muß er ständig das Gewicht der einzelnen Baukomponenten aufnehmen; einschließlich des Getriebes und des Generators beträgt es ca. 4,2 kN (Abb. 114). Leider wirkt dieses Gewicht nicht genau zentrisch über dem Traglager. Da sich im Sturmfall Steuer- und Seitenfahne auf einer Seite befinden, haben wir die Schwerpunkt-Koordinaten, bezogen auf den Mittelpunkt des Traglagers, für diesen Grenzfall berechnet. Multipliziert man das Gewicht mit dem Schwerpunktsabstand, erhält man das »Aufbruchmoment«, mit dem das Traglager belastet wird. Ein ausgeschlagener alter LKW-Anhängerdrehkranz anstelle des von uns empfohlenen Drehkranzes wäre bestimmt bald am Ende.

Eine weitere Beanspruchung des Lagers - und damit letztlich auch des Turmes - tritt durch Kreiselmomente auf, die entstehen, wenn der drehende Rotor von den Steuerfahnen hin- und hergeschwenkt wird. Rechnerisch abgeschätzt, lassen sie sich vernachlässigen, wenn man sie mit den anderen Kräften vergleicht. Mit den bislang ermittelten Werten sind nun die Voraussetzungen geschaffen, den Mast optimal auszulegen.

Abb. 114
Um die Einzellasten der Komponenten zu ermitteln, wurden sie genau ausgewogen.

6.2 Die Lastannahmen für den Masten

Wie Kapitel 5.2.1 bereits beschrieben, ist der Mast sehr ausführlich und gründlich von Dipl. Ing. Michael Schalburg gerechnet worden. Die von den beiden Fachprofessoren Dipl.-Ing. K. Grabemann und Dr.-Ing. T. Olk betreute und geprüfte Diplomingenieurarbeit über die Statik der KUKATER Anlage ist insgesamt 421 Seiten stark. Verständlicherweise muß ich deshalb darauf verzichten, sie an dieser Stelle wiederzugeben. Die für einen Bauantrag empfehlenswerten Passagen liefert Herr Schalberg auf Wunsch gesondert zu der von der Arbeitsgemeinschaft beziehbaren *Mappe mit den Konstruktionsunterlagen*.

Im letzten Absatz des vorigen Kapitels habe ich bereits die Lasten beschrieben, die oberhalb des Traglagers, also an der Mastspitze, eingeleitet werden. Diesen Kräften überlagern sich zusätzlich die Wind- und Gewichtskräfte des Mastes selbst.

Um die Masthöhe variieren zu können (12 m und 18 m) und - falls erforderlich - kein Einzelteil länger als 3 m werden zu lassen, teilten wir den Mast ohne störende Überschneidungen auf (Abb. 115). Die Stiele sind unter einem Winkel von 3,4° gegen die Vertikale geneigt. Weil es konstruktiv notwendig ist, die Diagonalstäbe ausreichend weit an den Flanschverbindungen der Vertikalstäbe vorbeizuführen, mußten wir die Felder unterschiedlich lang gestalten. Die untersten Horizontalstäbe der jeweiligen Mastver-

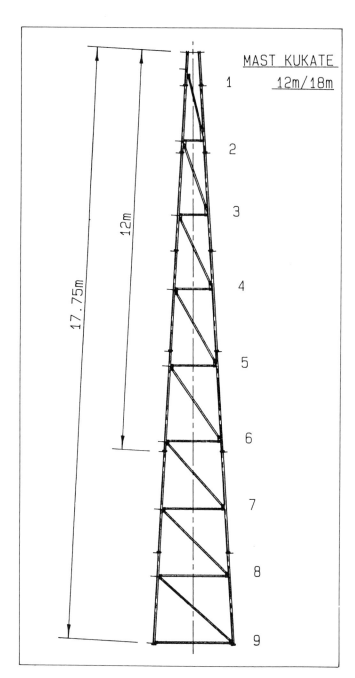

sion sind für einen statisch gesicherten Betrieb nicht erforderlich, wenn die Anlage mit einem Kran errichtet wird. Soll der Mast jedoch mit einer Stellschere hochgeklappt werden, sind sie notwendig, um in dieser Phase die Biegebelastung in den Eckstielen aufzunehmen.

Außer lokalen, vorläufig empfohlenen Richtlinienentwürfen gibt es für die moderne Windkraftnutzung keine speziell auf sie zugeschnittenen Normen. Nach eigenen und von Fachkollegen bestätigten Erfahrungen erschien es uns zweckmäßig, neben üblichen Tabellenbüchern folgende Normen zu Rate zu ziehen und diese mit Verstand auf Windenergieanlagen anzuwenden:

DIN 1045	Beton und Stahlbeton
DIN 1054	Baugrund
DIN 1055	Lastannahme für Bauten
DIN 4100	Geschweißte Stahlbauten
DIN 4114	Stabilitätsfälle
DIN 4131	Antennentragwerke aus Stahl
DIN 13800	Stahlbauten, Bemessung und Konstruktion
DIN 18801	Stahlhochbau, Bemessung, Konstruktion und Herstellung

Richtlinien des Germanischen Lloyd.

Vergleicht man die Normen 1055 und 4131 miteinander, bemerkt man in der Norm 4131 hinsichtlich der Differenziertheit bemerkenswerte Unterschiede:

- Der Grundstaudruck wird abhängig vom Aufstellort gemacht.
- Der Staudruck ist feinstufig auf die Höhe des Mastes abgestimmt.
- Wenn man den Form- bzw. Normalkraftbeiwert berechnet, wird der Völligkeitsgrad berücksichtigt.

Der Völligkeitsgrad ist das Verhältnis der Projektionsfläche der Tragwerkstruktur auf die Tragwerksebene zur Gesamt-

Abb. 115
Schematischer Aufriß des dreistieligen Rohrmastes (nicht maßstäblich). Er kann in zwei Höhen variiert werden. Falls erforderlich, braucht kein Teil länger als 3 m zu sein.

fläche, wobei diese die von der äußeren Kontur des Mastes umschlossene Fläche darstellt.

Somit ist es unseres Erachtens zweckmäßig, für Windlastberechnungen solange die DIN 4131 zu berücksichtigen, bis speziellere und zutreffendere Normen verfügbar sind. Aus dem gleichen Grund ermittelten wir die Windwiderstandskräfte für die Anlage selbst mit dem (hohen) Staudruck der DIN 4131 und teilweise mit Koeffizienten der DIN 1955.

An dieser Stelle möchte ich noch bekanntgeben, was unsere Statikberechnungen ergeben haben (vgl. Zeichnung des Mastes nach Abb. 115):

1. *Der 18 m-Mast:*

    Eckstiele aus Rohr 2" (60,3 mm) * 5 mm (und oberen zwei Felder * 3,6 mm) nach DIN 2448;

    Diagonal- und Horizontalstreben für die unteren 4 Felder aus Rohr 1,5" (48,3 mm) * 3,2 mm nach DIN 2448;

    alle anderen Streben für die fünf oberen Felder aus 1,25" (42,4 mm) * 2,6 mm-Rohr nach DIN 2448.

2. *Der 12-m-Mast:*

    Eckstiele aus Rohr 2" (60,3 mm) * 4 mm nach DIN 2448;

    alle Diagonal- und Horizontalstreben der oberen 3 Felder aus Rohr 1,25" (42,4 mm) * 2,6 mm;

    alle Diagonalstreben der unteren beiden Felder aus Rohr 2" (60,3 mm) * 2,9 mm

    alle Horizontalstreben der unteren beiden Felder aus Rohr 1,5" (48,3 mm) * 2,6 mm nach DIN 2448.

Für das Aufrichten mit einer Stellschere vergrößern sich die Werte für die untersten Horizontalstreben.

Will jemand sein Windrad im eisansatzgefährdeten Gebiet an der Küste auf einem 550 m hohen Berg bauen (vgl. Ausführungen am Anfang dieses Kapitels), braucht er lediglich die Wandstärke der Eckstiele um einen Millimeter zu erhöhen, um der »3 cm-Eisansatz-Norm« zu genügen.

Die Maße der Rohre entsprechen denen von Wasserleitungsrohren nach DIN 2440. Während diejenigen nach DIN 2448 nahtlos sind, werden die »mittelschweren Gewinderohre« nach DIN 2440 sowohl nahtlos gezogen als auch ge-

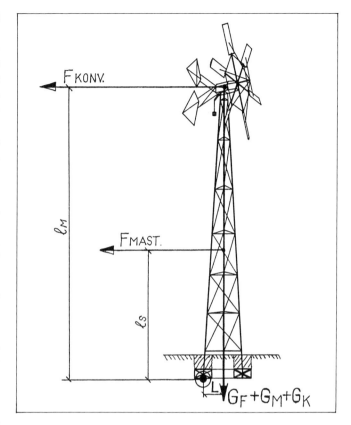

Abb. 116

Diese Prinzipskizze zeigt, wie sich die Standfestigkeit berechnen läßt.

F_{konv} ist die Windkraft auf die Anlage selbst; ihre Hebellänge bis zur Kippkante ist l_M. Die Windkraft auf die Maststruktur soll F_{Mast} heißen; für das Kippmoment wirkt sie im Abstand l_S. Von der Kippkante als Drehpunkt aus wirken diese beiden Momente linksherum.

Rechtsherum - also entgegen den beiden oben genannten - wirken mit der Hebellänge L die Gewichtskräfte des Fundaments und des darauf liegenden Erdreichs G_F, das Gewicht des Mastes G_M und das des Konverters G_K. Ist der Quotient aus den (hier) rechtsdrehenden und den linksdrehenden Momenten größer als 1,5, so gilt die Anlage als standfest. Es versteht sich von selbst, daß für die Berechnung die Maximalwerte der Windkräfte einzusetzen sind.

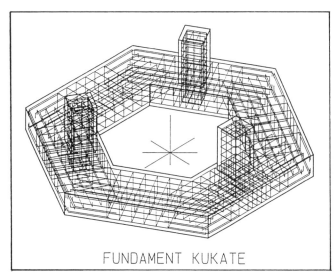

Abb. 117 Bewehrung des sechseckigen Fundamentes

sichtsfläche des Fachwerkes einer Wand, man muß dann aber mit einem Staudruck von 2.200 N/m² (bezogen auf 80 N/m²) rechnen. Die Werte erscheinen hoch, beziehen sich aber nur auf die Schattenfläche der Fachwerkstruktur.

Nachdem wir nun die Sturmfestigkeit der des Windkonverters selbst behandelten, müssen wir ihn noch kippsicher machen.

6.3 Die Standfestigkeit

Nach DIN 1055 und DIN 4131 muß die Sicherheit gegen Kippen und Gleiten mindestens 1,5 fach sein. Ohne auf die vielen, möglichen Varianten weiter einzugehen, möchte ich hier ein »Standardfundament« vorstellen, welches in vielen Fällen angewandt werden kann. Darüber hinaus läßt es sich leicht verändern, z.B. verbreitern, wenn der zulässige Bodendruck überschritten wird. Es handelt sich dabei um ein sechseck-ringförmiges Fundament, dessen Sohlplatte in ca. 1 m Tiefe frostfrei gegründet ist (vgl. Abb. 117 und 53). Der mit Betonstahl verstärkte Ring ist 40 cm dick, sein äußerer Durchmesser hat für den 18 m hohen Masten eine »Schlüsselweite« von 4 m, sein innerer eine von 2,2 m. Er ist also 90 cm breit. Die drei Fußpunkte des Mastes liegen praktisch auf der Mittellinie eines Kreisringes. Von hier aus müssen die ausreichend miteinander verstrebten, einbetonierten Stahlanker nach oben geführt werden. Sie sind besonders gut gegen Korrosion zu schützen. Soll der Mast klappbar sein, müssen die als Scharniere ausgebildeten oberen Enden der Ankerfüße vorher entsprechend ausgerichtet werden. Der gesamte Aushub muß wieder auf den Betonring verfüllt und geschichtet werden, nachdem der Beton abgebunden hat. Die Auflast des Aushubes auf den Betonring ist nämlich notwendig, damit die Standsicherheit mindestens zu 150% gewährleistet ist. Für den 12 m-Mast gilt sinngemäß dasselbe.

Als »Kippkante« habe ich bei diesen Rechnungen nicht den äußeren Durchmesser, sondern den mittleren angenommen. Somit liegen wir auf jeden Fall auf der sicheren Seite. Die Abb. 116 zeigt noch einmal das anzusetzende Momentgleichgewicht aus Kipp- und Standmomenten.

schweißt geliefert. Die Mindestzugfestigkeit und Qualität des Stahls (St 37-2) muß nach deutscher(!) Norm wenigstens 370 N/mm², Güteklasse 2, betragen.

Alle bisherigen Werte beziehen sich auf Aufstellungsorte, für die nach den *Richtlinien des Germanischen Lloyd* für den Betrieb von Windenergieanlagen der hohe Grundstaudruck von 1.900 N/m² anzusetzten ist. (Zone I). Solche Standorte sind aus der Sache heraus wünschenswert. Die Materialkosten machen sich bald bezahlt. Es mag aber auch Gründe geben, einen Windkonverter dort zu errichten, wo nach den Normen von einem deutlich geringeren Grundstaudruck auszugehen ist. Nach DIN 4131 gilt die Zone I im norddeutschen Raum nur für die friesischen Inseln und »Poldergebiete« (Eiderstedt). Im ca. 40 km breiten Nordseeküstenbereich und an der Ostsee gilt bereits Zone II. Dort ist nach DIN »nur noch« ein Grundstaudruck von 883 N/m² anzusetzen. DIN 1055 rechnet bei Bauwerken zwischen 8 m und 20 m Höhe nur mit 785 N/m² Grundstaudruck, wobei die von uns entworfenen dreistieligen Fachwerkmasten auf Blatt 4, Seite 5 der Norm noch einmal extra behandelt werden. Dort gilt als zu berücksichtigende Fläche nur die An-

7. Transport und Aufstellen der Anlage

Bevor der Mast und der Rotor für den Transport zerlegt werden, sind alle Teile sorgfältig und unverwechselbar zu kennzeichnen. Ebenso müssen die Montagelochpositionen für den mit Füllmitteln eingepaßten Kugeldrehkranz zwischen Mastkopf und Gondelunterseite eindeutig markiert werden. Damit Rotorwelle, Getriebe und Generator auch genau fluchten, fixierten wir die Ausrichtpunkte mit angeschweißten Anschlägen und Körnerpunkten.

Der Transport zum Anlagenstandort wird von Fall zu Fall unterschiedlich vonstatten gehen. Die Art des Weges, die Entfernung vom Fertigungs- zum Aufstellort und die verfügbaren Transportmittel sind dabei ausschlaggebend.

Sind einerseits in der Werkstatt die Teile für alle Baugruppen fertiggestellt und ist andererseits das Fundament am Betriebsort aufnahmebereit, kann die Windkraftanlage aufgerichtet werden. Aus jedem Praktiker einsichtigen und deshalb hier nicht weiter ausgeführten Gründen halte ich es für ratsam, bereits am Produktionsort versuchsweise all das vorzumontieren, was auch später zusammengehört. Ist ein Ölwechsel problemlos möglich? Für einen Versuch bietet sich hier die letzte Gelegenheit!

Da wir die drei Fundamentanker sorgfältig mit Hilfe einer von den Mastfußpunkten abgenommenen Montageschablone aus Stahl ausgerichtet hatten, konnten wir den Mast »vor Ort« direkt zusammenschrauben.

Dabei übermalte einer von uns mit Farbe und Pinsel ständig die (noch) kleinen, aber schicksalsträchtigen Verletzungen des korrosionsschützenden Anstrichs.

Als der Mast schwenkfertig montiert war, hoben wir ihn im hinteren Bereich, ca. 3 m vom Kopflager entfernt, mit Hilfe

Abb. 118
Kukater-Anlagen lassen sich mit Hilfe von Stellschere und Flaschenzug fertig aufgebaut aufrichten.

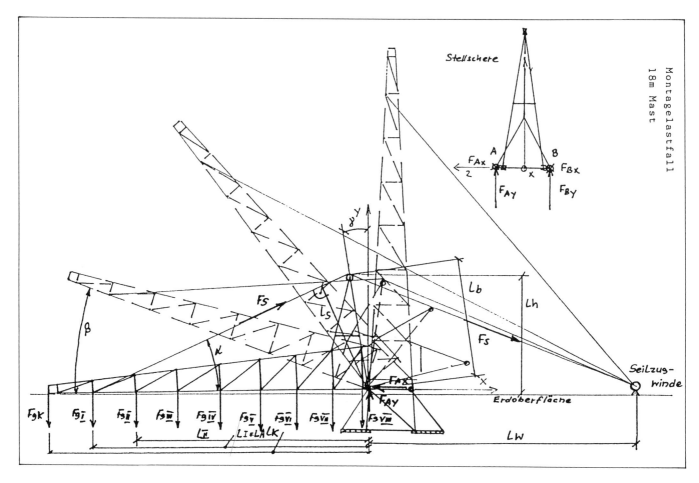

Abb. 119 Skizze aus der Statikberechnung für das Aufstellen der Anlage mit Hilfe einer Stellschere.

einer Stellschere etwas an und unterstützten ihn mit einer hölzernen Quertraverse. Danach diente die am Kopfende vertäute Stellschere als Kran für die Montage aller weiteren Teile.
Dabei fingen wir unten mit der Querfahne, dem Regelgewichtsarm und der Steuerfahne an und justierten zuletzt oben den Rotor fix und fertig. Jeder für die Korrosion verdächtige Spalt wurde sorgfältig plastisch abgedichtet. Der Arretierbolzen hielt den Turmkopf bei diesen Arbeiten fest.

Da beim Aufrichten des Mastes ungewöhnliche Belastungen auftreten, mußten wir diese sorgfältig ermitteln. Wir berechneten also die Aufstellkräfte für die fertig montierte Anlage.
Die fast 6 m hohe Stellschere selbst ist ein Dreibein aus Rohren. Sie wird zum einen unten, links und rechts neben den Scharnieren rutschfest positioniert und zum anderen oben am dritten Hauptstiel befestigt (Abb. 119). Das Zugseil wird über die Stellschere geführt und mit einer Seil-

spreizung unter einem Winkel von 30° aufgeteilt. Die Enden der Spreizung sind links und rechts an zwei der oberen Knotenpunkte angeschäkelt. Abb. 118 zeigt eine leicht abgewandelte Form der Stellschere, die nur am Mast befestigt ist.

Mit einer Kraft von ca. 23 kN beim 12 m-Mast läßt sich nun der Mast mit Hilfe einer in 15 m Entfernung befindlichen Seilzugwinde aufrichten. Dabei entstehen anfangs entsprechend große Schubkräfte zwischen Winde und Fundament. Wenn der Gesamtschwerpunkt über die Verbindungslinie zwischen den beiden Fußscharnieren schwenkt, »fällt« die Anlage in ihre Position. Um das abzuschwächen, fingen Helfer über ein am Kopf befindliches Seil einen harten Aufschlag ab.

Wenn auch der dritte Bolzen das Fundament mit der Anlage verbindet, kann mit einem Lot geprüft werden, ob die Anlage senkrecht steht. Ist das nicht der Fall, läßt sich die richtige Position erzielen, indem man Nivellierscheiben zwischen die untere Flanschverbindung der Hauptstiele schraubt.

Danach wird die Steuerfahne gelöst, die während des Hubes an die Seitenfahne gebunden war, das Regelgewicht freigegeben sowie der Schwenksicherungsbolzen herausgezogen. Zuletzt wird das Generatorkabel zugentlastet herabgeführt und angeschlossen; ebenso werden evtl. vorhandene Brems- oder »Aus dem Wind-Schwenkseile« befestigt und ausprobiert. Wenn Wind weht und alles funktioniert, verwandelt der Generator ab jetzt die Strömung der Luft in elektrische Energie.

Wer Stellschere und Seilwinde stets bereit hält, kann die Anlage jederzeit innerhalb einer halben Stunde umlegen. Das ist in bestimmten Ländern bestimmt vorteilhaft: denn in Taifunen treten zum Teil erheblich größere Windgeschwindigkeiten auf, als die Verfasser der deutschen Norm in ihren Lastannahmen zugrundelegten.

7. Transport und Aufstellen der Anlage

8. Die Wartung der Anlage

Wer eine Windenergieanlage betreibt, muß sie auch warten. Ich verstehe darunter dreierlei:
1. den Korrosionsschutz,
2. das Schmieren und
3. das Ersetzen verschlissener Teile.

Wenn die Anlage einige Wochen steht, rate ich, sie sorgfältig nach Stellen abzusuchen, die rosten. Sie müssen sofort gewissenhaft ausgebessert werden. Wer glaubt, verzinkte Schrauben seien gut geschützt und man bräuchte sie nicht extra zu versiegeln, wird bereits nach kurzer Zeit eines Besseren belehrt.

Jede nicht gestrichene Schraubverbindung bietet durch kapillare Spalte der Feuchtigkeit große und versteckte Angriffsflächen. Wo Farbe ist, kann kein Wasser mehr hin!

Ein weiteres Augenmerk gilt den Wassertaschen, die eventuell beim Bau nicht aufgebohrt wurden. Stehendes Wasser ist auf Dauer gefährlich. Der Betreiber muß prüfen, ob die Schürze der Gondelverkleidung den Mastkopf und den Kugeldrehkranz hinreichend gegen Wasser schützt. Festfrieren darf der Drehkranz auf gar keinen Fall.

Der zweite Wartungspunkt gilt dem Schmieren der Lager. Alle paar Wochen muß an den Schmiernippeln des Drehkranzes etwas Fett nachgepreßt werden. Auch die Lager der Umlenkrolle und die vom Steuerfahnenscharnier brauchen etwas Fett, ebenso wie die Seilzüge für eine eventuell vorhandene Bremse immer wieder ein Paar Tropfen Öl benötigen. Die Rotorwellenlager sind vorschriftsmäßig mit Schmiermitteln zu versorgen. Die Getriebeschmierung ist ein Kapitel für sich. Hier sind Betriebsstundenzyklen und Schmierölart ausschlaggebend. Ich schätze, zweimal im Jahr wird ein Ölwechsel fällig sein.

Der dritte Wartungspunkt wird zwar selten aktuell sein, macht dann aber die meiste Arbeit. Bei unseren Anlagen war das bislang wegen der kurzen Laufzeit noch nicht erforderlich. Wer aber zum Beispiel einen Ketten- oder Riementrieb eingebaut hat, wird häufiger kontrollieren und Teile auswechseln müssen. Bei Dauermagnet- und bürstenlosen Asynchrongeneratoren können nur die Lager verschleißen, was gelegentlich vorkommt; bei anderen Stromerzeugern müssen darüberhinaus der Kollektor oder die Schleifringe mit ihren Bürsten in regelmäßigen Abständen geprüft und instandgehalten werden.

Zum Schluß noch etwas Typisches zum Thema »mittlere Technologie«: vergebens mußte der Leser bis hierher nach Schleifringen suchen, die den Strom von der sich drehenden Gondel zum Kabel am feststehenden Mast leiten: es gibt sie nicht. Das Stromkabel vom Generator hängt einfach den Mast herab. Damit es sich im Laufe der Zeit nicht zu sehr verdrillen kann, muß die (wetterfeste) Steckverbindung zum Anschlußkasten einmal im Jahr gelöst und wieder zusammengesteckt werden. Für eventuell vorhandene Bremsseile gilt sinngemäß das Gleiche.

Abb. 120 ◀

Seit über 10 Jahren verfügen wir über diese stabile, 15 m hohe Versuchsplattform. Die niedersächsische Landesregierung in Hannover erlaubte Herrn Hubertus Schmidt pauschal, alles in Sachen Windenergie zu erproben, was uns beliebt. Heraus kam die KUKATE.

Abb. 121 ▶

Die Flügel aus Holz zu bauen ist für Selbstbauer einfach, aber relativ zeitaufwendig. Darum entwickeln wir zur Zeit einen Flügelbau aus Metall. Der erste Satz für eine 8 m-Anlage ist gut gelungen und von den Ideen her bereits verbessert. Unser Ziel ist, die Flügel bei bescheidenem Werkzeugeinsatz (Kantbank) in einem Bruchteil der Holzflügelbauzeit bauen zu können.

Abb. 122 ▲

Das Bild zeigt einen Montageversuch der neuen Blechflügel auf dem Hallenboden. Anfangs befürchteten wir, die Metallflügel könnten mehr Lärm als die aus Holz abstrahlen. Unsere bisherigen Test bestätigten das nicht.

9. Erfahrungen und Ergänzungen

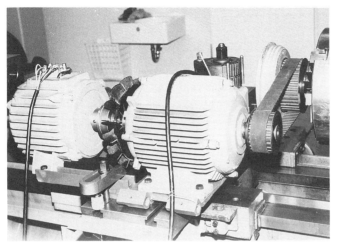
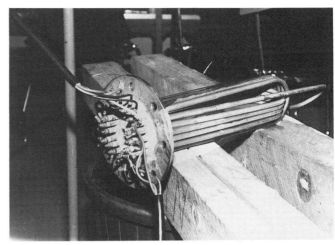
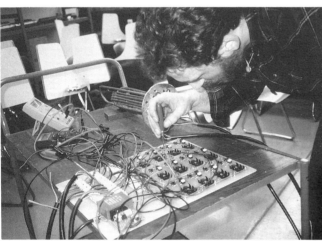

Abb. 123
Da der Standort sehr gut ist, hat die Anlage in Weyhe-Jeebel zwei Dauermagnetgeneratoren hintereinandergeschaltet. Sie werden über eine preiswerte Zahnriemenstufe angetrieben, da das vorgeschaltete Getriebe nicht ideal paßt.

Abb. 124
Die Steuer-Leistungselektronik, die die Heizwiderstände passend zur Windleistung aufschaltet, ist modular aufgebaut und somit je nach Bedarf kombinierbar.

Abb. 125
Das selbstmontierte »Bündel« aus elektrischen Tauchheizstäben für die Heizung. Davon werden - passend zum Wind - durch die Regelung jeweils welche zu- oder abgeschaltet.

Abb. 126
Bremsklappenversion für Kukater Flügelspitzen. Bei hoher Drehzahl klappen die Flügelenden durch die Fliehkraft gegen eine Zugfeder auf und bremsen den Rotor. Die Drehzahl steigt nicht weiter. Das Alurohr mit der Feder wird in den Hauptholm gesteckt.

9. Erfahrungen und Ergänzungen

9.1 Die Arbeit der AG Windenergie Bremen

Seit der ersten Auflage dieses Buches wurden in Bremen viele Erfahrungen mit der Versuchsanlage in Weyhe-Jeebel gesammelt. Die Anlage hatte bis 1988 einen Durchmesser von sieben Metern und unterstützte - gemäß Schaltschema in Abb. 101 - recht erfolgreich die Heizung eines Einfamilienhauses.

Seit Sommer 1989 drehen sich dort neu entwickelte *Metallflügel* mit einem Durchmesser von insgesamt acht Metern auf dem Mast und treiben zwei hintereinandergeschaltete Dauermagnetgeneratoren. Alle sechs Flügel sind mit einer Blattspitze versehen, die sich bei zu hohen Drehzahlen (Lastabwurf) oder beim Riß des Zahnriementriebs durch die Zentrifugalkraft herausschieben und querstellen (Abb. 127). Diese Konstruktion ist jedoch für den Selbstbau recht aufwendig und setzt hohe Fachkenntnisse voraus. Wir arbeiten deshalb zur Zeit auch an einer aerodynamisch wirkenden Blattspitzenbremse, die einfach herausklappt, wenn die Drehzahlen zu hoch werden (Abb. 126). Hubert Westkämper hat bereits einen ersten Satz solcher Bremsklappen konstuiert und bauen lassen. Wir werden sie bald erproben.

Bislang regelte sich die Steuerfahne der Anlage durch ein einfach umgelenktes Gewicht. Im Rahmen von »Jugend forscht« werden drei Mitglieder der AG die Anlage auf die neue V-Regelung um- und einstellen.

Einige Elektronik- und Elektrofachleute der Arbeitsgemeinschaft entwickeln und erproben derzeit neue Regelungen für die Leistungsentnahme und zwar zum optimalen Heizen, zum Einspeisen ins öffentliche Netz und auch zum Batterieladen. Hier ist in naher Zukunft über das Vorhandene hinaus einiges zu erwarten. Sollten Sie in dieser oder einer anderen Sache eine Anfrage an uns richten wollen, fügen Sie bitte unbedingt einen frankierten Rückumschlag bei.

Eine von der Arbeitgemeinschaft entwickelte *Schaltung zur Lastanpassung* wird nachfolgend beschrieben. (Text und Zeichnungen von Frank Steinhardt in Bremen)

Bei Windenergieanlagen steigt bekanntlich die Leistungsabgabe des Rotors mit der 3. Potenz zur Drehzahl, während die Leistung eines permanetmagneterregten Synchrongenerators (ebenso wie anderer Generatoren) bei konstanter ohmscher Last nur mit der 2. Potenz zur Drehzahl steigt. Bei der Leistungsbandbreite von Windgeneratoren und konstanter Last führt dies zu erheblichen Fehlanpassungen zwischen Leistungsangebot und Generatorleistung. Um hier Abhilfe zu schaffen, kann man als Last mehrere Einzelwiderstände einsetzen, die mit steigender Drehzahl nacheinander zum Generator zugeschaltet werden. In der Regel dürfte die Aufteilung in 6 Einzelwiderstände (je 2 pro Phase) vollkommen ausreichend sein. Mit steigender Zahl der

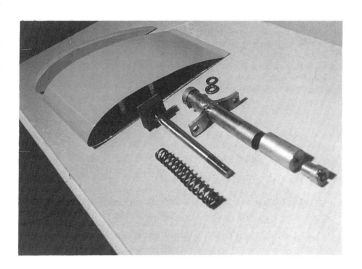

Abb. 127
Flügelenden, die sich bei hoher Drehzahl herausziehen und um 90° verdrehen. Sie bremsen eine zu hohe Drehzahl des Rotors ab.

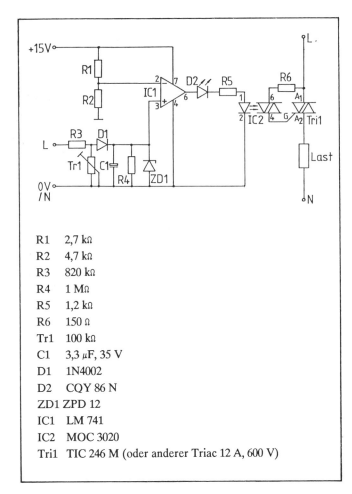

R1 2,7 kΩ
R2 4,7 kΩ
R3 820 kΩ
R4 1 MΩ
R5 1,2 kΩ
R6 150 Ω
Tr1 100 kΩ
C1 3,3 µF, 35 V
D1 1N4002
D2 CQY 86 N
ZD1 ZPD 12
IC1 LM 741
IC2 MOC 3020
Tri1 TIC 246 M (oder anderer Triac 12 A, 600 V)

Abb. 128 Schaltung des Schwellwertschalters

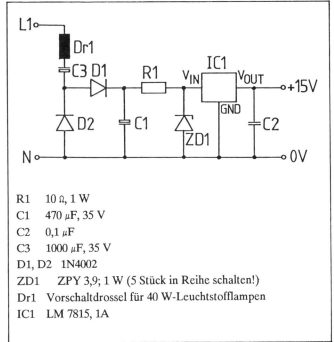

R1   10 Ω, 1 W
C1   470 µF, 35 V
C2   0,1 µF
C3   1000 µF, 35 V
D1, D2   1N4002
ZD1 ZPY 3,9; 1 W (5 Stück in Reihe schalten!)
Dr1 Vorschaltdrossel für 40 W-Leuchtstofflampen
IC1 LM 7815, 1A

Abb. 129
Schaltung des Netzteiles (ausreichend für 12 Schwellwertschalter)

Einzelwiderstände (9 oder 12) kann allerdings eine feinere Abstufung erreicht werden.
Eine derartige drehzahlproportionale Zuschaltung der Widerstände kann mit dem Schwellwertschalter gemäß Abb. 128 realisiert werden. Die Drehzahl wird dabei über die Spannung einer Phase erfaßt; überschreitet diese einen gewissen Wert, wird der entsprechende Heizwiderstand an derselben Phase zugeschaltet. Pro Heizwiderstand ist demnach jeweils ein Schwellwertschalter erforderlich. Die richtige Abstimmung der einzelnen Schaltpunkte ist in Versuchen zu ermitteln.

Funktionsbeschreibung für den Schwellwertschalter

Die Ausgangsspannung einer Phase wird von R3 und Tr1 geteilt, dabei kann mit Tr1 der Teilungsfaktor eingestellt werden. D1 übernimmt die Gleichrichtung und C1 die Glättung. R4 sorgt dafür, daß sich C1 wieder entlädt. ZD1 verhindert, daß die Spannung am nichtinvertierenden Eingang des Operationsverstärkers (IC1) 12 V übersteigt. R1 und R2 legen die Referenzspannung am invertierenden Eingang auf ca. 9,5 V fest. Sobald die Spannung über C1 diesen Wert überschreitet, schaltet der Operationsverstärker durch. Ein Strom fließt über D2 (Leuchtdiode zur Funktionskontrolle) und die Diode von IC2. Indem der Ausgang von IC2 leitend wird, schaltet Tr1 durch, die Last ist damit eingeschaltet. Sobald die Spannung an C1 unter dem Wert der Referenzspannung liegt, bleibt die Last ausgeschaltet. Mit Tr1 kann nun derjenige Spannungspegel eingestellt werden, bei dem die Last ein- bzw. ausgeschaltet wird.

Funktionsbeschreibung für das Netzteil

Dieses Netzteil ist speziell auf einen permanenterregten Generator (380 V/120 Hz) abgestimmt und ermöglicht die sehr preisgünstige Stromversorgung von bis zu 12 Schwellwertschaltern. Die positive Halbwelle des durch die Drossel Dr1 begrenzten Stromes fließt über D1 und R1 und teilt sich auf ZD1 und den Spannungsregler (IC1) auf. An ZD1 (insgesamt 5 Zenerdioden in Reihe geschaltet) fällt eine Spannung von ca. 20 V ab, die die Eingangsspannung für den Spannungsregler bildet. C1 und C2 glätten die Ein- und Ausgangsspannung des Spannungsreglers. R1 dient dazu, Stromspitzen durch ZD1 zu verhindern. Die negative Halbwelle des Stromes fließt direkt über D2. Die für beide Halbwellen des Stromes unterschiedliche Belastung würde einen Gleichanteil im Strom durch Dr1 erzeugen, der in der Drossel zu gefährlichen Sättigungserscheinungen führen könnte. Dieser Gleichanteil wird von C3 unterdrückt. Da Eingangsspannung und Frequenz ungefähr proportional zueinander sind, ist der im wesentlichen durch Dr1 festgelegte Eingangsstrom sowie der mögliche Ausgangsstrom des Netzteils näherungsweise unabhängig von der Eingangsspannung. (Abb. 129)

9.2 Das Testfeld in Bremen

Die KUKATER Anlagen bewähren sich z.T. seit Jahren, unter anderem in Nicaragua als Wasserpumpe und in Wilhelmshaven, Hamburg und Sudweye (in der Nähe von Bremen) als Heizungsunterstützung bzw Batterielader. Deshalb beschloß die Bremer Behörde des Senators für Arbeit, die KUKATER Anlage umfangreich zu fördern. Das geschieht sowohl im Bereich der Erprobung wie auch der Weiterentwicklung.

Abb. 130
Auf dem Testfeld in Bremen vergleichen wir verschiedene Anlagen mit denen des KUKATER-Typs. Die Erfahrungen nutzen wir, um die Anlage weiter zu verbessern.

Deshalb wurde (und wird weiter) im Rahmen einer von der Bremer Landesregierung über den Senator für Arbeit koordinierten Arbeitsbeschaffungsmaßnahme ein Testfeld für sechs kleine Windenergieanlagen für Entwicklungsländer ausgerüstet. Die Größe des Feldes beträgt ca. 200 m x 60 m. Es befindet sich als aufgespülte Fläche im Werderland, unmittelbar am Weserufer hinter dem Deich. Fast gegenüber, auf der anderen Weserseite, drehen sich die einarmigen high-tech »MONOPTEROS« - Windkonverterrotoren der Firma Messerschmidt-Bölkow-Blohm. Die für das Testfeld nötige Energieversorgung wird über eine vorbeiführende Freileitung bereitgestellt.

Physiker des Energielabors der Universität Oldenburg werden mit Hilfe eines feststehenden 24 m hohen und eines beweglichen Meßmastes das Strömungsverhalten des Windes an den bereits fundamentierten Standorten aus unterschiedlichen Richtungen und in unterschiedlichen Höhen vermessen, um genaue Aussagen über den Turbulenzgrad,

Abb. 131
Meßgeräte im Vordergrund. Im Hintergrund zwei KUKATER Anlagen auf dem Testfeld. Die hintere Anlage ist ein mißlungener Nachbau mit Flügelschaden, bei dem elementare Konstruktionsregeln mißachtet wurden.

9. Erfahrungen und Ergänzungen

Abb.132
Mit Hilfe einer aufwendigen Meßanlage werden alle wichtigen Daten im Langzeitversuch festgehalten und ausgewertet.
Der Bildschirm zeigt übersichtlich die Meßergebnisse einer kleinen Anlage mit einem schlecht angepaßten Asynchrongenerator.

die Windgeschwindigkeit, ihre Verteilung auf dem Testfeld und in der Höhe zu gewinnen. Baumgruppen unterschiedlicher Dichte und Entfernung zu den Anlagen an zwei Seiten des Testfeldes lassen aufschlußreiche Ergebnisse erwarten, die teilweise auch für »zweitklassige« Windkonverterstandorte repräsentativ sein können.

Die erforderlichen Prüfstatiken entsprechend den neuen Richtlinien des Germanischen Lloyds wurden für den exponierten Standort auf dem Testfeld bis zu einem Rotordurchmesser von sieben Metern erfolgreich abgeschlossen und die entsprechenden Baugenehmigungen erteilt.

Mindestens drei - wahrscheinlich vier - Anlagen vom KUKATER Typ werden dort gleichzeitig erprobt und optimiert. Zwei der bereits aufgestellten Anlagen haben einen 12 m hohen und eine einen 18 m hohen dreistieligen Rohr-Standardmast.

Die bislang vorhandenen Windkonverter haben etwas kleinere Rotordurchmesser (5 m und 6 m) sowie unterschiedliche Generatortypen und -leistungen. Sie wurden im Herbst 1988 errichtet und werden seitdem vermessen. Eine im Rahmen von 2 »Doppelingenieurdiplomarbeiten« konzipierte und installierte Meßeinrichtung mit einem entsprechenden Computerprogramm erlaubt genaue Aussagen über Leistung und Verhalten der Anlagen. Gemessen werden gleichzeitig das mechanische Drehmoment an der Welle, die Drehzahl, die elektrische Leistung, die Windrichtung, die Achsrichtung zum Wind und der Winkel der Steuerfahne zur Achse sowie die Windgeschwindigkeit und ihre Richtung in verschiedenen Höhen und Standorten. Die Rotoren drehen sich praktisch unbeaufsichtigt, ohne daß es bisher zu Problemen gekommen wäre. Die vorher theoretisch abgeschätzen Leistungen werden übertroffen.

Der Germanische Lloyd signalisierte inzwischen seine Bereitschaft, im Auftrag des Bundesministeriums für Forschung und Technologie (BMFT) und der Gesellschaft für Technische Zusammenarbeit (GTZ) eine Anlage auf seinem Testfeld an der Elbe hinsichtlich ihres Einsatzes in Entwicklungsländern zu prüfen.

Parallel zu den KUKATER Anlagen sollen auf dem Bremer Testfeld drei weitere Windkraftanlagen erprobt wer-

9. Erfahrungen und Ergänzungen

den. Auch sie sind für den Einsatz in Entwicklungsländern konzipiert. Vergleiche aller Versuchsanlagen untereinander werden die Erfahrungen und Kenntnisse über Windkonverter dieser Größenordnung vermehren und es gestatten, sie weiter zu optimieren.

In Fachkreisen wird der weltweite Bedarf an Windrädern dieses Konzeptes und dieser Größenordnung sehr hoch eingeschätzt.

9.3 Die Anlage bei den autonomen Jugendwerkstätten Hamburg e.V.

Die Hamburger »autonomen Jugendwerkstätten e.V.« betreiben seit 1983 außerordentlich erfolgreich die berufliche Erstausbildung von sozial benachteiligten Jugendlichen.

1988 sahen sich die Verantwortlichen nach Projekten um, die einerseits ökologisch zukunftsorientiert sind und sich andererseits für eine die verschiedenen Werkstätten übergreifende, handlungsorientierte Ausbildung eignen. Nach ausgiebigen Recherchen entschlossen sie sich, für ihre Gärtnerei eine Windenergieanlage nach dem KUKATER Konzept zu bauen, weil dieses Projekt ihrem gruppenpädagogischen Ansatz am ehesten entsprach.

Um einen Einstieg in die fachlichen Probleme zu finden, besuchten einige der Pädagogen zunächst ein Windenergieseminar des Autors im Energie- und Umweltzentrum in Springe-Eldagsen (Adresse am Ende des Buches). Ab November 1988 wurde das Ausbildungkonzept erstellt und die Materialplanung durchgeführt. Ab Februar 1989 begannen die einzelnen Werkstätten, die Einzelteile zu bauen. Beteiligt waren eine Maurerei, eine Elektromechanikwerkstatt, eine Tischlerei, eine Werkstatt für Gas- und Wasserinstallation, eine für KFZ-Mechanik, eine Malerei und die Gärtnerei. Ferner arbeiteten noch Teilnehmer einer Bauschlosserei und einer Modellbautischlerei von der »Bürgerinitiative ausländischer Arbeitnehmer e.V.« mit.

Am 30.6.1989 wurde das Windrad von den Jugendlichen bzw. jungen Erwachsenen aufgestellt und läuft seither ohne besondere Probleme. Die neue Regelung mit Hilfe der Steuer- und Seitenfahne arbeitet ausgezeichnet. Ziel ist es, die Wasserversorgung der Gärtnerei und die Vorwärmung des Wassers aus einer großen Regenwassersammelanlage zu betreiben, die von den Gewächshausdächern gespeist wird.

Abb. 133
Eine der schönsten KUKATER Anlagen steht in Hamburg auf dem Gelände einer Gärtnerei der »autonomen Jugendwerkstätten Hamburg e.V.«. Der 18 m-Mast überragt das zweistöckige(!) Gebäude hinreichend.

Damit auch in windarmen Zeiten Energie zum Pumpen zur Verfügung steht, wird die vom Dauermagnetgenerator des Windrades erzeugte Energie zunächst dazu benutzt, um ein für diesen Anwendugsfall ausreichendes Batteriepaket von 24 V und 300 Ah - entsprechend 7,2 kWh Energieinhalt - zu laden. Ist der Batteriesatz voll, wird entweder das Wasser geheizt oder das Gewächshaus selbst. Eine vollautomatische elektronische Regelung stellt das sicher. Mit dem Batteriestrom werde zwei Pumpen betrieben: eine, um das Regenwasser in den Druckspeicher zu pumpen und dort auf den Betriebsversorgungsdruck von ca. 6 bar zu bringen und eine, um das Regenwasser aus einem Sammelteich in das Vorwärmbassin innerhalb der Gewächshäuser zu pumpen.

Mit diesem Konzept ist ein Windenergie-Anwendungsfall mit Hilfe des KUKATER Typs realisiert, der exemplarisch für viele Anwendungsfälle sich selbstversorgender Werkstätten und landwirtschaftlicher Betriebe in Entwicklungsländern steht. Der Batteriesatz läßt sich mühelos aufstoken, um auch größere Mengen an elektrischer Energie - z.B. für Maschinen - verfügbar zu halten.

Abb. 134
Eine automatische Regelung lädt die Batterien. Sind sie voll, wird der Strom genutzt, um Wasser zu erwärmen. Mit dem Batteriestrom wird Wasser gepumpt und auf einen Versorgungsdruck von 6 bar gebracht. Dieser Einsatz dürfte auch typisch sein für eine Anwendung in Entwicklungsländern oder dort, wo kein Anschluß an das öffentliche Netz möglich bzw. sinnvoll ist.

Abb. 135
Links ein Teil des 24 V-Batteriesatzes mit Teilen der Regelung und die »Notheizung«. Diese verheizt überschüssige Windenergie und gibt die Wärme an die Luft ab, wenn alle Ziele erreicht sind oder die Regelung ausfällt. Die Pumpe rechts im Bild pumpt das Brunnenwasser auf 6 bar Betriebsdruck.

9. *Erfahrungen und Ergänzungen*

9.4 Anlage des Vereins »Beratung, Kommunikation und Arbeit« in Wilhelmshaven

Dieser Verein betreut junge Leute ohne Ausbildung unter der Anleitung von Werkstattleitern in einer Holz-, Metall- und KFZ-Werkstatt.

In den Jahren 1985 bis 1987 bauten die Teilnehmer eine KUKATE-5 und nahmen sie schließlich 1987 auf dem Gelände des »Vereins Deutscher Schäferhunde« in Betrieb. Sie steht ca. 1.500 m vom Deich des Jadebusens entfernt in Wilhelmshaven-Voslapp. Nach Aufzeichnungen einer 400 Meter entfernt liegenden Wetterstation betrugen die mittleren Windgeschwindigkeiten in den Jahren 1985, 1986 und 1987 jeweils 4,6 m/s, 4,5 m/s und 4,2 m/s.

Der Asynchrongenerator wird mit Kondensatoren (3 x 50 μF) erregt. Der produzierte Strom dient zur Heizung des Vereinsheims. Dazu wurden elektrische Heizwiderstände (6 x 500 W, vgl. Abschnitt 5.3.2) im Rücklauf der vorhandenen Ölheizung eingebaut und mit einem Relais je nach Generatorspannung zu- oder abgeschaltet. Obwohl sich diese Schaltung bisher bewährt hat, soll sie in Kürze gegen eine Thyristorschaltung ausgetauscht werden, mit der die Heizwiderstände in zwei Stufen zu- oder abgeschaltet werden.

Da der Standort für schwere Fahrzeuge nicht zugänglich ist, wurde die Anlage in Einzelteilen zum Aufstellungsort getragen und dort Stück für Stück stehend aufgebaut. Einziges Hilfsmittel war ein Galgen mit einer Umlenkrolle, der entsprechend dem Baufortschritt am Mast hochgezogen wurde. Der Aufbau dauerte nur drei Tage und es gab dabei keine nennenswerten Schwierigkeiten.

Die Voslapper Anlage war die erste der überarbeiteten KUKATER Konzeption von 1982. Deshalb mußte während der Anfangsphase einiges verändert werden:

1. Zunächst wurde der Querfahnenarm verlängert. Die Querfahne muß seitlich deutlich aus dem Rotorkreis heraustreten.

2. Da der Generator in den Wicklungen einen Fehler hatte, wurde die KUKATE unbeabsichtigt sehr hart getestet. Bei Sturm ohne elektrische Lastabnahme lief sie über mehrere Stunden mit sehr hohen Drehzahlen (ca. 300 - 400 Umdrehungen pro Minute), bevor sie aus dem Wind gedreht werden konnte. Darum wurde nachträglich eine handelsübliche Motorradscheibenbremse eingebaut, um die Anlage bei starkem Wind vom Boden aus stoppen und warten zu können.

Obwohl die Anlage einen Sturm bei Lastabwurf offensichtlich überlebt, wird zur Zeit eine Zentrifugalbremse für die

Abb. 136
Die »kleine« 5 m-Anlage in Wilhelmshaven-Voslapp hat viele tausend Betriebsstunden hinter sich. Sie steht auf dem Gelände eines Vereins und heizt dort das Gebäude.

Rotorflügelspitzen entwickelt und getestet. Dabei handelt es sich um Bremsklappen, die sich bei zu hohen Drehzahlen quer zur Luftströmung stellen und den Rotor abbremsen.

Der effektiv erzielte Energieertrag der Anlage wurde gemessen, er liegt für den (kleinen) 5 m-Halbflügel-Rotor zwischen 5.000 und 6.500 kWh pro Jahr - und das bei einem Windgeschwindigkeiten-Jahresmittel von unter 4,5 m/s und einer von den Flügeln überstrichenen Fläche von nur 15 m^2! Der neu entwickelte 7 m-Rotor läßt demnach Werte von mindestens 14.000 kWh an einem vergleichbaren Standort erwarten.

Wie die Betreiber mitteilen, muß sich die Anlage wegen des für den guten Standort vielleicht etwas zu klein gewählten Generators von nur 3 kW Nennleistung recht häufig aus dem Wind drehen. Möglicherweise wäre deshalb dort ein 4 kW-Generator besser. Aber - wie ich bereits in Kap. 2.2 beschrieben habe - ein zu groß ausgelegter Generator arbeitet im unteren Teillastbetrieb nicht sehr effektiv.

9.5 BRAS-Werkstatt in Bremen

Bereits vor Jahren wurde von sozial benachteiligten Jugendlichen eine KUKATE-Anlage als Wasserpumpe für Nicaragua gebaut. Dort versorgt sie heute einen landwirtschaftlichen Betrieb.

Unter anderem führte der Erfolg dieser Maßnahme zu einem Ausbau der Werkstatt im Bereich eines Bremer Jugendfreizeitheims durch die BRAS (Bremer Arbeitslosen Selbsthilfe). Dort wurden inzwischen weitere Anlagen erstellt. Eine davon steht mitten im Wohngebiet auf dem Grundstück des Freizeitheimes. Der mit dieser Anlage erzeugte Strom unterstützt die Heizung.

Abb. 137
Der Mast und die ganze Anlage wurden stehend »nur von Hand« aus den zerlegten Einzelteilen aufgebaut. Auf dem Bild wird gerade die Gondel - das schwerste Bauteil - hinaufgezogen. Der Krangalgen mit der Umlenkrolle ist dabei eine wertvolle Montagehilfe.

Abb. 138
Auf einem 12 m-Mast steht diese Anlage im Bremer Stadtgebiet auf dem Gelände eines Jugendfreizeitheimes. Sie unterstützt die Heizung der Werkstatt.

9.6 Musik-KUKATE für eine Landesgartenschau

Auf der baden-württhembergischen Landesgartenschau 1989 in Bietigheim-Bissingen installierten die Mitglieder der Bremer Ausbildungswerkstatt des Bundes Deutscher Pfadfinder ein zwölfflügeliges Windrad mit 5 m Durchmesser auf einem 24 m hohen Spielturm. Dieses Windrad schließt die imposante Holzkonstruktion oben ab.

Nachdem verschiedene unrealistische, weil für die spielenden Kinder zu gefährliche oder wegen Frostgefahr zu wartungsaufwendige Antriebsaufgaben für den Konverter verworfen wurden, entschloß sich die ausführende Arbeitsgemeinschaft, das Windrad Musik machen zu lassen. Es bedient ein selbstentwickeltes schaltbares Klangplattenmusikwerk mit Resonanzrohren.

Die Flügel sollten - Segeln ähnlich - dekorativ aussehen und einen sicheren Betrieb gewährleisten. Zu diesem Zweck wurden Dreiecksflügel konstruiert, die nicht durchdrehen können. Bei stärkerem Wind »stolpert« das nachfolgende Segel durch das Wirbelfeld des vorherlaufenden und wird so gebremst. Trotzdem läuft das Rad leicht an, da der Bremseffekt bei niedrigen Drehzahlen noch nicht wirkt.

Nachdem wir - wegen des ungünstigen Standortes mit turbulenter Strömung - die Flügel nachträglich verstärkt hatten, läuft das Rad heute problemlos und fast ohne Aufsicht. Somit gehört dieses KUKATER Windrad sicherlich zu den wenigen, die mit vom Wind gemachter und zum Wind passender Musik Kinder und und Erwachsene erfreuen!

Abb. 139
KUKATER - Musikwindrad auf der Landesgartenschau in Bietigheim-Bissingen. Es bildet den Abschluß eines 24 m hohen Holzspielturmes. Der Rotor wurde - wegen des dekorativen Aussehens - aus zwölf bunten Blechsegeln gebaut.

Abb. 140
Im Vordergrund die kräftige Scheibenbremse auf der Rotorwelle, im Hintergrund das Schlagwerk und die Klangplatten des Musikwerkes. Damit die einstellbare Melodie nicht zu schnell abläuft, mußte ein Getriebe zwischen Rotorwelle und Klangwerkwelle installiert werden.

9.7 Machen Windkraftanlagen Lärm?

Bei einigen Baugenehmigungsverfahren für Windkraftanlagen wurde von der Genehmigungsbehörde die Frage nach der Lärmbelästigung solcher Anlagen gestellt und der Bauherr aufgefördert, hierüber Unterlagen beizubringen. Aus diesem Anlaß entstand das im folgenden wiedergegebene Schallgutachten des Autors.

Sollten bei einem Genehmigungsverfahren für KUKATER Anlagen auch Unterlagen zur Schallemission gefordert werden, kann ggf. eine Kopie des folgenden Textes als Anlage zum Bauantrag möglicherweise bereits ausreichen.

Schallgutachten zur Abschätzung des Betriebslärmes eines Windenergiekonverters vom Typ KUKATE

GLIEDERUNG

1. Lärmentwicklung von Windenergieanlagen
2. Anzuwendende Vorschriften
3. Anzuwendende Normen
4. Bisherige Veröffentlichungen über die Schallentwicklung von Windenergiekonvertern
5. Lärmentwicklung an einer Anlage
6. Abschätzung des Schallärms des Konverters Kukate
7. Zusammenfassung der Ergebnisse

1. Lärmentwicklung von Windenergieanlagen

Windenergiekonverter (WEK) setzen die Bewegungsenergie des Windes zunächst in mechanische Energie und danach in elektrische Energie um. Der erste Vorgang läßt sich mit Hilfe der Aerodynamik, der zweite mit Hilfe der Elektrotechnik beschreiben. Ein solcher Windenergiekonverter besteht in der Regel aus den Bauteilen: Fundament, Mast, Rotor, Gondel und Steuerfahnen.

Um die Arbeitsdrehzahl des elektrischen Generators zu erreichen, muß die relativ langsame Drehzahl des Rotors durch ein zwischen Rotor und Generator installiertes Getriebe erhöht werden. Dabei verbinden in der Regel starre oder elastische Kupplungen die Rotorwelle mit dem Getriebe und das Getriebe mit dem Generator.

In der Gondel sind diese Bauteile nebst einer Bremse und anderen Steuerungselementen zusammengefaßt. Am hinteren Ende der Gondel sind die Steuerfahnen befestigt, vorne der Rotor mit seinen Flügeln angebracht. Die Gondel selbst ist über ein großes Lager - meist einen Drehkranz - mit dem Turm verbunden und kann sich entsprechend den Windverhältnissen ausrichten. Abgedeckt wird die Gondel durch eine Karosserie, die die Baugruppen vor Witterungseinflüssen schützt und darüberhinaus entstehenden Betriebslärm dämmt.

Der Mast plaziert den Rotor in Höhen möglichst ungestörter laminarer Windströmunsverhältnisse. Denn durch Bäume, Gebäude und andere Hindernisse in der Umgebung wird die gleichmäßige Luftströmung gestört. Die Energie solcher Turbulenzen läßt sich nicht nutzen und belastet den Rotor stark. Die Anlage arbeitet dann nur - verglichen mit einem optimalen Aufstellungsort - wirtschaftlich vermindert.

Typischer *Betriebslärm* kann am Rotor, am Getriebe und am Generator entstehen, kurzzeitiger Lärm darüber hinaus aufgrund eines defekten Lagers oder Getriebes.

Wesentliche *Strömungsstörgeräusche* am Rotor treten nur auf, wenn er aerodynamisch nicht gut ausgebildet ist. Allerdings können im ungünstigen Fall die Flächen der Rotors über Körperschall Lärm vom Getriebe übertragen, wenn sie aus hartem Material (z.B. Metall oder GFK) bestehen und konstruktiv ohne elastische Kupplungen miteinander verbunden sind.

Die Lärmentwicklung des *Getriebes* hängt im wesentlichen von 3 Komponenten ab:

1. der Größe des Getriebes und der Getriebestufenzahl
2. der Güte des Getriebes
3. der Art der Getriebeinstallation

Wegen der unterschiedlichen Installationsbedingungen sind nur in wenigen Fällen die Getriebehersteller in der Lage, die Lärmwerte ihrer Produkte anzugeben. Bei einigen

Windenergieanlagen, die keine schallisolierte Gondel haben, ist Getriebelärm hörbar. Dieser Sachverhalt wird jedoch immer weniger bemängelt, da fast alle modernen Maschinengetriebe schrägverzahnte Getrieberäder haben. Diese sind wegen der kontinuierlicheren Radkämmung wesentlich leiser als althergebrachte geradverzahnte Getriebe.

Die Lärmentwicklung des *Generators* entsteht in den meisten Fällen am Kühlgebläse. Auch Lagergeräusche sind möglich. Bei einigen Windenergieanlagen ohne isolierte Gondelverkleidung ist Generatorlärm hörbar. In kritischen Fällen von Generatorlärm kann durch entsprechende Lagerung und Kapselung des Generators eine unzulässige Lärmabstrahlung vermieden werden (siehe VDI 2711).

Lärm, der vom *Rotorlager* ausgeht, kann nur von einem defekten Lager herrühren. Störungen am Rotorlager können vermieden werden, wenn sie vor eindringender Feuchtigkeit geschützt und vorschriftsmäßig gewartet werden.

Durch hohe Windgeschwindigkeiten treten am *Turm* Geräusche auf, die mit dem Windsausen an Hochspannungsmasten vergleichbar sind. Sie sind abhängig von der Art und Struktur des Mastes. Masten aus Winkeleisen lärmen am meisten, rohrförmige Masten am wenigsten.

Störungen durch andere, an der Gondel befestigte, großflächige Strukturteile - wie zum Beispiel Steuerfahnen - sind abhängig von deren Konstruktion, Material und der Art ihrer Befestigung am Gondelrahmen.

Im allgemeinen übertreffen bei stärkerem Wind die reinen Windgeräusche in Wohngebieten mit normaler Bausubstanz und Bepflanzung (Bäume und Sträucher) die für Wohngebiete zulässigen Lärmwerte nach §4 BauNVO und §2 BauNVO bei weitem, auch wenn dort keine Windkraftanlage steht. Das durch den Betrieb einer Windkraftanlage zusätzlich entstehende Geräusch (z.B. bei Nennleistung bei 9 m/s Windgeschwindigkeit) führte bei verschiedenen Messungen zu keinem bzw. einem nur unwesentlich erhöhten Schallpegel. Bei noch höheren Windgeschwindigkeiten steigt der Windlärm, wobei das Geräusch des Windkonverters selbst immer mehr in den Hintergrund tritt.

2. Anzuwendende Vorschriften

TA Lärm. Technische Anleitung zum Schutz gegen Lärm
VDI 2058 Blatt 1: Beurteilung von Arbeitslärm in der Nachbarschaft
VDI 2718 Richtlinien Schallschutz im Städtebau
VDI 2571 Schallabstrahlung von Industriebauten
VDI 2711 Schallschutz durch Kapselung
Bau-NVO Baunutzungsverordnung

3. Anzuwendende Normen

DIN 4109 Schallschutz im Hochbau
DIN 18005 Blatt 1: Schallschutz im Städtebau
DIN 45633 Blatt 1: Präzisionsschallmesser (allgemeine Anforderungen)
DIN 45633 Blatt 2: Präzisionsschallpegelmesser Sonderanforderungen für die Anwendung
DIN 45634 Schallpegelmesser und Impulsschallpegelmesser, Anforderungen
DIN 45641 Mitteilung zeitlich schwankender Pegel
DIN 45667 Klassierverfahren für das Erfassen regelloser Schwingungen
DIN 45635 Geräuschmessung an Maschinen

4. Bisherige Veröffentlichungen über die Lärmentwicklung von Windenergieanlagen

In den letzten Jahren sind einige Lärmuntersuchungen an vorhandenen Windenergieanlagen gemacht worden. Veranlaßt wurden diese Arbeiten meist durch schwebende Genehmigungsverfahren für die Aufstellung von Windenergieanlagen. Offizielle Stellen der Bundesrepublik Deutschland haben bis heute keine Schallimmissionsmessungen in ihrem Programm aufgenommen.

Im Rahmen von Musterzulassungsuntersuchungen und anderen Prüfprogrammen hat der Germanische Lloyd mit Lärmmessungen begonnen. Verbindliche Gesetze gibt es nicht. Die gesichteten Unterlagen stammen von kompetenten Firmen und Fachleuten und Gerichten aus dem In- und Ausland:

1. *Gutachten: Schall* (aus Windkraft-Journal 3/81)
Dieser Artikel ist ein auszugsweiser Abdruck eines Berichtes über Schallpegelmessungen an dem »Windpower« Windgenerator. Der Bericht wurde im Auftrag des Herstellers vom »Windpower Generator« - dieser ähnelt dem KUKATER weitgehend - von den beratenden Ingenieuren Prof. Dr.-Ing. Paschen und Partner erarbeitet. Die zweitägigen Messungen wurden von dem Sachverständigen Dr.-Ing. Karl Johannsen vorgenommen. Es wird als Unterlage bei Baugenehmigungsverfahren für Windenergieanlagen benutzt.
Das Ergebnis ist überraschend: »Das allgemeine Windgeräusch ist so laut, daß der Lauf oder Stillstand der Anlage in der Messung keine signifikanten Unterschiede aufzeigt. Das allgemeine Windgeräusch allein hat bei Windstärke 5 bereits ein Mehrfaches des für Wohngebiete nach DIN 45635 zulässigen Wertes. (Konsequenterweise müßte Wind als Naturereignis unter das Verbot der Lärmschutzverordnung fallen.)« (S.82)
Um die Messung nach der DIN-Vorschrift erfüllen zu können, ist eine Korrektur des Meßwerts »Störgeräusch« (Windkraftanlage) um den des zuvor gemessenen »Fremdgeräusches« (Wind) erforderlich. Der Begriff Fremdgeräusch bedeutet, daß es sich um Geräuschanteile handelt, die mit dem zu messenden Objekt in keinem Zusammenhang stehen. Gerade hier liegt aber bei vorliegender Meßaufgabe der Widerspruch. Das Fremdgeräusch sind die sich aus den verschiedensten Komponenten zusammensetzenden Windgeräusche. Diese sind damit praktisch aber die Voraussetzung zum Betrieb des Windgenerators. Fremdgeräusch (Wind) und Störgeräusch (Windenergieanlage) stehen damit in einer zwangsläufigen Wechselbeziehung. Vorhandene Meßnormen, Richtlinien und dergleichen werden diesem Sonderfall nicht gerecht. Ohne der Beurteilung der Meßergebnisse vorzugreifen, soll dieser Umstand an den zwei Grenzfällen verdeutlicht werden:

a) Windstille: Fremdgeräusche (Wind) sind nicht vorhanden; Störgeräusche durch den Windgenerator können ebenfalls nicht auftreten.

b) Vollast: »... entsprechend 13 m/s Windgeschwindigkeit. Der Generator erreicht bei dieser Windgeschwindigkeit ... seine Maximalleistung von 10 kW. Nach Ziff. 5.2. der DIN 45635 ist dies der im Regelfall für eine Beurteilung anzusetzende Betriebszustand. Die durchgeführten Messungen zeigen jedoch, daß in diesem Leistungsbereich das Störgeräusch aus dem Gesamtgeräusch mit vertretbarem Meßaufwand nicht mehr meßtechnisch zu erfassen und darzustellen ist.« (S.82 ff)

Nach DIN 45635 Ziff. 7.1.2 ist eine Korrektur Fremdgeräusch/Störgeräusch nur dann durchzuführen, wenn ein Mindestunterschied zwischen Fremd- und Gesamtgeräusch (=Fremdgeräusch + Störgeräusch) von mindestens 3 dB(A) besteht. Im vorliegenden Fall waren Stör- und Fremdgeräusche jedoch gleich groß. Verkehrsgeräusche wurden bei der Meßwertaufnahme nicht berücksichtigt.
In der Zusammenfassung (S.84) schreiben die Gutachter: »Messungen und Auswertungen haben ergeben, daß die DIN 45635 nur eingeschränkt angewandt werden kann. Nur im Nahbereich um den Windgenerator bis etwa 8 m bei mittleren Windgeschwindigkeiten kann eine Korrektur um den Fremdgeräuschpegel (Wind) durchgeführt werden. Auf der anderen Seite ist das Fremdgeräusch Voraussetzung für das zu beurteilende Störgeräusch des Windgenerators.«

2. *Wind Energy Conversion*
- is it an environmentable aceptable?
Diesen Bericht hat »Rockwell International« herausgegeben. Er enthält ein Kapitel über Schallemmission. Einige Sätze der Zusammenfassung werden hier in der Übersetzung wiedergegeben:

»Typische kleine Windenergieanlagen sollten bei einer Pegelhöhe von 50 db(A) keine Schallprobleme verursachen, wenn ein Abstand von 115 m vom Turm eingehalten wird. Aufgrund der Versuchsergebnisse, die im hörbaren Schallbereich an großen und kleinen Windenergieanlagen durchgeführt wurden, sollte gegenwärtig kein bedeutsamer Umwelteinfluß entstehen. Bei allen Messungen, soweit sie im Schallbereich registriert wurden, sind die zulässigen Toleranzen sogar bei verhältnismäßig kleinen Abständen zu den Windenergieanlagen eingehalten worden ...«

3. Angebot der Firma Witt & Sohn, Pinneberg
In der Baubeschreibung der Windkraftanlage »Kuriant«, die mit der KUKATE vergleichbar ist, werden auf Seite 2 der Baubeschreibung Angaben über die Lärmentwicklung der Anlage gemacht. Bei 6 - 10 m/s Windgeschwindigkeit werden folgende Werte angegeben: am Turmfuß 45 dB, in 15 m Abstand 42 dB, in 30 m Abstand 40 dB.

4. Gerichtsurteil des Oberverwaltungsgerichts Lüneburg
Mit seinem Urteil im Januar 1988 hat das Oberverwaltungsgericht Lüneburg den Geräuschvorwurf von Nachbarn wegen einer Windenergieanlage im Wohngebiet grundsätzlich zurückgewiesen. Obwohl das Geräusch des Konverters »... eher dem Geräusch einer anfahrenden Straßenbahn glich. Bei Sturm wurden die Geräusche sogar noch stärker. Aber, so das Gericht, diese Geräusche werden durch anderer Geräusche überlagert und sind zumutbar und bei Sturm geht sowieso keiner auf die Terrasse, die der Nachbar besonders geräuschgeschädigt sah. Fazit: Für die Allgemeinheit zumutbar. Auf die besondere Geräuschempfindlichkeit des Klägers käme es nicht an (Aktenzeichen: 6 OVG A 182/84).« Zitat aus »Weserkurier« vom 7. Januar 1988.

5. Geräuschentwicklung eines kleinen Windenergiekonverters
Die Messung erfolgte am 11.11.1981 auf dem Gelände des Bauern Böse in Päpsen. Sie wurde betreut durch den Windenergieexperten Ingenieur Ulrich Stampa.

Meßverfahren: Der Windenergiekonverter kann im Sinne der DIN 45636 als Maschine angesehen werden. Da er im Freien steht, wird eine Messung nach DIN 45635 Blatt 1 im Hüllflächenverfahren gewählt. In diesem Normblatt sind Anwendungsbereich, Begriff, Meßgeräte, Durchführung und Auswertung der Messungen, Abfassung des Berichtes und Anwendung der Meßergebnisse beschrieben.

Der Windkonverter steht auf einer Weide in etwa 20 m Entfernung eines Feldweges. Der Rotordurchmesser beträgt 8 m. Der aus Winkelprofilen gefertigte Mast ist nur 7,5 m hoch. In nordwestlicher Richtung befindet sich in etwa 200 m Entfernung ein Bauernhof, der mit 20 m hohen Eichen umgeben ist. Sonst ist das Gelände eben und frei von Hindernissen. Der Windkonverter erzeugt ungeregelten Wechselstrom, der mit einer Erdleitung zum Bauernhof geführt wird. Dort wird der Strom zum Heizen verwendet. Der Windkonverter besitzt einen 4-Blatt-Rotor aus Stahlrohren und ist mit verzinktem Blech beplankt. Der Rotor treibt über ein zweistufiges Getriebe mit einem Übersetzungsverhältnis von 1:31 einen Generator an. Der Generator läuft mit einer Nenndrehzahl von 1500 U/min. Er wird von einem eingebauten Gebläse gekühlt. Der Rotor wird durch eine Windfahne aus Blech gegen den Wind ausgerichtet. Bei Sturm sorgt ein »Hängefahnensystem« für das Ausschwenken des Rotors aus dem Wind.

Zur Erfassung aller Geräusche in Abhängigkeit von der Windrichtung wurde eine kreisförmige Anordnung der Meßpunkte gewählt. Der Abstand der Meßpunkte vom Turm entspricht der Nabenhöhe des Rotors von nur 7,5 m. Der Abstand der Meßpunkte vom Boden wurden mit 1,5 m festgelegt. Diese Anordnung vermeidet wesentliche Einflüsse von Schallreflektionen vom Boden und vom Turm. Außerdem gewährleistet sie gute Vergleichsmöglichkeiten zu anderen Windenergieanlagen, da der Schall unter gleichen Winkeln zum Meßgrät abgestrahlt wird. Die Messung sollte bei einer typischen Wetterlage durchgeführt werden, d.h. der Wind sollte so stark sein, daß der Windkonverter die Nennleistung erreicht. Die Windrichtung sollte der Hauptwindrichtung entsprechen. Für die vorgesehene Messung bedeutet das Westwind mit 12 m/s Geschwindigkeit.

Vorgehensweise bei der Messung:
1. Bestimmung des Hintergrundgeräusches
2. Bestimmung der Fremdgeräusche
3. Bestimmung des Windkonverterlärms

Zu 1.: Das Hintergrundgeräusch mit 32 dB(A) wurde durch Messungen gewonnen. Der Windkonverter war für diese Messung abgestellt. Es wurde bei verschiedenen Windgeschwindigkeiten gemessen.

Zu 2.: Das Fremdgeräusch wird bei verschiedenen Windgeschwindigkeiten gemessen. Der Windkonverter ist abgestellt.

Bemerkung: Der Aufstellungsort des Windkonverter erlaubt keine Unterscheidung von Hintergrundgeräusch und Fremdgeräusch. Als Fremdgeräusche wurde das reine Windgeräusch gemessen und registriert. Verkehrs-, Fabrik- sowie Windlärm an Bäumen und Häusern gibt es am Aufstellungsort nicht. Bellende Hunde und menschliche Stimmen wurden nicht berücksichtigt. Ein solcher Aufstellungsort ist für Selbstbauanlagen jedoch ausgesprochen selten.

Zu 3: *Meßergebnisse*: Bei Windgeschwindigkeiten zwischen 4 m/s und 7 m/s wurden Lärmwerte der Windenergieanlage zwischen 46 und maximal 52 dB(A) gemessen.

Zusammenfassung: Die Messungen wurden bei Windgeschwindigkeiten zwischen 4 m/s und 7 m/s durchgeführt. Bei dieser Situation erreicht der Windkonverter nicht seine Nennleistung. Der Rotor läuft mit einer gegenüber der Nennzahl etwas vermindertern Drehzahl. Die Drehzahl des Generators schwankte zwischen 1.400 und 1.450 U/min. Durch die Trägheit des Rotors nimmt die Drehzahl bei ansteigender Windgeschwindigkeit nur langsam zu und bei nachlassendem Wind ebenso langsam wieder ab.

Eine Registrierung der jeweiligen Drehzahl war bei der Messung leider nicht vorgesehen. Denn die Meßwerte zeigten, daß die Geräuschpegelhöhe eher mit der Drehzahl des Rotors und damit des Generators korrellierte und nicht unmittelbar von der Windgeschwindigkeit abhängig war. Alle Beobachtungen deuteten darauf hin, daß das Geräusch seinen Ursprung im Kühlgebläse des Generators hatte. Diese Schallquelle wurde möglicherweise durch eine starre Metallkupplung verstärkend auf die Blechrotorblätter übertragen und auch von dort abgestrahlt.

Die Messungen wurden wegen des niedrigen Mastens in einem auch für solche Anlagen kleinen Abstand von ca. 10 m von der Gondel entfernt durchgeführt.

Der bei abgestellter Mühle gemessene Windlärm ist verhältnismäßig niedrig. Das ist durch das offene, flache Weidegelände zu erklären, auf dem sich keine weitere Bebauung und nur Graswuchs befindet.

Der Selbstbauwindkonverter in Päpsen wurde außerdem auch an Sturmtagen im Betrieb beobachtet. Die Rotordrehzahl ist dann nur unwesentlich höher, während das Gebläsegeräusch des Generators zwar noch hörbar ist, aber hinter dem Fremdgeräusch des Windes zurücktritt.

6. Abschätzung des Schallärms vom Kukate-Konverter

Die Anlage

Der KUKATER Windkonvertertyp hat einen dreistieligen, 18 m hohen strömungsgünstigen Masten aus Konstruktionsstahlrohr. Die Rotorblätter sind bis auf die Holme meistens aus Sperrholz gefertigt. Dieses Baumaterial wirkt dämmend auf Körperschall und strahlt darüberhinaus deutlich weniger Schall als vergleichbare Metall- oder GFK-Flügel ab.
Zwischen der Rotorwelle und dem Generator befindet sich eine Kupplung mit Kunststoffübertragungselementen. Diese mindern eine Schallübertragung zwischen den Baugruppen. Das Getriebe ist schrägverzahnt und erzeugt deshalb wesentlich weniger Laufgeräusche als ein geradverzahntes. Die Schalleinleitpunkte auf die Steuerfahnenflächen befinden sich - für eine geringe Schalleitung und -abstrahlung günstig - an deren Umfang.
Die Gondel selbst ist gekapselt und das Ringlager zwischen Gondel und Mast leitet den Schall lediglich über die geringen Berührungsflächen der Lagerwälzkörper an den Mast weiter.

Der Standort

Günstige Anlagenstandorte befinden sich im allgemeinen ca. 50 m von der nächstgelegenen Straße und 50 m von den nächstgelegenen Wohnhäusern entfernt. Windgeräuschverursachende Objekte wie Verkehrsmittel, Gebäude, Bäume und Stäucher befinden sich dagegen meist in unmittelbarer

Umgebung der Wohngebäude, wobei letztere naturgemäß auch selbst Windlärm in unmittelbarer Nähe von Betroffenen verursachen.

Der im Vergleich zu anderen Lärmstörern deutlich größere Abstand der KUKATER Anlage von den Wohngebäuden läßt in der Regel bei den gewählten Standorten nur eine geringe, sich vom Umgebungsgeräusch kaum abhebende Schallpegelerhöhung für die Anwohner erwarten.

7. Zusammenfassung der Ergebnisse

Unter den offiziellen Dokumenten und Veröffentlichungen über Lärmesssung und Lärmbegrenzung bestehen bisher keine besonderen Vorschriften für die Lärmmessung und Lärmbeurteilung an Windenergieanlagen. Aus den in Abschnitt 4 beschriebenen Veröffentlichungen über Lärmentwicklung an Kleinwindkraftwerken kann man entnehmen, daß im allgemeinen die für Wohngebiete zulässigen Lärmwerte (VDI 2058 Blatt 1) nicht überschritten werden. Wie das Gutachten von Prof. Dr.-Ing. Paschen + Partner zeigt, läßt die DIN 45635 »Geräuschmessung an Maschinen« bei Messungen keinen signifikanten Unterschied zwischen den Fremdgeräuschen aus der Umgebung (Wind) und Störgeräuschen (Windkonverter) erwarten. Eventueller Lärm kann von den Maschinenteilen in der Gondel der Windenergieanlagen ausgehen. Dieser eventuelle Lärm kann auch noch nachträglich durch eine Kapselung dieser Teile entsprechend VDI 2711 vermindert werden.

Der Windkonverter KUKATE ist in seinen Abmessungen und in seinem Aufbau mit den untersuchten Windenergieanlagen bedingt vergleichbar. Rotorblätter aus Holz und die Masthöhe von 18 m lassen dabei eine deutlich geringe Lärmbelästigung als durch die unter Gliederungspunkt 5 beschriebene und vermessene Anlage erwarten.

Nach Abschnitt 5 ist aufgrund von Messungen und eigenen Beobachtungen nur mit vergleichsweise geringen Lärmwerten zu rechnen. Mißt man bei starkem Wind den Schallpegel eines mit der Windenergieanlage vergleichbaren einzelnen Baumes und den Schallpegel der Windenergieanlage selbst aus gleicher Entfernung, so ist das durch den Baum verursachte Windgeräusch deutlich höher als das der KUKATER Anlage.

Eine unzumutbar störende Lärmabstrahlung beim Betrieb der KUKATER Anlage ist somit unwahrscheinlich und könnte selbst dann, wenn sie auftreten sollte, mit wirksamen Maßnahmen nachträglich verringert werden.

Die richtungsweisende Entscheidung im Hinblick auf eine durchaus zumutbare Lärmbelästigung der Nachbarschaft durch Windenergieanlagen innerhalb von Wohngebieten des Oberverwaltungsgerichtes Lüneburg (Aktenzeichen: 6 OVG A 182/84) wird zukünftig eine Ablehnung aus Lärmgründen nur dann ermöglichen, wenn sich bereits bei kleinen Windgeschwindigkeiten außergewöhnliche Lärmbelästigungen deutlich vom Umgebungsgeräusch abheben.

Obwohl z.B. eine Anlage im Bremer Stadtgebiet inmitten eines Reihenhauswohngebietes neben der Werkstatt eines Jugendfreizeitheimes betrieben wird, ist mir wie bei allen bislang laufenden KUKATER Anlagen faktisch nie und nirgends über Beschwerden aufgrund störender Laufgeräusche berichtet worden.

10. Literatur und Bezugsquellen

1. Bücher

Betz, Dr. Albert: *"Windenergie und ihre Nutzung durch Windmühlen"*. Ökobuch Verlag, 1982; Nachdruck der 1. Auflage von 1926. - Grundlagenbuch.

Deutscher Wetterdienst, Hrsg.: *"Berichte des Deutschen Wetterdienstes Nr. 147"* von W. Benesch, G. Duensing, G. Jurksch. R. Zölner. Selbstverlag des Deutschen Wetterdienstes, Offenbach am Main, 1978

Riegels, Friedrich Wilhelm: *"Aerodynamische Profile"*. Verlag R. Oldenbourg, München 1958

RISO National Laboratory: *"Windatlas for Denmark"*. Risoe Library, Risoe National Laboratory, P.O.Box 49, DK Roskilde, Denmark

2. Bezugsquellen

Fertig gehobelte Nasen- und Endholme:
    Hubertus Schmidt
    Sudweyher Str. 136
    D 28844 Weyhe - Jeebel

Kugeldrehkranz zwischen Mastkopf und Gondel:
    Typ: "13/500 H" oder teurer und besser Typ: "21/520"
    Vorsicht: Lochkreise an Gondel und Mastkopf anpassen!
    Hoesch ROTHE ERDE-SCHMIEDE AG
    Tremoniastr. 5-11
    D 44137 Dortmund 1
    Die Firma hat Geschäftsstellen in allen Kontinenten.

Generatoren mit und ohne angeflanschtes Getriebe:
    Hedemann Handelsgesellschaft mbH
    Industriestr. 4
    D 28844 Weyhe - Dreyhe

Netzeinspeisungen:
    Andreas Stellmann
    Schwachhauser Heerstr. 245 b
    D 28213 Bremen

Steckgetriebe:
    Stiebel - Getriebebau GmbH & Co KG
    Industriestr. 12 ; Postfach 1540
    D 51545 Waldbröl

Windmeßgeräte und Bootswinden (Katalog ca. DM 5,-):
    A. W. Niemeyer
    Rödingsmarkt 29
    D 20459 Hamburg 11

Meßgeräte und Elektronikbauteile:
    Conrad - Electronic
    Klaus-Conrad-Str. 1
    D 92240 Hirschau

Kurse über den Bau von Windkraftanlagen veranstaltet der Autor Horst Crome mehrmals im Jahr im:
    Energie- & Umweltzentrum am Deister
    Elmchenbruch
    D 31832 Springe - Eldagsen
    Veranstaltungsprogramm dort anfordern!

Bauzeichnungen, statische Berechnungen und fertige Aluminiumprofile für die KUKATER-Anlage:
    Arbeitsgemeinschaft Windenergie
    Dipl. Ing. Horst Crome
    Eystruper Str. 13
    D 28325 Bremen 41
    (Bei Anfragen bitte einen Freiumschlag beifügen)

9. Stichwortverzeichnis

Abspannstangen 99, 104
Abspannung 104
Akkumulator 27, 124
Akzeptanz 13
Anemometer 17
Anfangsreibung 92
Anlaufverhalten 60
Anschläge 115
Anstellwinkel 52, 56, 106
Anstrich 73, 104 ff.
Arbeitsbühne 84
Asynchrongenerator 95, 119 ff.
Aufstellen der Anlage 137, 150 ff.
Aufstieg 81 ff.
Auftriebskomponente 51 ff.
Auftriebsprinzip 12, 18
Auftriebsprofil 51 ff.
Auslegungsgeschwindigkeit 56
Auslegungstiefe 62
Azimutlager 65

Batterie 11, 27
Baugenehmigung 38, 130
Beaufort 16 ff., 24
Bebauung 47
Beplankung 100, 103 ff.
Beplankung der Flügel 103 ff.
Betonfundament 76
Betriebsstunden 91
Betz 51
Bewehrung 136
Bleiakkumulator 124
Blitzschutz 92, 128
Bodenpressung 136
Bodenrauhigkeit 17, 43
Bootswinde 116
Böen, Böenhäufigkeit 13, 20, 41

Bremse 86
Bremsklappen 142 ff.
Bremsseil 117
Brennstoffzelle 11

Dauermagnetgenerator 119 ff.
Dezentralisierung 35
Diagonalstreben 75
Drehmoment 12, 59
Druckölmotor 11
Druckseite (beim Profil) 102
Dualbetrieb 119
Durchdrehen des Rotors 124

Elektrizitätsversorgung 11, 119 ff.
Elektrogenerator 11, 93 ff.
Endholm 99
Energieertrag 30
Energietransport 11
Energieverwendung 11
Entwicklungsländer 21 ff., 33, ff., 40 ff.
Erdarbeiten 49

Fachkenntnisse 70
Fahnensteuerung 106, 110
Feststellbremse 94
Flauten 42
Fläche des Rotors 59
Flächendeckung 60
Flächenleistung 24
Flügel 24, 51 ff., 72
- Bau der Flügel
- der technisch vernünftige 58
- der Ideal- 55 ff.
Flügelanzahl 12, 61 ff.
Flügelprofil 101 ff.
Flügelradius 59

Flügelrezept 63 ff.
Frequenz 27, 119
Fundament 71, 74 ff.
Fundamentanker 76

Gebäude 48
Gelände 43 ff.
Generator 26, 31, 59, 93 ff., 118 ff.
Generatorleistung 27, 91
Getriebe 26, 31 ff., 90 ff.
Getriebedimensionierung 90 ff.
Gewicht der Anlagenteile 133
- Regel- 108, 117
Gewichtsumlenkrolle 116
Gleitlager 114
Gleitzahl 52
Glykodur (Gleitlager) 114
Gondel 84 ff.
Gö 624 101 ff.
Großtechnologie 33 ff.
Grundlagen, technisch-aerodynam. 49 ff.
Grundsätze mittlerer Technologie 35

Haftung 69
Hagel 99
Halbflügel 56, 59
Handwerkszeug 71
Hauptholm 99
Hauptstiel 75
Heizung 11, 21, 31, 118, 119, 142
Heizwiderstände 120, 123
Humanisierung 34 ff.
HV-Verbindungen 78
Hydrolyse 11

Idealflügel 55 ff.
Induktive Verbraucher 120

Stichwortverzeichnis

Induzierter Widerstand 56
Inselbetrieb 119
Installationshöhe 48
Isotachen 42

Justierung und Montage des Rotors 105

Karosserie 96
Kegelrollenlager 89
Kegelsitz 86, 99
Kegelpassung 86
Kernkraft 37
Korrosionsschutz 40, 73 ff., 79, 111 ff., 137, 140
Kosten 31 ff.
Kreisprozeß 33
Krisensicherheit 35
Kugeldrehkranz 80, 81
Kukate 9, 35, 59, 68

La Cour 51
Laden von Akkus 125
Lärmentwicklung 155 ff.
Lager 80, 89
Lagerkranz 108
Lagermetall 114
Laminarströmung 17 ff.
Landmaschinenbau 35
Lastannahmen 131 ff.
Lastanpassung 143
Lasten 133
Lebensdauer 26, 31, 40
Leistung, effektiv nutzbare 27
Leistungsbeiwert 61
Leistungskennlinien 120
Lichtmaschinen 118
Luftdruck 14

Maschinen 71
Mast 72, 74 ff.
Masthöhe 48 ff.
Mastkopf 80
Materialauswahl 72
Mechanischer Antrieb 11
Meßergebnisse 145 ff.
Mittlere Technologie 30 ff., 65, 89, 99
Montage 89, 105 ff.
Montagekran 82
Musikwindrad 153

Nabe 98 ff.
Nasenholm 99
Netzbetrieb 119
Normalbetrieb 65 ff.
Normen 134
Nutzenergie 11, 28
Nutzung 11, 20 ff., 26, 29 ff.

Oberflächenbehandlung siehe Korrosionsschutz
Oberflächenrauhigkeit 44
Ökologie 29, 37

Pädagogik 9, 29
Passat 15
Paßfeder 86
Paßstifte 87
Polardiagramm 52 ff
Politik 29
Prantl 51
Preßluftmotor 11
Preßluftspeicher 11
Profil 47 ff., 62, 100
Profilkennlinie 52
Profilkontur (Gö 624) 101, 102

Prüfstatik 130 ff.,147
Pumpe 11, 129, 148

Querfahne 66
Querstreben 75

Randwirbel 56, 61
Rauhigkeit des Anstriches 104
Rauhigkeitsklassen 45 ff.
Rauhigkeitslänge 44, 47
Regelgewicht 66 ff. 117
Regelung 124, 126, 142, 148
Reynoldszahl 53
Rohstoffe 33
Rotor 59, 98
Rotorfläche 59
Rotorwelle 65, 86 ff., 98 ff.

Scharnier der Steuerfahne 108, 112 ff.
Schlankheitsgrad 62
Schlupf 120
Schmieren 140
Schmieröl 26
Schmierung 114
Schnellaufzahl 54 ff., 60, 120
Schrott 72 ff.
Schubkräfte 87
Schutzart 93, 96
Schwankungen des Windangebots 20
Schweißarbeiten 69, 85
Schwellenfundament 76
Schwellwertschalter 144 ff.
Schwungradspeicher 11
Seile 105
Seilrollen 117
Seitenfahne 66
Selbstbau 9, 13, 22, 35, 38 ff., 69

Sicherheitsbestimmungen 69 ff., 81 ff., 124, 128, 130
Sicherheitseinrichtungen 81 ff., 94
Sogseite 102
Solarzellen 36 ff.
Spannringe 87, 99
Spannung 27
Spannungsregelung
Spannweite 52
Spanten 99, 101 ff.
Speicher 11, 27, 124
Stahl 135
Stahlmast 75
Standfestigkeit 131, 136
Standort 10, 14, 17 ff., 41 ff., 132 ff.
Starkwindbetrieb 67
Statik 130 ff.
Staulinie 102
Staupunkt 102
Stehlager 90 ff.
Stellschere 137
Steuerfahne 66, 106 ff.
Steuerung 65, 124, 142, 144
Stiele, 77
Streben 77
Stromkabel 140
Sturm 13 ff., 59, 65 ff., 94, 139
Sturmstellung 65 ff., 132

Technik 33 ff.
Technologie, mittlere 33 ff., 65, 89, 99
Testfeld 145 ff.
Tiefe des Flügels 52, 55
Tragflügel 52 ff.
Traglager 80
Transport von Energie 11
Transport der Anlage 40, 77, 137

Turbulenz 17 ff., 48
Turbulenzschatten 48, 50

Umwelt 29, 33 ff., 37
Umweltbelastung 23, 33

Verbraucher 123
Verbrennungsmotor 11
Verkleidung 96
Verwendung der Energie 11
Verwindungswinkel 55, 62

Wartung der Anlage 140
Wasserpumpe 148
Wasserspeicher 11
Wasserstoffspeicher 11
Wasserturbine 11
Wasserversorgung 11
Wasserwirbelbremse 11
Wärmeenergie 120, 124
Wärmespeicher 11, 124
Wellenlager 89
Wellenleistung 27
Werkzeug 71
Widerstandskomponente 51 ff.
Widerstandskraft 51 ff.
Wind 13 ff.
Winddruck 65
Winde 116
Windenergie, Grundlagen der 41
Windenergienutzung 20 ff.
Windfahnen 66
Windfahnenfläche 111
Windgeschwindigkeit 17, 21, 27, 41
Windgeschwindigkeitsprofil 15, 45
Windleistung 23 ff.
Windpumpe 129

Windrichtung 18, 22
Windrosen 65
Windstärke 16, 17
Wirkungsgrad 13, 24 ff., 28, 55, 90, 120
Wissenschaftsfeindlichkeit 38

Zugfeder 108
Zuglasche 105
Zugstangen 105

Stichwortverzeichnis

Die Sach- und Fachbücher ...

Holger König
Wege zum gesunden Bauen
Baustoffwahl, Baukonstruktionen, ausgeführte Objekte, Baunormen, Bauphysik, Preise und Bezugsquellen. Ein Handbuch für Bauherren, Architekten u. Handwerker. Erweit. Neuaufl. 1997, ca. 240 S. m.v. Abb. 49,80 DM

G. Häfele, W. Oed, L. Sabel
Hauserneuerung
Das Handbuch zeigt, worauf es bei einer umweltverträglichen und kostengünstigen Renovierung ankommt. Mit Anleitungen zur Selbsthilfe, Baustoffkunde u. Kostenübersicht. 236 S. m. v. Abb., 1996 48,- DM

Holger König
Das Dachgeschoß
Gesunder Wohnraum unter dem Dach - Umbau, Ausbau, Neubau: ein umfassendes und konsequentes Planungshandbuch für Bauherren, Handwerker und Planer. 2.unveränd.Aufl. 1994, 236 S. m.v. Abb. 48,- DM

Heinz Ladener
Solaranlagen
Grundlagen, Planung, Bau und Selbstbau solarer Wärmeerzeugungsanlagen. Das Handbuch der Sonnenkollektortechnik für Warmwasserbereitung, Schwimmbad- und Raumheizung! 1993, 220 S.m.v. Abb. 44,- DM

Peter Stenhorst
Heißes Wasser von der Sonne
Allgemeinverständliche Einführung in die Sonnenkollektortechnik und Leitfaden für Planung und Kauf von Solaranlagen zur Warmwasserbereitung, Schwimmbad- u. Raumheizung. 1994, 188 S. m.v.Abb. 19,80 DM

Heinz Ladener
Solare Stromversorgung
Grundlagen- u. Praxiswissen, das für Planung und Bau solarer Stromversorgungsanlagen gebraucht wird: Solarpanele, Akkus, Schaltungstechnik und Geräte, m. Beispielen u. Erfahrungen. 2.Aufl.1995, 284 S., 48,- DM

Othmar Humm
Niedrigenergiehäuser
Grundlagen und Realisierung von Häusern mit sehr niedrigem Energieverbrauch: Konzeption, Baukonstruktionen, Haustechnik; 25 Beispiele zeigen die Bandbreite der Lösungen. 1997, ca. 280 S. m.v.Abb. ca. 56,- DM

Edgar Haupt, Anne Wiktorin
Wintergärten - Anspruch und Wirklichkeit
Ein Praxishandbuch. Planung und Bau von Wintergärten: Konstruktionen, empfehlenswerte Materialien, Verglasungs- und Klimatisierungssysteme; Bauschäden, gebaute Beispiele. 1996, 177 S. 220 Abb. 39,80 DM

Gernot Minke
Lehmbau-Handbuch
Ein umfassendes Lehrbuch und Nachschlagewerk, das die ganze Vielfalt der Einsatzmöglichkeiten und Verarbeitungstechniken des Baustoffes Lehm zeigt und die materialspezifischen Eigenschaften praxisnah erläutert. 2. Aufl. 1995, 320 S. m. vielen z.T. farb. Abb. 68,- DM

Christopher Day
Bauen für die Seele
Architektur im Einklang mit Mensch und Natur. Eine Abhandlung über den Prozeß des Bauentwurfs, die zeigt, wie wohltuende, für den Menschen heilsame Wohnumgebungen geschaffen werden können.
1996, 189 S. m.v.Abb. 39,80 DM

Claudia Lorenz Ladener
Naturkeller
Grundlagen, Planung und Bau von naturgekühlten Lagerräumen im Haus oder Freiland, um für Obst und Gemüse geeignete Überwinterungsmöglichkeiten zu schaffen. 139 S. m.v.Abb., 1990 29,80 DM

Peter Weissenfeld
Holzschutz ohne Gift?
Holzschutz u. Holzoberflächenbehandlung in der Praxis mit vielen Anleitungen u. Rezepten für alle, die in Haus und Hof selbst zum Pinsel greifen.
7. überarbeitete Aufl. 1988, 141 S. mit Abb. DIN A5 br. 19,80 DM

... Bauen – Energie – Umwelt

Claudia Lorenz-Ladener, Hrsg.
Kompost-Toiletten
Wege zur ökologischen Fäkalienentsorgung. Geschichte, Funktion von Komposttoiletten, Produktübersicht, Installation, Aussagen zur Gebrauchstauglichkeit und Erfahrungsberichte. 163 S. m.v. Abb., 1992 29,80 DM

Klaus Bahlo, Gerd Wach
Naturnahe Abwasserreinigung
Planung und Bau von Pflanzenkläranlagen. Dieser Ratgeber für Grundstücksbesitzer und Planer zeigt detailliert und verständlich, wie Pflanzenkläranlagen genehmigungsfähig geplant, fachgerecht gebaut, betrieben u. gewartet werden. 3. Aufl 1995, 137 S. m.v. Abb. 29,80 DM

Klaus W. König
Regenwasser in der Architektur
Sammlung und Nutzung von Regenwasser an Gebäuden: Planung, Bau und Betrieb von Regenwassersammelanlagen im privaten, gewerblichen und kommunalen Bereich sowie erweiterte Wasserkonzepte mit Versickerung und Verdunstung. 1996, 236 S. m.v. Abb., 56,- DM

Karlheinz Böse
Brunnen- und Regenwasser für Haus u. Garten
Wie und in welchen Behältern Wasser gesammelt werden kann, wann gefiltert werden muß, welche Pumpen geeignet sind, wie das Wasser in Haus und Garten verteilt wird. 109 S. m.v.Abb., 16,80 DM

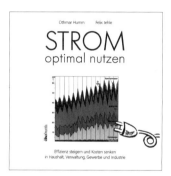

Othmar Humm, Felix Jehle
Strom optimal nutzen
Efizienz steigern und Kosten senken in Haushalt, Verwaltung, Gewerbe und Industrie. Ein umfassendes Handbuch mit praktischen Empfehlungen zur rationellen Nutzung der Edelenergie Strom. 1996, 224 S. 48,- DM

Heinz Schulz
Biogas-Praxis
Grundlagen, Planung, Bau, Beispiele. Das Buch geht detailliert auf Anlagentechnik, Cofermentation, sowie Planung, Kosten u. Wirtschaftlichkeit ein. Mit Beispielen ausgeführter Anlagen. 1996, 187 S.m.v. Abb. 44,- DM

Heinz Schulz
Kleine Windkraftanlagen
Technik, Erfahrungen, Meßergebnisse. Detaillierter Überblick über käufliche Windkraftanlagen bis 1 kW Leistung zur Stromerzeugung und zum Wasserpumpen. Mit Leistungsdaten u. Preisen! 108 S., 1991 24,80 DM

Hans-P. Ebert
Heizen mit Holz
Günstiger Holzeinkauf, Zurichten des Waldholzes, Lagerung und Trocknung, Anforderungen an Feuerstelle und Schornstein, die verschiedenen Ofentypen und ihre Einsatzbereiche. 121 S. m. v. Abb., 1993 16,80 DM

Martin Werdich
Stirling - Maschinen
Grundlagen und Technik von Stirling-Maschinen mit einem Überblick über erprobte Motorkonzepte und ihre Vor- und Nachteile. Mit ausführlichem Hersteller- und Literaturverzeichnis sowie Bauplan für ein Funktionsmodell. 140 S. m.v.Abb., 3. Aufl. 1994 29,80 DM

Unsere Bücher erhalten Sie in allen Buchhandlungen!
Preisstand 1.3.1997 - Änderungen vorbehalten!

In unserer *Versandbuchhandlung* haben wir über 300 Titel auf Lager, die Sie direkt bei uns bestellen können, und zwar zu folgenden Themen: Solararchitektur - Bauen & Selbstbau - Nutzung von Sonnen-, Wind- und Wasserkraft - Bioenergie - Energiekonzepte - Land- und Gartenbau - Tierhaltung - gesunde Küche - und vieles mehr ....

Fordern Sie einfach die große Buchliste an bei:

79216 Staufen · Postfach 1126